二战德国末日战机丛书

浴火蜥蜴

He 162

喷气式战斗机全史

陈智轩　著

WUHAN UNIVERSITY PRESS
武汉大学出版社

图书在版编目(CIP)数据

浴火蜥蜴:He 162 喷气式战斗机全史/陈智轩著 . —武汉:武汉大学出版社,2024.6
二战德国末日战机丛书
ISBN 978-7-307-23783-4

Ⅰ.浴… Ⅱ.陈… Ⅲ.第二次世界大战—歼击机—历史—德国 Ⅳ.E926.31-095.16

中国国家版本馆 CIP 数据核字(2023)第 110226 号

责任编辑:蒋培卓　　　责任校对:汪欣怡　　　版式设计:马　佳

出版发行:**武汉大学出版社**　　(430072　武昌　珞珈山)
　　　　(电子邮箱:cbs22@ whu.edu.cn　网址:www.wdp.com.cn)
印刷:武汉中科兴业印务有限公司
开本:787×1092　1/16　印张:13　字数:319 千字　插页:2
版次:2024 年 6 月第 1 版　　2024 年 6 月第 1 次印刷
ISBN 978-7-307-23783-4　　定价:66.00 元

目　　录

引　子

电影《帝国的毁灭》中，有这样一个桥段。

在柏林的元首地堡里，希特勒对替代戈林出任德国空军最后一任总司令的冯·格莱姆元帅说道："格莱姆，我早就为你准备好了一千架喷气式战斗机，任你调遣！"

稍微对"二战"末期德国空军实际情况有所了解的人，看到这里时都会会心一笑，认为这只是电影想要表现希特勒那狂热的军事妄想罢了。

毕竟，即便是大名鼎鼎的 Me 262 喷气式战斗机，其在战争末期的保有量也肯定没有达到这个数字。

然而在"二战"末期，德国人的确曾试图制造一款月产量能达上千架喷气式战斗机。纳粹德国的高层们妄想着让成千上万狂热的希特勒青年团成员驾驶着这架在设想中与"国民汽车"一样容易驾驶的"国民战斗机"冲上万米高空，一举击溃盟国空军的机群，夺回天空的控制权。

这份数额巨大的飞机订单毫不意外地引发了一场大规模商战。在围绕"国民战斗机"的竞标中，航空大厂亨克尔公司不惜使出各种龌龊手段，通过幕后交易迫使技胜一筹的竞争对手出局。随后，他们成功地在让人瞠目结舌的时间内完成了开发定型、投产工作，在不到 5 个月的时间内向德国空军交付了首批量产型飞机。

不过，这款仓促上马、缺乏打磨的战机并未成为希特勒青年团屠灭盟军的神器，反而变成了试飞员、前线飞行员乃至战后同盟国测试人员的噩梦。

这便是本书的主角——拥有"火蜥蜴"和"国民战斗机"双重绰号的 He 162 喷气式战斗机。

第一章　无的放矢——国民战斗机的起源

如果说逆境能激发人的创造力，那么亨克尔飞机公司（Heinkel Flugzeugwerke）的 He 162 喷气式战斗机就是这一箴言的印证。1944 年的夏天，摆在第三帝国军政领导层面前的逆境是空前的。在绝望的形势下，不断有人提出新的国防建设建议，这其中有符合常理的，也有不切实际的，有保守的也有近乎疯狂的，而 He 162 战斗机正是在这种环境中诞生出来的产物。

1944 年 7 月上旬，盟军正在逐步巩固诺曼底地区的桥头堡，他们的空军力量已经完全支配了天空。7 月 8 日，当英国人向着卡昂城（Caen）挺进时，德国元首阿道夫·希特勒告知他手下的指挥官们要固守每一寸土地。然而就在前一天，英国皇家空军的轰炸机已经在卡昂城的上空投下了多达 2500 吨的炸弹，将整座城市彻底夷为平地。其中一支在卡昂地区顽抗了 33 天的部队是党卫军第 12 装甲师，也就是著名的"希特勒青年团"装甲师。该部由那些从希特勒青年团选拔出来的年轻士兵组成，他们在卡昂的战斗中遭受了高达 60% 的人员伤亡率，同时该师装备的坦克和装甲车辆也在战斗中损失过半。久经沙场的师长——库尔特·迈耶（Kurt Meyer）也不得不承认道："军官和士兵们都知道这场挣扎是无望的。"

很大程度上，希特勒将他的军队被困在法国的责任，归咎到很少出现在前线上空的德国空军头上——他们正忙于保护那些被盟军重型轰炸机部队昼夜轮番轰炸的德国城市。6 月 20 日，在与德国空军战斗机部队总监（General der Jagdfliger）阿道夫·加兰德（Adolf Galland）中将谈话后，航空设备技术部（Chef der Technischen Luftrüstung，缩写 Chef TLR）主管乌尔里希·迪辛（Ulrich Diesing）上校在战斗机专案组（Jägerstab）内举行会谈。这是一个设立于 1944 年 2 月份、处于帝国航空部旗下，由工业家和工厂代表组成的委员会，旨在改革那萎靡不振的战斗机工业。迪辛上校提出了德国空军的观点："昨天，我和刚从前线回来的加兰德将军交流过。他明确地指出，就性能而言，我们的战斗机是足够的，在某些情况下甚至更好。但不幸的是它们的数量远远不够。不过，飞行员们的士气依然高涨，就犹如西线与东线大攻势时期一样。现在的问题是要提供足够数量的飞机。"

然而，希特勒确信问题不仅仅出在飞机制造上。他阅读了战斗机专案组的会议记录，这给他留下了很深的印象。

精力旺盛、直截了当的卡尔-奥托·绍尔（Karl-Otto Saur）是战斗机专案组的顶头上司，德国空军作战参谋部部长卡尔·科勒尔（Karl Koller）形容其为："一个非常固执己见、自负的人，在和德国空军打交道时非常狡诈。"作为一名工程师和一名死硬的纳粹党员，绍尔先是在托特组织民用与军事工程集团内担任一个相对基层的职位，后来又到德国军备部长阿尔伯特·斯佩尔（Albert Speer）的技术部门担当主任一职——实际上是负责军备的生产。在 1944 年末，希特勒称赞绍尔是"我们军备工业中的天才"。

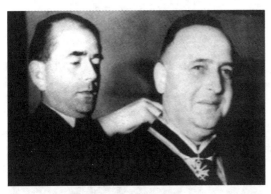

帝国武器和战时生产部部长阿尔伯特·斯佩尔正为卡尔-奥托·绍尔戴上骑士一级战功勋章。绍尔是 He 162 研发工作的主要推动者，他曾被希特勒称为"我们军备工业中的天才"。

1944 年 8 月 1 日，绍尔向他的团队宣布："一周以来，我们战斗机专案组一直在为提高飞机供应量作出最大的努力，我们之中不乏那些孜孜不倦地投入这项任务的人。就在昨天，战斗机专案组生产的飞机数量终于达到了 3145 架，共生产了 3678 架作战用飞机，而各类军用飞机的总产量则达到了 4675 架……"

由于战斗机专案组已经创造出如此的生产奇迹，希特勒认为德国空军之所以未能阻止盟军的空中和陆地攻势，是因为他们无能和缺乏应有的组织纪律。甚至连轰炸机部队的成员们也开始批评起他们的战斗机同行来。作为德国空军总司令赫尔曼·戈林元帅的临时替代者（戈林由于喉咙上有明显脓肿，已经有一段时间没有出现在希特勒的司令部，这是一个对纳粹德国来说不祥的预兆），科勒尔上将承受了希特勒的满腔怒火。他绝望地记述道："每次会议上，元首都要滔滔不绝地大谈特谈德国空军。他对我们那少得可怜的飞机数量，我们的技术错误，我们没有完成作为帝国单位一员的职责，提出了最卑鄙的指责。"

在法国，希特勒正试图将登陆的盟军部队赶下海。他必须阻止他们巩固诺曼底的滩头阵地，但是时间正在飞快地流逝。德军地面部队无法在莫尔坦（Mortain）和阿夫朗什（Avranches）地区形成包围圈，而盟军的战斗轰炸机部队正在把已经支离破碎的德军师碾成齑粉。在眼前异常不利的军事态势所产生的不安感驱使下，希特勒几乎失去了对德国空军的耐心。他再也无法抑制住自己的愤怒，因为他认为德国空军是一支失败的战斗部队，而且他们很明显没有能力有效地捍卫西线和本土的领空，与盟国空军对抗，于是希特勒召见了戈林。对于第三帝国第二号人物来说，这是一次耻辱的经历。当着约德尔（Jodl）和古德里安（Guderian）两位将军的面，希特勒斥责道："德国空军毫无作为！它已经不再值得作为一个独立的军种了——而这都要怪你！"

当两位将军离开房间的时候，眼泪源源不断地从这位元帅的脸颊上流了下来。

在战斗机部队失势的大环境下，绍尔开始竭力寻找一种德国空军执行战斗机任务的替代方案。没过多久，他就想出来了一个点子，那就是快速生产部署一种小型、廉价、可以大规模生产的高性能喷气式战斗机，他用不祥的口吻称其为"被迫之举"。

尽管这有可能是绍尔对军方的恶意中伤，但是持这种观点的并非只有他一人。甚至在德国空军的一众高层指挥官中，也弥漫着一种万事不顺的气氛。曾担任过第一航空军团指挥官，

人称“英雄之父”的阿尔弗雷德·凯勒上将，他曾在一战时因为作战勇猛获颁著名的蓝马克斯勋章，他在退出作战一线后成为国家社会主义飞行军团组织的负责人，他认为德国空军内部“缺乏勇气”。

并且在一战服役期间荣获过蓝色马克斯勋章的阿尔弗雷德·凯勒（Alfred Keller）上将也曾表达过自己认为德国战斗机部队“缺乏勇气”的观点。在1943年6月下旬，凯勒交出了第一航空军团的指挥权，他被安置在军官预备队里，准备接管由纳粹党控制的平民飞行训练和体育协会——国家社会主义飞行军团（Nationalsozialistisches Fliegerkorps，简称NSFK）。NSFK成立于1937年4月，由弗里德里希·克里斯蒂安森（Friedrich Christiansen）中将领导，这是又一位战功彪炳的军官，也曾获颁蓝色马克斯勋章，纳粹党认为他有助于吸引年长的飞行员加入纳粹党的组织。NSFK旗下的一个分支是希特勒青年飞行团（Flieger Hitler Jugend）。这个分支为年轻的学生们提供飞机模型制作与滑翔机飞行课程。凯勒对这些狂热并且富有献身精神的希特勒青年飞行团团员们非常有信心。他相信，只要有合适的飞机，经过一段时间的滑翔机教程训练后，年仅15至17岁的男孩们就能够执行战斗任务，并且在每次任务中击落敌机——如果普通人能够在经过简单教学后驾驶那简单可靠的大众汽车，那么为什么不能够在飞机上实现相同的目标呢？

正如1945年5月下旬，阿道夫·加兰德以讽刺般的口吻向美国陆军航空军的情报官员介绍：“He 162计划自发地产生的几周后，那些有

世人熟知的“国民汽车”（其在战后逐渐蜕变为“大众汽车”品牌），纳粹德国为普通民众制造的民间乘用车，这种外表光鲜亮丽的小汽车实用可靠，生产流程非常简单。“国民战斗机”项目的最初目标便是在战斗机生产领域中制造一个类似“国民汽车”的成功案例。

影响力的业余人士的大脑中也萌生出类似的想法。他们认为，年轻的滑翔机飞行员在完成滑翔机训练和短暂的He 162改装训练后，就可以升空参战了。希特勒青年飞行团将会改变空中的局势，向德国空军展示他们的实力。绍尔向戈林提出了这个想法，他立刻就接受了——就像他听取所有不同寻常、哪怕是疯狂的建议时所做的那样。负责管理国家社会主义飞行军团的凯勒上将，我们一般称他为‘英雄之父’，他被这个项目说服了。有一天，他与我会面，想和我讨论一下准备工作。他打算在毫无技术知识支撑的情况下，仅靠国家社会主义飞行军团的

战争初期，正在参观一处位于波罗的海沿岸军事设施的希特勒青年团团员。在纳粹德国内部，航空一直被认为是一项富有魅力和英雄气概的运动。为了给国民战斗机提供足够的飞行员，NSFK 打算征召那些狂热的希特勒青年团团员驾驶战机。纳粹德国的领导层认为这些狂热的年轻人在经过匆忙的简单培训后就能升空作战，让他们依靠狂热的精神打破盟军的空中优势。

与 NSFK 组织成员站在一起的战斗机部队总监阿道夫·加兰德中将(前排右二)，他从技术、战术和工业能力等各个角度出发，对国民战斗机项目提出质疑。他曾经劝阻凯勒上将不要着手推进那个被他认为是荒谬绝顶的计划。1945 年，他在被俘获后向盟军陈述了自己对 He 162 计划的观点，指出"这是又一个业余者提出的想法"。

'旗队长'（Standartenführer）和'总队长'（Gruppenführer）们来解决这个问题。国家社会主义飞行军团的立场存疑，他们与希特勒青年团还有负责空中训练的将军发生了非常激烈的争吵。这三个强大的组织无法合并，每一个组织都在试图消灭其余两者。作为国家社会主义飞行军团的领导人，凯勒认为他找到了一种新的方式来证明这个军团的存在价值。然而，我在几天之后劝止了他。"

但是，愈发绝望的戈林抓住了这根救命稻草。这位帝国元帅幻想着一群狂热的、经过国家社会主义飞行军团培训的希特勒青年团团员飞上天空，对同盟国空军进行屠杀和报复。通过利用如此巨大的、尚未开发的人力资源，新飞行员的供给数量将等同于绍尔那满腔热情预估出来的飞机生产数量，而这些飞机将在地下和偏远的工厂里，通过 24 小时不停运转的装配线生产出来。

最终，这个想法传到了西格弗里德·克内迈尔（Siegfried Knemeyer）中校的耳朵里，他是航空设备技术部的飞机研发处负责人。在战争之前，克内迈尔从事过仪表飞行方面的研发工作，并取得了工程师资格。他是一名经验丰富的飞行员，懂得很多电气知识。克内迈尔曾驾驶许多不同型号的飞机，在欧洲和北非进行试飞并执行作战任务。1943 年 4 月，他被任命为英伦进攻司令部（Angriffsführer England）的技术军官，主要负责策划针对不列颠群岛的轰炸作战。这之后，他又被指派为戈林的私人参谋，他在这个位置上不断施压，推进 Me 262 喷气式战斗机的研发工作。

尽管克内迈尔承认 Me 262 让

德国拥有了有效对抗盟军高空战略空袭的能力，但是从 1944 年的夏天起，德国空军还要开始应对越来越多从低空进入袭击机场的盟军战斗机群。事实上，这已经成为了一个致命的问题，1944 年 7 月，一位来自 JG 3 联队的中队长驾驶 Bf 109 战斗机在诺曼底上空

赫尔曼·戈林元帅，德国空军的总指挥官，他抓住了国民战斗机这根救命稻草，试图通过这个计划挽回德国空军在希特勒、德军总参谋部乃至德国民众心目中的颜面。

击落被俘后，对一个相同命运的战友抱怨道："盟军的数量相当庞大。你可以说他们在数量比的优势上是 20 比 1，然后他们的装备也更好，人员也更优秀。我们的飞行员都缺乏经验，而他们的飞行员却很有经验——我们对此完全无能为力。我们不得不站在机场上仰望天空，看着他们飞过。我们有 6 架飞机在地面上待命，但他们却有 80 到 100 架飞机在上空盘旋。驾机

西格弗里德·克内迈尔中校是一位拥有丰富经验的飞行员，他负责管理帝国航空部的航空技术开发工作。

起飞无异于自杀。"

正是在如此残酷的背景下，克内迈尔提出了制造廉价的、能够大规模生产的飞机的想法，正如他在 1945 年 7 月所写的那样：

到了 1944 年的夏天，Bf 109 和 Fw 190 已经无法成功地对抗德国西部上空不断增加的低空攻击。这是由于敌军的空军基地不断前推，德国飞机丧失了在速度上的优势。因此，引导德国飞机完成一次成功的拦截几乎是不可能完成的事情。

由于缺乏对应装备，无法用固定的巡逻系统来打击敌人的低空攻击，因此研制一款性能足够好的高速单座战斗机是势在必行的，这种飞机能够在发现敌军飞机后立刻起飞。此外，由于敌军针对拥有长跑道的机场进行轰炸，这款新型战斗机必须能够在非常短的跑道上起飞，这样一来它们就能够在较小的机场上使用。这种飞机的产量必须能够使敌人在整个飞行过程中都会遭到它们的攻击。

通过限制新型飞机的航程和武备，现有的喷气式战斗机（Me 262）可以满足这个需求。然而，这款飞机无法生产出对抗低空攻击所需的数量，特别是因为每一架飞机都需要两台发动机，这远远超出了我们的工业能力。

的确，到了 1944 年的夏天，战时德国的飞机和航空发动机制造业所需的熟练劳动力开始变得越来越短缺，随着越来越多的熟练工人被征召入伍，人力缺口逐渐显现出来。因此，工厂不得不更多地依赖半熟练以及非熟练劳动力，这其中很大一部分是被迫从事生产的工人以及奴隶劳工。如果要让绍尔、凯勒和克内迈尔三人的共同愿景得以实现的话，这种飞机的制造方法就必须尽可能简单。在考虑过当前的战术

形势后，克内迈尔认为以下几点是这款飞机的关键性能需求：

1. 在中、低空能够保持高速飞行（海平面飞行速度至少要达到 750 公里/小时）。

2. 能够在没有任何额外帮助的情况下从 600 米长的跑道起飞。

3. 能够通过最低的生产力达到所需的最大的产量。

4. 在飞机结构中大量使用木材。并且无论如何都不能够打断 Me 262 和 Ar 234 喷气式飞机的制造计划，这两个计划都处于相对初期的阶段。相反，设想利用 Ta 154/254 以及 Ju 252 计划取消后所剩余的闲置生产能力。项目所分配的零部件制造商先前曾从事家具制造，但已转往飞机制造业，从事全木质飞机的生产工作。

5. 只使用一台喷气式发动机。由于 Jumo 004 型喷气式发动机已经达到最大产量，所以计划采用 BMW 003 型发动机。

此外，根据克内迈尔的说法，由于要及早开始大规模生产所带来的限制，所有"结构、空气动力学或者机械方面的风险"都被回避了。喷气式发动机将会安装在"机翼的上方，尽管这会丧失一定的纵向稳定性，但相应地降低了起火时候的风险。这也就完全排除了通过使用更高功率的喷气式发动机来提高速度的可能性"。克内迈尔表示："这样的发动机只用于在不损失速度的前提下提升武器载荷。"

在机身上方安装喷气式发动机的这个概念并不是全新的，早在 1943 年 2 月，为了设计一款用于攻击盟军登陆船队的反舰飞机，亨舍尔飞机制造公司提供了一个名为 Hs 132 的设计方案，这是一款中单翼、双垂尾的飞机，其使用的一台涡轮喷气式发动机以背驮式布局安装在飞机机身的上方。它的机身是金属结构，而机翼则是木质结构辅以胶合板蒙皮。最特别的地

亨舍尔 Hs 132 攻击机的风洞测试模型，该机的设计外形与日后的 He 162 惊人得相似。

方是这架飞机的驾驶舱，飞行员要趴在玻璃制成的机头后方，以便使其承受高达 10G 的过载。这样一来，HS 132 便可以通过浅俯冲的方式，以 910 公里/小时的速度对敌方舰船实施攻击，并且在原始的火控计算机辅助下向目标投下 500 公斤或者 1000 公斤炸弹。该型飞机拥有 3 个子型号计划，分别由宝马 BMW 003 E2 型发动机，容克斯 Jumo 004 B 型发动机以及亨克尔-赫斯 HeS 011 型发动机提供动力，武器为 2 门 20 毫米 MG 151/20 航炮——如果减少弹药的话可以选装两门 MK 103 航炮。

最终完成的设计与亨克尔的 He 162 惊人得相似，但是亨舍尔公司只制作了风洞测试模型，并制造了第一架原型机的机身和机翼。

克内迈尔提出的大部分要求被封装到帝国航空部在 1944 年 7 月编纂的"1TL Jäger"快速喷气机的技术规范中。按照计划，将在 8 周内完成飞机的设计工作——这几乎是不可能的。此外，第一个模型要在 10 月 1 日准备好，而第一场原型机试飞则要在 12 月 1 日开始，并且在 1945 年 1 月 1 日飞机开始批量生产。

巧合的是，克内迈尔早前已经批准了亨克

尔飞机制造公司的一个项目，该项目名为 P. 1073，是一款高性能喷气式战斗机，由两具 HeS 011 型或者 Jumo 004 C 型发动机驱动。这个项目源于 1944 年 2 月 15 日帝国航空部的一项研究设计，该设计要求在亨克尔-赫斯 HeS 011 型发动机的基础上研发一款单座截击机。实际上，这款飞机背后隐藏着恩斯特·亨克尔（Ernst Heinkel）教授经历的两次重大事件。第一件大事是他所主持的 He 280 型喷气式战斗机项目被取消。尽管这款飞机早在 1941 年 3 月 30 日就已经完成首次试飞，并且还是世界上第一款使用喷气式发动机作为动力的战斗机。但是由于发动机设计的缺陷以及延迟交付所带来的种种问题，这个项目最终在 1943 年 3 月被帝国航空部放弃。在这之后，喷气式发动机研发项目也被亨克尔公司的对手梅塞施密特公司（Messerschmitt AG）给夺走了。第二件大事发生在 1944 年的 7 月，为了让全国的飞机生产力集中在战斗机身上，阿尔伯特·斯佩尔取消了 He 177/277 型轰炸机计划，这使得亨克尔教授的财务状况出现问题，他为此而感到烦恼。因此，亨克尔教授决心要获得一份重要的战斗机生产合同，他的精力也完全投入这个方面——就像他在回忆录中描述的那样，Me 262 的生产正好在这个时候碰上困境，并且催生了"国民战斗机"的研发项目：

这一事实促使绍尔和他的团队在 1944 年 7 月开展一项所谓的"紧急项目"，即研制一款结构简单的单引擎喷气式战斗机，这款战斗机只

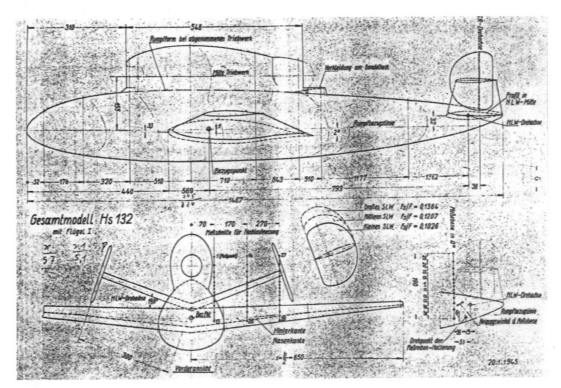

Hs 132 攻击机的设计图，摘自哥廷根空气动力学研究所的一份文件，注意右下角的落款日期为 1945 年 1 月 20 日。

容克斯 Jumo 004 B 型喷气式发动机，包括 Me 262 喷气式战斗机、Ar 234 喷气式轰炸机在内的多款德军喷气式飞机均采用该款发动机驱动。这台样本机据信是从 KG 76 联队第 9 中队的一架 Ar 234 轰炸机身上拆下来的，这架轰炸机于 1945 年 2 月在西线战场上空被美军战斗机拦截并迫降，该样本机随后便被交给英国皇家飞机研究院进行进一步分析。

需要很少的材料就能建造出来。绍尔不切实际地认为，这架飞机应该是"人民的战斗机"，希特勒青年团的成员在经过短期训练后，就可以驾驶它升空保卫德国了，这显示出了当时某些

人的狂热程度。但是，这种简化思维本可以解决德国面临的瓶颈问题——如果它在正确的时候使用的话。苏联人已经证明了这一点。

但是，当我在维也纳接到制造这种新型喷

HeS 011 型喷气式发动机，由于其采用复杂的斜流压气机导致引擎的研发进度一拖再拖，图中所见的 V4 号试验机存在诸多问题，不得不重新设计。

He 280 喷气式战斗机既为亨克尔教授带来了殊荣，但也为后续的挫败埋下了伏笔。在 1941 年 3 月，这款喷气式战斗机成了世界上首架完成首飞的喷气式战斗机。然而，由于该机采用的发动机在设计上不断出现问题，导致项目一拖再拖。最终，He 280 项目在 1943 年 3 月被废弃，而余下的喷气式发动机技术则被亨克尔公司的竞争对手梅塞施密特所采用。这张照片拍摄于 1942 年夏，He 280 V3 号原型机在罗斯托克机场上进行最后一次滑行。站在飞机左翼上的是亨克尔公司的试飞员戈特霍尔德·彼得，他在 1944 年驾驶 He 162 原型机进行飞行展示时遭遇飞机解体事故丧生。

位于捷克斯洛伐克境内的亨克尔公司飞机制造工厂，车间内停满了正在组装的 He 177 四引擎战略轰炸机。在 He 177 计划取消后，亨克尔公司的产能得到了释放。因此，He 162 成了一个非常有吸引力的提案，用于抵消亨克尔教授在 He 177 计划取消后所受的财政损失。

气式战斗机的命令时，我非常清楚，这只是在徒劳地抵抗着一个不可避免的命运。然而，尽管我是第一个研发喷气式战斗机的人，但是我却被排除在喷气式飞机的革命性发展之外，这给我留下了很深的阴影，我渴望能够再次证明自己在这一领域的霸主地位。

在维也纳的亨克尔公司项目办公室（Entwurfburo）内，该公司的高级设计工程师西格弗里德·冈特（Siegfried Günter）已经在 7 月上旬完成了 P. 1073 计划的设计工作，他曾被人誉为"亨克尔公司员工中最具有创造力的天才之一"。

西格弗里德·冈特和他的孪生兄弟瓦尔特·冈特（Walter Günter）一同诞生于 1899 年 12 月 8 日。在第一次世界大战期间，冈特兄弟在 1917 年加入同一炮兵团，并且在同一天内双双被英国人俘虏。这之后，两人作为战俘在英国被关押。战争结束后，两人一同进入汉诺威（Hannover）工业大学学习飞机设计专业。西格弗里德选择了数学专业，而更具有艺术气质的瓦尔特则选择了设计专业。这对双胞胎在业余时间建造滑翔机，他们的其中一个杰作——与他们的朋友瓦尔特·默滕斯（Walter Mertens）和维尔纳·迈耶-卡塞尔（Werner Meyer-Cassel）一同建造的滑翔机，引起了商人保罗·鲍默（Paul Bäumer）的注意。鲍默立刻邀请这对孪生兄弟到他位于柏林的飞机制造公司工作。自此，他们开始设计动力滑翔机以及其他高速运动机械。然而不幸的是，在 1928 年，鲍默驾驶着其中一架由两人设计的飞机在一场事故中丧生。

恩斯特·亨克尔教授正在用铅笔对绘图板上的 He 111 图纸进行修正。协助他的人正是西格弗里德·冈特，他是亨克尔公司的高级设计工程师，被认为是亨克尔公司的创新动力源泉之一，他参与了 He 51、He 70、He 177 以及后续 He 162 国民战斗机的设计工作。

1931 年，这对孪生兄弟申请到位于瓦尔内明德(Warnemünde)的亨克尔公司工作。亨克尔教授也被双胞胎的一个设计给吸引住了，他记录了自己对西格弗里德的第一印象："一位 30 岁的男人站在我的办公室里，他一本正经，穿着得体的老式衣物，套着硬领，还戴着假发。他的夹克扣子扣得很紧，袖口从袖子中突出来，鼻子上戴着一副无框眼镜。那年轻人看上去很清醒，甚至可以说很害羞。人们很容易把他想象成一位牧师或者教师，但绝不可能认为他是一位飞机设计师，也绝不可能想象得出他是一个沉溺于速度的人。"

当亨克尔教授在不久后见到瓦尔特时，他

He 280 V1 号原型机试飞后的香槟酒会上，刚刚见证完原型机试飞，鞋子上还沾满泥巴的恩斯特·亨克尔教授和恩斯特·乌德特与亨克尔公司的工程师及试飞员一同合影。照片最右边的人是西格弗里德·冈特，右起第五位穿着德国空军制服的人是试飞员保罗·巴德，位于巴德左手边的则是设计师卡尔·巴特。冈特将会成为 He 162 计划的核心人物，巴德将会参与飞机的试飞工作，而巴特则会深度参与飞机的设计工作。

再次写下自己的印象:"他们都是单身汉,和寡妇住在一起,很少与人交往。只有美食和开快车能够唤起他们的激情。他们开着自己那又小又漂亮的菲亚特汽车,而且开得飞快,看到他们就像是看到一位乡村牧师正在飙车一样不舒服。这对双胞胎正好代表着我潜意识一直在寻找的东西。兄弟俩可以完成和协调我脑海中大致构想出来的事情。他们懂得把技术效率和艺术美感融合在一起,两人可以设计出我想要的空气动力学外形。"

加入亨克尔公司后,冈特兄弟参与了一些该公司著名飞机产品的设计工作,包括 He 51、He 70、He 111 和 He 177。P.1073 方案开始于 1944 年 7 月 10 日,这是一款"高速战斗机(Schneller Strahljäger)",作为 Me 262 可能的替代品,它拥有更高的临界马赫数——0.94M,而飞行时速比 Me 262 快上 70 公里/小时。最初的大多数研究方案都有着 35 度后掠翼以及 V 型尾翼这两个设计特点,配备两具以错列式布置在机身上部和下部的 HeS 011 发动机。后来的方案中增加了只装备单台发动机的设计。在 HeS 011 发动机的推动下,这架飞机可以在 6000 米高度达到最大平飞速度——1010 公里/小时。然而,由于 HeS 011 暂未研发完成,亨克尔公司只好转而采用 Jumo 004 C 型发动机,这将使它在 6000 米高度上飞出 940 公里/小时的最大速度。在 11000 米高度上,满推力飞行的续航时间为 1 小时,而爬升到该高度则需耗时 10 分钟,最大航程为 1000 公里。

为了收容前起落架,安装在腹部的发动机将被偏置到右边,出于同样的原因,一门 MK 103 航炮将会与一门 MG 151 航炮安装在机

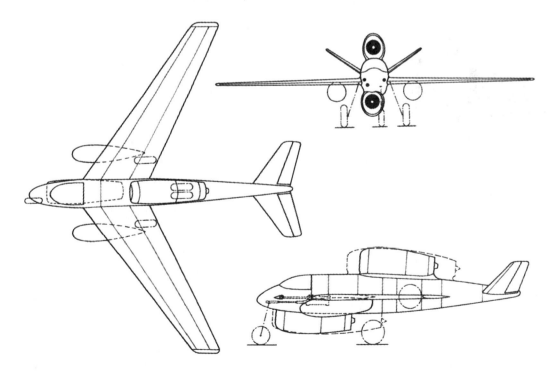

制作于 1944 年 7 月 10 日的亨克尔 P.1073 图纸。该机可选装两台 HeS 011A 型引擎或两台 Jumo 004 型引擎(如图中所示),武备为一门 MK 103 航炮与两门 MG 151 航炮。外挂的 500 升副油箱挂载在机翼的下方。

身的右侧，而另一门 MG 151 航炮则会安装在机身的左侧，形成了一个不对称的构型。

尽管从外部看起来，廉价、可大批量生产的高速喷气式战斗机的热度正在慢慢下降，不过这只是暂时的。虽然悄无声息，但是帝国航空部内部仍然坚定地推动这一想法。在 1944 年 9 月 7 日的晚上，一封来自奥拉宁堡(Oranienburg)亨克尔工厂的重要电报的副本被分别送到亨克尔总部亨克尔教授、西格弗里德·冈特以及海因茨·梅施卡特(Heinz Meschkat)的手里。这是一条故意泄露出来的秘密信息，发送这条信息的人是卡尔·弗莱达格(Karl Frydag)，帝国航空部指派的亨克尔公司总经理。弗莱达格是一位工作能力相当强的人，因为他在亨克尔公司工作的同时，还兼任亨舍尔飞机制造公司的技术总监。更重要的是，他还是军备部飞机制造委员会的领导人，因此他与绍尔的关系非常亲密，经常与绍尔讨论有关飞机生产的问题。来自奥拉宁堡的消息包含了帝国航空部尚未正式发布的关于"Tl-Jäger"的详细技术规范，该型飞机的正式标书将会下发给亨克尔、阿拉多、布洛姆与沃斯、菲施勒、福克-沃尔夫、梅塞施密

卡尔·弗莱达格，飞机制造委员会的负责人，同时也是亨克尔公司的总经理，他尽其所能地将国民战斗机项目的招标方案泄露给亨克尔公司。在 1945 年，他在力保 He 162 项目生产计划继续推进上发挥了决定性的作用。而在战争结束后，他继续为亨克尔公司辩护，有力地反驳了威利·梅塞施密特针对 He 162 计划提出的观点——He 162 是一款浪费资源和不必要的飞机。

特、容克斯以及西贝尔公司，要求他们使用现有的部件和 BMW 003 型发动机制造一架战斗机。该规范在第二天由航空设备技术部主任乌尔里希·迪辛上校发布，这款战斗机最终被命名为"VolksJäger"——"国民战斗机"。

国民战斗机项目所采用的 BMW 003 型发动机，是一款德国飞机制造厂商们期待已久的作品，但是它的研发工作一直受到涡轮失效问题的困扰。位于斯潘道(Spandau)的宝马公司于1939 开始了这款发动机的研发工作，作为他们的 P. 3302 计划。这款发动机于次年的 8 月首次进行运转实验。早期的实验结果是令人失望的，在每分钟 8000 转的工况下，安装在试验台架上的发动机只提供了 150 千帕(kp)的压力性能。而在研发的过程中，宝马公司经历了部件断裂以及燃烧效率低下等诸多问题。但到了 1941 年的夏天，P. 3302 已经得到充分的改进，可以在试验台上产生约 450 千帕的压力性能。这之后，两具发动机被送往位于奥格斯堡(Augsburg)的梅塞施密特工厂，安装在 Me 262 V1 号原型机上使用。然而，发动机的涡轮再次出现问题，这主要是由焊点出现疲劳和涡轮叶片的热脆性导致的。尽管发动机提供的性能依然不足——只能够提供 550 千帕——但是另外一对发动机仍在 1942 年初安装到 Me 262 V1 号原型机上。

1942 年 3 月 23 日，梅塞施密特公司试飞员弗里茨·文德尔(Fritz Wendel)驾驶 Me 262 V1原型机进行了试飞。除了翼下的两具喷气式发动机外，驱动 Me 262 V1 号飞行的还有装在机头上的 Jumo 210 G 活塞式发动机。文德尔记录道，在到达 1000 米高度的时候，他以 400 至 450 公里/小时的速度保持平飞。尽管他不断地把节流阀往回收，但还是无法将两具发动机的转速降至每分钟 7000 转以下，因此，每具发动机所提供的推力仍然超过 200 公斤。当燃油表读数降

BMW 003 型发动机在 1942 年至 1944 年间经历了一个问题重重的难产期，其量产计划也因此受到延误。这台全新的发动机是盟军在莱克机场上发现的，可能是一台备用发动机。作为背景的是一架 Fw 190 D-9 型战斗机，工厂编号为 210249。

至 100 升时，文德尔注意到左侧涡轮引擎的燃油喷射读数开始急剧变化，同时发动机开始剧烈喘振起来。于是他将节流阀拉回到"停车"位，不过，他在无意间让发动机的转速低于每分钟 2000 转——这是发动机的空转速度。他以 240 公里的时速进场着陆，在机翼的前缘襟翼完全展开的情况下，飞机完成了正常着陆，并且在跑道上滑行了三分之二的长度后停了下来。飞机起落架的两具转向装置都从焊点上脱落了。这起事件导致宝马失去了为 Me 262 提供喷气式发动机的机会。

尽管如此，宝马始终没有放弃，他们仍然未能解决各种问题，例如压缩机转子叶片因为震动而断裂、有问题的折流燃烧室、涡轮叶片失效以及在启动或者加速时由于供油不足而导致过热等。然而，通过引进新型七级压气机、

改进冷却系统以及开发一种新的叶片固定方法，这些问题似乎都在 1942 年年底得到了解决。新型发动机正式定型为 BMW 003，由首席设计师汉斯·罗斯科普夫（Hans Roßkopf）监督在斯潘道接受测试。该发动机在叶片等问题上进行了改进。1943 年 10 月，这台发动机被安装到一架作为测试平台的 Ju 88 轰炸机上，进行飞行测试。开发工作进展顺利，这使得宝马公司开始期望自己的发动机能够成为某型飞机的单·动力源。然而，进一步的生产延迟导致这个梦想迟迟未能实现。到了 1944 年 7 月，首批 100 台 BMW 003 发动机的生产工作仍然在该公司位于奥拉宁堡的试飞中心中进行。

1944 年 9 月，BMW 003 发动机的大规模量产计划开始了，最初的计划月产量是每月 75 台发动机，随后每月产量将会在 1945 年 6 月达到

2365 台/月，而产量的顶峰则会在 1946 年 1 月出现，为 6000 台/月。然而，就在这款发动机的漫长研发过程即将要完结的时候，帝国航空部却突然要求 BMW 003 改用 J2 号燃油(一种柴油和煤油混合的油料)而不是 B4 号燃油(87 号辛烷值航空汽油)，因为此时 B4 号燃油已经严重短缺。在整个 BMW 003 研发期间，发动机均是使用 B4 号燃油进行测试。当转换为 J2 号燃油后，这款发动机出现在半空中停车后无法重新启动的致命缺陷。这导致量产的开始时间再度大幅后移，因为要为这款发动机开发一套新的燃油系统，这个问题最终通过采用一套与竞争对手 Jumo 004 B 发动机类似的系统得以解决。

回到位于施韦夏特(Schwechat)的亨克尔公司，该公司的团队正迅速采取行动，打算充分利用他们掌握的"内部信息"，获取对于他们竞争对手来说是不公平的优势。在收到奥拉宁堡泄露消息的第二天，即 9 月 8 日，P. 1073 的计划文件被人们从项目办公室的抽屉里拉出来。他们缩小 P. 1073 的基本布局，使之适应更小、动力更贫弱的宝马发动机，将主翼改为平直翼，并且改用双垂尾布局。8 月，亨克尔公司收到了帝国航空部的建议，称单引擎设计是必须的，因为这可以简化生产流程，并且节省已经短缺的喷气式发动机。由于整个 Jumo 004 发动机的产量要保留给 Me 262 和 Ar 234 B，只有 BMW 003 一款发动机可以安装在任何新型战斗机上。结果，这个精心设计过的 P. 1073-15 方案满足了帝国航空部的规范，但这只是暂时的。

自此，亨克尔公司已经享有两天的提前准备时间的优势。直到 9 月 10 日的中午，一条标有"非常紧急"和"严格保密"的电传信息才从柏林的帝国航空部总部发往位于汉堡(Hamburg)的布洛姆与沃斯公司办公室，收件人是该公司的设计师理查德·沃格特(Richard Vogt)博士。这条消息主题为帝国航空部需要一种建造成本低廉的喷气式战斗机。同样的信息还发给了阿拉多、菲施勒、福克-沃尔夫、梅塞施密特、容克斯和西贝尔公司。信息中要求这款飞机能在海平面高度达到 750 公里/小时的最快飞行速度，起飞距离不超过 500 米，能够在条件较差的机场起降，续航力需满足能够在发动机全推力运转的情况下，在海平面高度上飞行至少 30 分钟。计划中的战斗机将装备两门 30 毫米 MK 108 航炮，每门备弹 80 到 100 发，或者两门 20 毫米 MG 151/20 航炮，每门备弹 200 到 250 发。装备仪表和基本的 FuG 15 或 FuG 16 型无线电收发机，仅在气象条件良好的情况下作战。根据实际情况，这架战斗机在制造过程中将会使用木材和钢铁，虽然也允许安装装甲板，以帮助飞行员和航炮使用的 30 毫米弹药抵御来自飞机前方的攻击威胁，性能要足够防御与 13 毫米机枪子弹同等级的武器。飞机的油箱也需要装甲保护。但与此同时，这条信息还询问制造商们，如果减少机上的弹药和装甲的话，能否缩短飞机的起飞滑跑距离。然而，最为苛刻的规定则是要求参与竞争的提案要在 3 到 5 天内接受战斗机研发组的检查！不过在 12 日，一封来自德国空军最高统帅部的电报通知称，招标的截止日期已经延长至 14 日。

根据战斗机部队总监阿道夫·加兰德中将的说法，直到 1944 年的夏末，他都被完全排除在招标计划之外，整个投标过程都是高度保密的——考虑到参与这一过程的部门官员和公司官员数量，这简直是难以想象的情况。

尽管帝国航空部设定的时限非常短，但除了三家收到标书的公司外，其余公司都参与了竞标工作。菲施勒与西贝尔公司似乎无法遵守设计规范，而梅塞施密特公司拒绝投标的原因，其公司董事长会详细说明，后文中会对此进行一番描述。这样一来，赛场上就只剩下阿拉多、布洛姆与沃斯、福克-沃尔夫、亨克尔和容克斯这几家公司进行竞争。每家公司都提交了一份设计方案，但是福克-沃尔夫公司却是例外——他们提交两份设计。

阿拉多公司

这实际上是基于一项阿拉多公司在 1943 年开展的项目设计，用于一种带有小角度后掠翼、双垂尾的大型飞机，由安装在机身上方未定型的涡轮喷气式发动机提供动力，预计推力是 1500 公斤。

阿拉多公司使用这个早期设计作为基础，设计出一架较小型、拥有平直下单翼的衍生型号，以迎合在 1944 年 9 月 10 日发布的帝国航空部规范。该设计被命名为 E 580（E 代表德语中"草图"的意思），翼展 7.75 米，长 8 米，机翼面积为 10 平方米。值得注意的是，该机 BMW 003 发动机的进气道有一部分被飞行员座舱的顶部遮挡。E 580 拥有一套前三点式起落架，两个主起落架之间的间隔非常宽，它携带了 2 门 30 毫米 MK 108 航炮，但似乎没有按照帝国航空部要求的那样设计出配备两门 20 毫米 MG 151/20 航炮的备选方案。在这种配置下，飞机的全重会达到 2635 公斤，最高飞行速度为 750 公里/小时，其海平面的爬升速度为 17 米/秒，而在 9800 米高度的爬升速度则为 4 米/秒。E 580 能够从 570 米长的跑道上起飞，最大续航距离是 610 公里，最长滞空时间则为 22 分钟。

阿拉多公司设计办公室的负责人鲁迪格·科辛（Rudiger Kosin）表示，帝国航空部技术办公室的一名代表在毫无预警的情况下，于 1944 年 9 月中旬来到公司位于西里西亚兰茨胡特（Silesia Landeshut）的办公室，监督该项目的设计工作。科辛描述道："他似乎很清楚最终的设

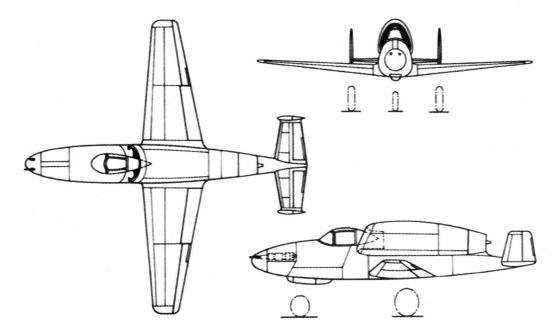

制作于 1944 年 9 月 12 日的阿拉多 E 580 设计图。采用一具 BMW 003 A 型引擎和 2 门 MK 108 航炮。翼展 8 米，长 7.75 米，从机轮底部到飞机顶部的总高为 2.5 米。

计应该是什么样子。在整整两天时间里，他都没有离开过这个部门，在这期间，他努力让这个项目朝着他想要的方向发展。"

这或许能够解释为何 E 580 会与亨克尔的设计有着惊人的相似之处。最终，阿拉多的设计在 1944 年 9 月 12 日准备好提交。

布洛姆与沃斯公司

由理查德·沃格特博士设计的 P211 单喷气式引擎迷你战斗机（Einstrahltriebkleinst Jäger）基于布洛姆与沃斯公司的一款早期设计，即所谓的 P211.01 计划，飞机的后掠翼将会安装在悬挂着 BMW 003 发动机的管状钢梁上。当沃格特博士和设计团队对 9 月 10 日帝国航空部投标的严格截止日期进行评估后，他们决定简化 P211.01 计划。由此产生的 P211.02 计划将会使用 50% 的钢材、23% 的木材、13% 的硬铝（这项

资源在 1944 年中旬的德国已经严重短缺）和 6% 的其他材质制造，经过 8 个组装步骤后完成生产。该机长 8.08 米，翼展 7.6 米，使用上单翼设计，其最大特点是使用吊舱加尾梁式机身。飞机的驾驶舱位于涡轮喷气式发动机的进气道上方，让机头保持平衡，而飞机的前三点式起落架也收纳在机身上。BMW 003 的发动机喷口位于尾梁的下方，这个尾梁同时充当飞机的油箱和机尾主结构。

P211 的全重为 3100 公斤，其最高飞行速度可达 767 公里/小时，海平面爬升速度为 14.05 米/秒，而在 9000 米的爬升速度则为 2.46 米/秒，最大航程为 720 公里。这架飞机能够在长 650 米的混凝土跑道上起飞，或者在长 800 米的草地跑道上起降，配备 2 门 30 毫米 MK 108 航炮。

亨克尔教授和他的总经理弗莱达格在 1945 年 7 月接受盟军审问的时候坦诚道，他们认为

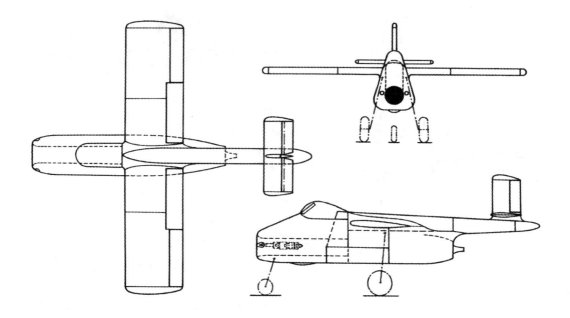

布洛姆与沃斯公司的 P211 设计图，制作于 1944 年 9 月 29 日。该机采用一具 BMW 003 A 型引擎以及两门 MK 108 航炮。翼展为 7.6 米，长 7.06 米，从机轮底部到飞机顶部的总高为 3.3 米。

布洛姆与沃斯公司的项目"前景非常光明，但是要在实验和开发工作上耗费一些的时间"。

福克-沃尔夫公司

位于巴特艾尔森(Bad Eilsen)的福克-沃尔夫公司设计办公室通过缩小设计于1943年4月的Fw 226"国民快车(Volksflitzer)"战斗机来迎合发布于9月10日的帝国航空部招标要求。福克-沃尔夫公司的Fw 189已经被证明是一款成功的设计，福克-沃尔夫复制了这种飞机的双尾梁设计，但只使用一台喷气式发动机——最初设想是使用HeS 011型发动机——还有一个使用火箭动力的方案。到1944年7月为止，已经开发出了三种方案：一种是作为喷气式战斗机辅以火箭动力推进的高速、高空拦截机；另一种是喷气式动力为主辅以火箭动力爬升至中间空层作战；最后一种则是纯喷气式动力方案，没有火箭助推但是能够在10000米高度上滞空两个小时。

这架飞机将在机身前部座舱的下方安装2门30毫米MK 108航炮，或2门安装在机身的30毫米MK 108航炮，外加两门安装在机翼上的20毫米MG 151航炮，配合望远镜式ZFR瞄准具使用。在早期的设计中，"国民快车"在装载830公斤的燃油后，飞机全重将为3660公斤，而在后期的设计中，机上装载的燃料增加至1250公斤，这使得飞机的全重达到了4350公斤。

"国民飞机(VolksFlugzeug)"则是一个更加严肃的提案，这个提案的特点是为BMW 003发动机配备了一个长长的进气道，有大角度后掠翼和无后掠翼两个方案可供选择，翼展均为7.5米。这架飞机使用T型尾翼布局，在垂直尾翼上方安装了一个极具特色的后掠式尾翼。"国民飞机"全长为8.80米，全重3050公斤，它需要长达1000米的跑道起飞，爬升速度为14.5米/秒，最高飞行速度为820公里/小时，在10000米高度巡航的情况下，最大续航时间为45到50分钟。

实际上，"国民快车"项目的性能表现明显低于"国民飞机"，但是福克-沃尔夫公司显然没有将重心放在这两款飞机身上，而是致力于完善其他设计，比如计划中的Ta 183喷气式战斗机，他们只把这两款飞机当做一场"幻想之旅"。

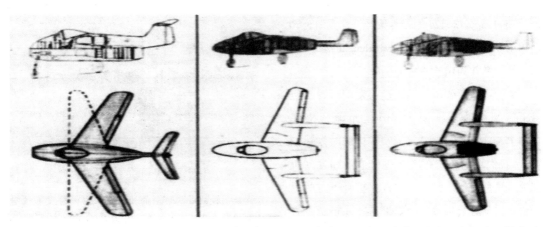

1944年9月20日，由福克-沃尔夫公司发布的"说明"文件展示了该公司为"国民飞机"项目提交的设计文档的变化，包括在"国民快车"概念项目中设计的使用BMW 003型发动机和HeS 011型发动机的方案。

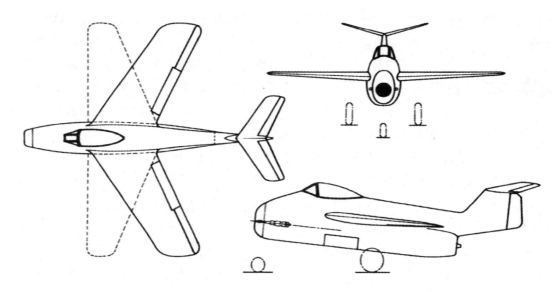

福克-沃尔夫公司"国民飞机"计划的设计图，制作于 1944 年 9 月 20 日。采用一具 BMW 003 型发动机和 2 门 MK 108 型航炮。

容克斯公司

由容克斯飞机研发部门负责人海因里希·赫特尔（Heinrich Hertel）教授研发的容克斯公司方案，围绕着一台安装在飞机机腹的 BMW 003 发动机开展，它使用非后掠式上单翼配合单垂尾设计。这个项目进展到模型阶段，并且可能已经被授予 EF 123 或 EF 124 的设计编号，容克斯公司使用 E 表示"研发飞机（Entwicklungflugzeug）"，而不是用 P 作为代号——项目编号。

尽管容克斯公司试图通过将发动机置于机身下方来减小表面阻力，但是弗莱达格在 1945 年 7 月接受盟军情报人员审问的时候评论道："我们认为这个布置在飞机迫降和发动机起火时是危险的。此外，布置在机身下方的发动机在迫降时会损毁，而如果布置在机身上方的话（比如像 He 162 那样），就如实际经验所表明的那样，在迫降的过程中从未导致过事故。"

容克斯国民战斗机计划的模型，来自一份没有注明日期的容克斯公司文件，图上显示的飞机可能是 EF 123 或是 EF 124 的模型。

该机型的详细武备资料和技术规格未知。

接下来的三天时间里面，正当其他竞争者在绘图板前审议并且嘲笑自己的设计时，亨克尔教授和冈特则在对他们的 P.1073-15 方案进行修改，修改工作主要由在罗斯托克-曼瑞纳亨（Rostock-Marienehe）的亨克尔公司员工完成，最终结果是一种名为"小型战斗机（KleinstJäger）"的新设计，这个代号为 P.1073-18 的新方案，其起草日期是 9 月 11 日。这款设计保留了非后掠式上单翼和双垂尾布局，以及在机身背面安装的一台 BMW 003 发动机。该机的武备为两门 20

毫米 MG 151/20 航炮，每门航炮备弹 150 发，这两门航炮对称地安装在前机身座舱的两侧，位于飞行员的下方。前三点式起落架设计也被保留，其中前起落架将会向前回收至机头位置，位于飞行员的前方。加上 50 公斤的装甲板、装备（145 公斤）以及飞行员（90 公斤），所谓的"军用重量"总和为 500 公斤。飞机的机身重量为 725 公斤，BMW 003 发动机重量为 725 公斤，燃料和油箱的重量为 550 公斤，飞机的全重预计将会达到 2500 公斤。在计划中，它还能携带

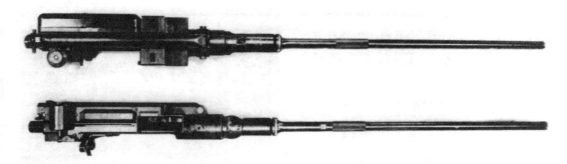

亨克尔公司最初计划在 P.1073 项目上安装两门 20 毫米 MG 151/20 型航炮，该项目最终演化为 He 162 项目。这款航炮最初设计用于发射 15 毫米炮弹，但帝国航空部发现 15 毫米炮弹投射量不足之后，毛瑟公司（Mauser）增大了这款武器的口径。这款航炮被德国空军的战机大量采用，拥有很高的射速和优秀的弹道。其全重为 42.4 公斤，高装填比例高爆弹的初速为 790 米/秒。

亨克尔公司提议使用莱茵金属-博西格公司生产的 MK 108 航炮作为除 MG 151/20 航炮以外的备选方案，这款航炮的口径为 30 毫米，采用电击发方式发射。它是一款射程有限但是威力非常强大的航炮。尽管这款航炮价格低廉，并且易于制造，但是它也容易出现各种各样的故障。当技术熟练的飞行员驾驶着装备这款航炮的 Fw 190 或 Me 262 战机时，他们常常能对盟军的轰炸机编队造成毁灭性的打击。

一枚 SC 250 炸弹作为进攻性配载。同时提交的还包括装备两门 MK 108 航炮的设计，作为装备 MG 151 航炮方案的替代方案。

这架飞机预计能够在海平面高度上达到 810 公里/小时的最高飞行速度，在 6000 米高度时的最高飞行速度则为 860 公里/小时，而在 11000 米高度时，最高飞行速度则为 800 公里/小时。在海平面高度的续航时间为 20 分钟，在 6000 米高度则为 33 分钟，在海平面高度上的最大航程为 270 公里，而在 6000 米高度飞行时，最大航程则为 440 公里。在海平面的爬升速度为 22 米/秒，在 6000 米高度的爬升速度为 13.5 米/秒，而在 11000 米高度上的爬升速度则为 4.5 米/秒，在作战条件下比起装备 DB605A 发动机的 Bf 109 G 型战斗机来说有了很大的改进。P.1073-18 能够在 650 米长的跑道上起飞。

截止日期到期前，所有 5 家竞争公司的意见书一份接着一份地递送到帝国航空部，不过，阿拉多公司在其提交的设计中注明："由于时间有限（2天），提交的项目只能以草稿形式产生。"这 5 家竞标公司中并未包括梅塞施密特。1944 年 10 月，在一份写给阿尔伯特·斯佩尔和

威利·梅塞施密特教授，Me 262 喷气式战斗机正是由他旗下的梅塞施密特公司生产。这位教授给国民战斗机项目撰写了一篇尖锐的批判文章，文中最被针对的是亨克尔公司，他认为亨克尔公司的这个项目既没有必要又造成了许多浪费。

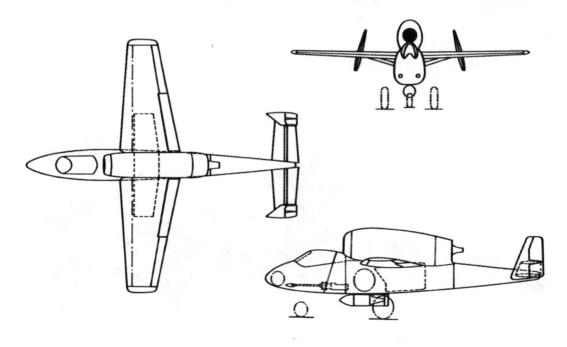

亨克尔 P.1073 设计图，制作于 1944 年 9 月 11 日，使用 BMW 003 A 型喷气式引擎。武备为 2 门备弹量各为 50 发的 MK 108 航炮或者两门备弹量各为 150 发的 MG 151 航炮，同时机身下方还能挂载一枚 SC 250 航空炸弹。

恩斯特·亨克尔教授的信中，威利·梅塞施密特(Willy Messerschmitt) 教授道出了他的想法："在 1945 年春的决定性战斗中，Me 262 必须充当德国空军的中流砥柱。Me 262 才是现实，国民战斗机只是一个梦想。我不能理解，当我们已经开发了一款飞机并且还需要它的零部件时，我们为何又要开发另一款飞机。缺乏经验的工人会危及飞机的性能。然而，当我们还在为材料和零部件'尖叫'的时候，有人却又在想开发一款新飞机。"

恩斯特·亨克尔教授(中央)与卡尔·弗兰克(右上)共处一桌，弗兰克在国民战斗机项目招标工作中扮演了两个角色：赛事的评委，以及亨克尔公司的参赛代表。他为后续 He 162 战斗机的生产工作作出了不小的贡献。

　　9 月 14 日，来自各家竞争公司的代表在帝国航空部内部举行了为期两天的会议，正式向一个由德国空军高级技术官员和帝国航空部部门官员组成的小组提交他们的提案。每位代表有 5 分钟时间来概述他们各自的项目。具有讽刺意味的是，由帝国航空部挑选出来"评估"所有提案的人不是别人，正是亨克尔公司的技术总监，卡尔·弗兰克(Carl Francke)，他同时还代表亨克尔公司出席这场会议！

卡尔·弗兰克

　　卡尔·弗兰克是一位经验丰富的飞行员，他曾在西奥·奥斯特坎普(Theo Osterkamp)的领导下作为德国队成员的一员，参加欧罗巴环程飞行竞赛(Europa-Rundflug air race)。1937 年夏天，在瑞士迪本多夫(Dubendorf)举行的第四届国际飞行大会上，弗兰克驾驶着 Bf 109 V8 和 V13 号原型机进行了杰出的表演飞行。作为一名德国空军的试飞员，他曾在位于特拉弗明德(Travemunde)的水上飞机试飞场参与试飞工作。在这里，他因为进行新型水上飞机的试飞工作、参与新型战斗机的设计工作和为飞行测试工作编写标准手册而闻名。1939 年 11 月，他转移到雷希林继续参与试飞工作，他驾驶过 He 177 重型轰炸机的第一架原型机，以及其他"奇特的"机型，比如福克-沃尔夫的 Fw 61 旋翼机 V2 号原型机，以及世界上最大的滑翔机——Me 321 滑翔机。他在 1943 年末加入亨克尔公司。

1945 年 4 月 5 日，卡尔·弗兰克(照片中最左侧者)正在指导恩斯特·乌德特熟悉 He 280 V2 号原型机的驾驶舱，这架飞机刚刚在保罗·巴德的驾驶下完成第二次试飞。巴德在弗兰克的右手边，蹲在机翼上。日后，弗兰克将会成为亨克尔公司 He 162 项目的主心骨，而巴德则扮演了开发工作的协调员一职。

经过考量后，福克-沃尔夫公司的提案被认为是不现实的，这让人怀疑该公司只是为了收集信息而参与这场投标。但这个说法经不起推敲，通过一份由该公司设计团队发给帝国航空部的备忘录，我们可以看出他们有多么难过，他们警告道："当前线装备足够数量的飞机时（即 1945 年第三季度），任何一款国民战斗机式飞机的性能都无法与敌军的喷气式战斗机比肩，它的作战寿命注定是短暂的，因为 BMW 003 发动机的动力太过羸弱，没有使用后掠翼，生产的基础决定了这款飞机的俯冲速度将会受到限制，并且殃及其战斗性能，没有改善武器、装甲或者其他装备的设计余量。"

阿拉多和容克斯公司的提案被完全否决，而亨克尔公司的 P. 1073-18 也被认为是不合适的。只剩下由布洛姆与沃斯公司提交的 P. 211-01 提案了。从空气动力学和工程学来看，它是所有提交的方案中最好的。代表亨克尔公司的弗兰克抗议说，其他公司的方案中计算重量和性能的公式与亨克尔公司不一样，因此导致亨克尔公司的方案受到了不利的影响。

布洛姆与沃斯公司的技术总监和首席设计师沃格特留意到，尽管通过弗兰克提前了一个月获悉国民战斗机的技术要求，亨克尔公司仍然没有满足——或者说没能满足——帝国航空部在武备和续航力方面的规格要求。它根本不是一款能够"简单制造"的战斗机，P. 1073 的设计实际上非常复杂，这将导致所有保障该机型的机场都要配备专用的起重机，才能拆除并且移动安装在机背上的发动机。而拆除 P. 1073 的机翼则需要更多的工作量——要先拆除它的发动机、发动机整流罩以及燃油管路。

会后，沃格特还记录道："梅塞施密特对国民战斗机计划并不感兴趣，因为相对于 Me 262 来说，这个项目并没有多大的技术优势。当轮到布洛姆与沃斯公司说明计划时，弗兰克只给了 5 分钟，并且还拿着表坐在那里计时。很明显，他对这个方案一点都不感兴趣。不过克内迈尔上校和他的顾问马尔茨（Malz）以及施瓦茨

布洛姆与沃斯公司的技术总监兼首席设计师理查德·沃格特，他认为国民战斗机项目在招标的过程中使用了不公平且带有偏见的招标手法。他抱怨称，弗兰克只给了他 5 分钟的时间说明项目，并且还坐在台下拿着手表计时。

（Schwarz）说布洛姆与沃斯公司的项目非常值得称赞，尽管技术参数里给出的重量数据略微偏高。不过，这个问题可以通过进一步的讨论和改进来解决。"

尽管最初遭到了拒绝，但是在第二天，所有其他参与竞标的公司都开始按照亨克尔公司使用的公式来重新计算飞机的重量和性能。经过重新计算的布洛姆与沃斯公司方案得到了航空设备技术部主管迪辛上校的青睐，主要是因为发动机的位置没有阻碍飞行员的视线，外加设计中使用了较少的硬铝（当时短缺的材料），并且可以相当迅速地完成组装工作。

相比之下，亨克尔公司的设计在航程和续航时间上都有所欠缺。而且它的武备也存在不足，并且还有人担心亨克尔公司是否能够满足生产计划的要求。这个"计划方案"详情如下：

1944 年 10 月 1 日，提供模型检视；

1945 年，当亨克尔公司被苏军占领后，余下的亨克尔公司人员起草了一份描述自 1944 年 7 月开始至 1944 年 10 月初的 He 162 战斗机设计演变概略图，图中共有 20 多款各式各样的设计，最终演变成 He 162 A-1 型的初始设计方案。

1944 年 12 月 10 日，准备试飞（首架原型机）；

1945 年 1 月，开始大规模量产；

1945 年 4 月，将产量提升至每月 2000 架。

然而，亨克尔公司的代表设法让人消除了这些疑虑，并且向与会的成员们保证该公司有能力满足交付日期的要求，所耗费的工时也更短。的确，在 He 177 轰炸机和 He 219 夜间战斗机计划取消后，他们会有更多的可用生产力。再加上飞机将会采用 Bf 109 战斗机的起落架，因此不用再制造新的模具和轮胎。

尽管布洛姆与沃斯公司的 P. 211 拥有易于生产的优势，但是它的一个特点引起了关注：它那长达 2.5 米的进气道可能会导致发动机损失推力。此外，它的形状可能会产生阻力。并且，由于进气道与地面间的距离只有一米多，这会导致进气道很容易吸入灰尘和异物，进而导致发动机损坏——如果飞机要在条件简陋的前线野战机场作战的话，这是需要面临的真实危险。

因此，在经过漫长的审议后，亨克尔公司的项目获得了胜利——但只是暂时的。

17 日又召开了一场会议，讨论了同样的议题，但依然没有结果。

辩论在 9 月 19 日的会议中继续进行，这场会议在罗卢夫·卢赫特（Roluf Lucht）将军的主持下举行，他是飞机研发委员会（Entwicklungs Hauptkommission Flugzeuge）的主席，这个委员会是四天前应斯佩尔的命令成立的。在会上，所有竞争者的方案都被重新审查，包括阿拉多、布洛姆与沃斯、福克-沃尔夫、容克斯和西贝尔公司的方案。再一次的，布洛姆与沃斯公司的 P. 211-01 方案被认为在各方面都优于其他竞争者，但是这场会议最终却以弗莱达格与战斗机研发组的副组长施瓦茨之间的激烈争吵画上句

号，弗莱达格坚决不同意这一决定。这场会议没有确定最终的选择。

根据与会者之一，代表布洛姆与沃斯公司的沃格特博士的描述，西贝尔公司的提案几乎没有被考虑过，但很明显，亨克尔公司的提案在和布洛姆与沃斯公司的方案对比之前，就已经被接受了。沃格特博士回忆道："委员会会议上处理这些关键性问题的方式深深震撼了我。谈论对议程主题的

罗卢夫·卢赫特将军，飞机研发委员会的负责人，在国民战斗机计划的早期阶段发挥了相当大的影响，他支持了亨克尔公司的设计。

审查是不可能的，更不用说进行认真的检视了。亨克尔公司的总经理弗莱达格说，布洛姆与沃斯的方案包含了一些技术上的缺陷，但是他却没有讨论与亨克尔方案类似的那些缺陷。"

沃格特博士从这次会议中得出了结论，从布洛姆与沃斯公司的角度来看，继续进行国民战斗机项目的研发工作已经毫无意义。

令人惊讶的是，就在审议还在进行的时候，亨克尔公司已经悄悄地完成了一个国民战斗机方案的小比例模型，并且邀请帝国航空部在方便的时候派人进行检视。

9 月 21 日，在位于罗森加滕（Rosengarten，坐落于东普鲁士的拉斯滕堡附近，拉斯滕堡在战后划归波兰，更名为肯琴）的德国空军前线指挥部召开的会议上，确定了这款新型战斗机的最终方案。出席会议的人员包括：戈林元帅、罗伯特·里特·冯·格雷姆（Robert Ritter von

Greim，第六航空军团的指挥官）上将、阿道夫·加兰德中将、卡尔·科勒尔上将（德国空军作战参谋部部长）、航空设备技术部主管乌尔里希·迪辛上校、卡尔·弗莱达格、卢赫特将军，以及卡尔-奥托·绍尔。

亨克尔公司的设计显然受到了绍尔领导的军备部一派的青睐。出于政治原因，他将提议中的这款飞机正式命名为"国民战斗机"，但在这之前，迪辛上校已经在以这个名字发布招标规范。坚定支持 Me 262 计划的加兰德中将回忆道："打从一开始，我就强烈反对国民战斗机计划。与提出这个想法的人不同，我的反对意见都是基于一些现实原因，如性能不足、航程不足、武备不足、视野不良，甚至怀疑其能否升空。此外，我确信在战争结束之前，这种飞机不可能投入有价值的作战行动。与此同时，生产这款飞机所消耗劳动力和材料等巨额开支必然会以牺牲 Me 262 为代价。在我看来，应该把所有的精力集中在这架久经考验的战斗机身上，以便充分利用我们拥有的一切可能性。如果我们在战争的最后阶段再一次分散我们的力量，那么我们的一切努力都将白费。"

一份英国航空情报部门编写于 1945 年 6 月的报告指出了那些拥护国民战斗机的官员们使用了某种"不正当的手段"。隶属于英国空军部的情报部门助理 S. D. 费尔金上校（S. D. Felkin）在审讯德国空军各阶层人员的工作上拥有丰富的经验，他记述道："从一份记录了对飞行工程师马尔茨（Flugbaumeister Malz，马尔茨隶属帝国航空部内部负责单引擎和双引擎战斗机研发工作的 FL/E2 处）审讯的文件中，我们发现了对这件事情的一种奇怪的看法。根据记录，马尔茨曾作出令人震惊的声明，称当卢赫特、迪辛和克内迈尔向戈林提交关于 He 162 的决定性报告时，他们缺乏支持他们理由所需的某些技术文

件。因此，马尔茨受命要在电影专家的帮助下伪造 He 162 的照片。这些伪造的照片包括一张展示 He 162 在云上作出翻滚动作的照片。"

9 月 23 日，在拉斯滕堡（Rastenburg）总部的一场讨论中，希特勒接受了绍尔的建议，下令在未经测试的情况下，迅速开展亨克尔方案的国民战斗机设计和大规模投产工作，该项目将会归纳到战斗机专案组第 226 号生产计划下，暂定的生产目标是在 1945 年 4 月达到每月 1000 架产量。斯佩尔也出席了这次会议，他留意到希特勒指示制造商要"大力推进"这款设计，工商界、政府部门以及军方都要进行适当的协调与合作。

同一天，卢赫特将军和来自飞机研发委员会的几位代表在维也纳-海德菲尔德（Wien-Heidfeld）检视了 P. 1073 的小比例模型。他们递交了一份 10 页的报告，其中包括当日准备的图纸。在这些图纸上，P. 1073 被描述为是一款"StrahlJäger"——喷气式战斗机。飞机的武备为两门 MK 108 航炮，每门备弹 50 发，飞机的全重为 2571 公斤，在 6000 米高度上的最高飞行时速为 840 公里，最大航程为 430 公里，最长续航时间是 33 分钟。到了这个时候，形势已经开始朝着对亨克尔公司有利的方向转变。

第二天，即 9 月 24 日，在斯佩尔的建议下，希特勒提名伯格曼电力公司的总干事兼军备咨询委员会主席菲利普·凯斯勒（Phillipp Kessler）作为国民战斗机项日以及发动机生产项目的全权代表。凯斯勒曾是一名炮兵，后来成了工程师，在 1932 年加入伯格曼公司前，他曾在西门子-舒克特公司担任总工程师一职。他还在斯佩尔的手下担任滚珠轴承生产项目的全权代表。因为他在滚珠轴承生产上的积极作用，凯斯勒在 1944 年 5 月 22 日获颁著名的骑士佩剑战功十字勋章。

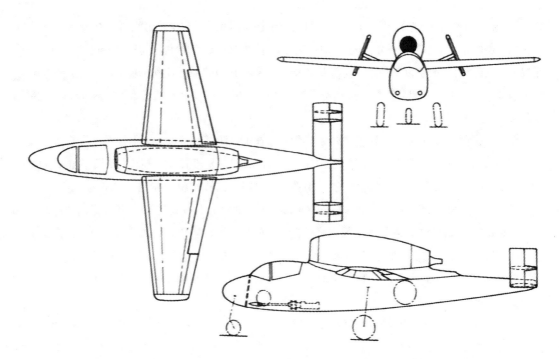

亨克尔 P.1073 设计图，制作于 1944 年 9 月 23 日，配备 BMW 003 A 发动机，装备 2 门 MG 151 航炮。

9 月 26 日，希特勒发布了一项法令，下令组建人民冲锋队。这是作为德国最后一条防线的民兵组织，这一举动让人们不禁联想到当时纳粹领导集团那狂热而又不切实际的心态。受到人民冲锋队概念的启发，绍尔在希特勒青年团领导人——全国领袖阿图尔·阿克斯曼（Artur Axmann）的帮助下开展了一项计划，旨在为上千架 He 162 战斗机提供必要的飞行员，这些战机预计会在 1945 年从生产线上生产出来。凯勒上

菲利普·凯斯勒全权代表，他将在协调 1944 年底至 1945 年初的 He 162 生产工作中发挥关键作用。作为一位著名的工程师，他曾被授予骑士佩剑战功十字勋章。

将的愿景正一步步变成现实。根据德国空军轰炸机部队指挥官、骑士十字勋章获得者维尔纳·鲍姆巴赫（Werner Baumbach）的说法，凯勒授权接收整整一个年度入伍的希特勒青年团团员立刻到 NSFK 接受滑翔机训练，经过短时间训练后，他们将直接改装驾驶 He 162。在这过程中，他们没有积累任何动力飞行的经验，只在地面上接受过射击训练。这些国民战斗机单位被视为空中版的人民冲锋队。

1944 年 10 月 24 日，卢赫特在柏林主持召开了一场会议，讨论了各种用途的教练机，包括 Bu 181、Ar 96、Ar 396，斯柯达-库巴（Scoda Kauba）、Si 204、Bf 109、Fw 190 以及 Ta 152。会议上还探讨了如何最好地为 He 162 做准备。在关于国民战斗机的讨论中，讨论的中心主题是如何在不消耗燃料的情况下将年轻的孩子们训练成飞行员。结论是需要一种可牵引、高性能的滑翔机，这种滑翔机可以与真正的 He 162

媲美，但又能节省宝贵的燃料。根据卢赫特的说法，会上没有立刻提出任何解决的方法，但是建议进一步研究这个问题。这种飞机的建造工作预计将由亨克尔公司(限期6周内)和NSFK(在亨克尔公司基础上外加6周限期)共同完成，由飞机研发委员会负责指导。

这项计划的目标是制造一架总重为400～500公斤，飞行速度为4米/秒的滑翔机。这架飞机要尽可能地体现He 162的起飞和降落特性，配备150马力的绞车，1000米长的牵引索，释放高度为250米。尽管如果把牵引索延长至1500米长的话，释放高度可以提升至400米，但是设计者认为这已经足够让飞行员获得飞行的感觉，并且无需离开机场周边地区。然而，有人提议通过使用一台700马力的绞车和2500米长的牵引索，将释放高度提升至1000米。

根据计划，在1944年12月29日以前，要在舍德尔(Oberst Schedel)上校的指导下建造出10架这样的滑翔教练机，其中两架要依靠迈巴赫坦克发动机的牵引升空。如果这10架原型机被证明是成功的话，后续计划要制造200架同型机。

组织希特勒青年团团员驾机作战的消息似乎传到了戈林那里，当时他正在拉斯滕堡拜会希特勒，阿道夫·加兰德回忆道："戈林自己也成为了这场全国性狂热的感染者，国民战斗机计划方案几乎感染了所有与空防有关的人。'上百架！上千架！数以万计架！'戈林高声叫道，'直到敌人被赶出德国国境为止。'"实际上，戈林在这件事情上几乎没有任何影响力，因为开展国民战斗机计划的最终决定是由希特勒和斯佩尔作出的。

维尔纳·鲍姆巴赫在自己撰写的回忆录中记述道："在理智的全国领袖阿图尔·阿克斯曼和他忠实的手下梅克尔(Moeckel)的帮助下(梅

克尔不久后死于一场车祸)，我设法使几乎所有人相信这个想法是异常荒谬的。甚至He 162也要进行彻底的战斗机飞行训练，不能'由任何希特勒青年团成员驾驶'。但是绍尔继续全力支持他的计划，没有任何技术上或者其他的理由能够让他相信'国民战斗机'并不真的是'人民就能开的战斗机'。"

与此同时，即便是到了9月28日，对于亨克尔公司的质疑声好像还没平息，因为帝国航空部要求布洛姆与沃斯公司在10月2日回来开会继续讨论他们的方案。但是，似乎并没有人通知武器和战争生产部，在第二天，阿尔伯特·斯佩尔发布了一条指示，内容是要求立刻开始生产国民战斗机，不需要理会试验的结果或后果。无论如何，亨克尔公司的临时模型已经被战斗机研发组和雷希林试验中心(E-Stelle Rechlin)通过了。

1944年9月29日的中午，心中夹杂着兴奋、期待与恐惧的亨克尔教授召集起公司的高级经理和工程师们，到他位于维也纳的别墅开会讨论国民战斗机的生产计划——出于个人的虚荣心，他将其称为He 500型。出席会议的人有西格弗里德·冈特、卡尔·施瓦茨勒(Karl

卡尔·施瓦茨勒，亨克尔公司维也纳和罗斯托克工厂的首席设计师(本照片摄于战后)，他在接受委托后的一个多月时间内完成了He 162战斗机的详细图纸。

Schwärzler，维也纳和罗斯托克地区的首席设计师)、奥托·巴特(Otto Butter，副首席设计师，射铆技术的发明者)、卡尔·海恩(Karl Hayn，亨克尔工厂总监)、乌尔里希·劳厄(Ulrich Raue,施韦夏特工厂总监)以及卡尔-奥托·伯迈斯特(Karl-Otto Burmeister,高级生产顾问)。刚从柏林的会议上回来的弗兰克通过发布一则通知开始了这场讨论:"我们拿到了小型战斗机的合同。备注:1944年12月1日首飞,1945年3月开始大规模量产。我们没有预料到只有这么短的时间。"

会议简要记录如下:

亨克尔教授:"我们必须按计划行事。所有相关人员仍需按责任履行合同。我能从梅塞施密特的手里弄来150名生产工人。"

冈特:"从明天开始我可以送出第一份项目文件,剩下的可以在两周内跟进。"

海恩:"到1944年12月底,我必须拿到所有重要的制造资料。然后,在1月底,我可以交付必要的生产方案,到2月底,我将需要所有的工具和机械,以便在3月份开始量产工作。"

亨克尔教授:"在那之前,我想知道原型机和图纸什么时候能准备好,因为距离首飞只有9个星期的时间了。"

施瓦茨勒:"当我们有了图纸之后,我们就可以确定日程表了。"

亨克尔教授:"施瓦茨勒,这样阻手碍脚地做事是不行的,我们必须严格遵照每一个时间表。"

施瓦茨勒:"我最早可以在明天把表格发出来。"

弗兰克:"巴特,你什么时候能够提供原型机所需的所有材料清单?包括图纸和零件?"

巴特:"我们需要5周的时间来进行制作。"

劳厄:"如果我们需要超过5周的时间的话,我们能逾期吗?从明天开始,我们需要尽

可能多的支援。"

巴特:"我敢说,如果以下几点能够落实的话,就可以维持建造的进度:必要的同事数量,大量的工人,改变现有的结构,并且管理人员要理解加班需求。我非常担心那些来自梅塞施密特公司的外包工人。从我手下的450人中,我会选出最优秀的250人留在费希特街(Fichtegasse)的办公室。其余的人将会负责总部的其他工作。作为奖励,我们需要1000盒香烟和500瓶苦艾酒,以慰问品的方式分发。"

劳厄:"我也想要一样的。"

弗兰克:"我相信只要亨克尔教授同意他们的请求,巴特和劳厄就可以维持他们的完工日期不变。"

亨克尔教授:"我完全同意。"

在9月的最后一天,克内迈尔中校正式宣布亨克尔公司的方案赢得了国民战斗机项目的竞标,所有关于候选项目之间优劣的进一步对比讨论至此终结。尽管P.211仍然有很多设计上的问题,但是经过电传电报得知这一决定后,代表布洛姆与沃斯公司的沃格特博士继续提出抗议。根据沃格特博士的说法,卢赫特将军亲自向他道歉,因为他没有意识到弗莱达格和绍尔背着他进行了直接讨论,并且内定了竞标的结果。而在表面上,弗莱达格反对布洛姆与沃斯公司方案的主要理由是其发动机的位置和延长的进气道将严重影响飞机的性能。

实际上,亨克尔公司针对战斗机的详细设计工作早在6天前的9月24日就已经开始了,开发合同的签订只不过是走个过场。尽管亨克尔要求将飞机的型号定型为He 500型,但是在10月3日,帝国航空部却将一个已经不再使用的型号编号"8-162"分配给这架飞机。他们试图

以此误导盟军情报部门，使其无法识别飞机的真实身份。

亨克尔公司立刻着手进行 He 162 的各项工作。10月1日，量产的准备工作开始了，原型机的图纸在 15 日分发到维也纳-海德菲尔德的实验车间，同时夹具和工具的设计工作也开始了。

但就在四天后，航空设备技术部要求在原有的修改基础上增加更多的修改项，包括对 BMW 发动机安装、机翼布置、起落架和油箱的安装等细节进行进一步修改。这些工作的核心是重新设计座舱盖抛离系统，安装火箭助推起飞装置以及高空飞行时使用的氧气系统。

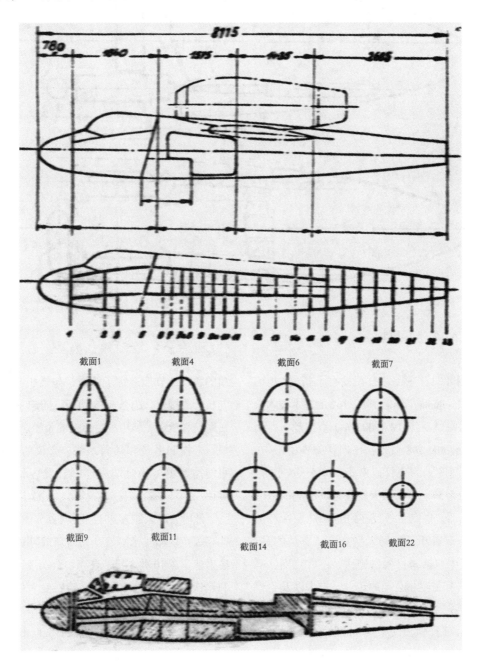

截面1　　截面4　　　　截面6　　　　截面7

截面9　　截面11　　　　截面14　　　　截面16　　　截面22

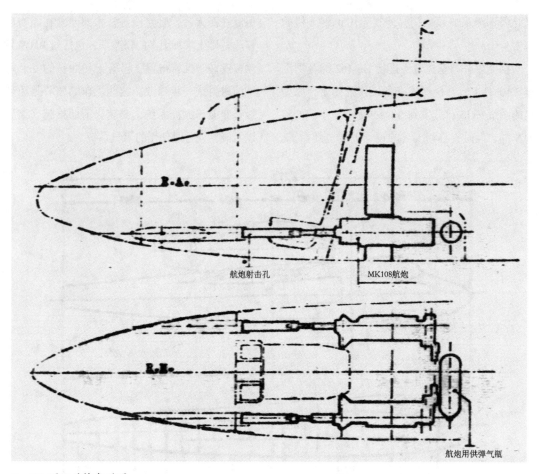

航炮射击孔　　　MK108航炮

航炮用供弹气瓶

He 162 项目的技术说明。

10 月 4 日，亨克尔公司发布了新的"规格（Baubeschreibung）"涵盖了 He 162 的基本技术参数，包括使用一台 BMW 003 A-1 型发动机，两门 30 毫米 MK 108 航炮，每门备弹 50 发，在 11000 米高度上的飞行速度为 780 公里/小时，续航时间为 57 分钟，最大航程为 660 公里。

三天后，亨克尔教授在维也纳的费希特街地区办公室召开了一场大型会议，有趣的是，与会人员中包括来自梅塞施密特、容克斯、福克-沃尔夫和道尼尔公司的设计、技术以及工程代表。会议的目的是讨论 He 162 的建造以及总体技术的可行性，以了解"谁"能够做些"什么"——假如作为一个大型建造联合体。拟议飞

机的所有细节都进行了检查，包括机身、机翼与机身的接合、起落架的功能、前起落架的液压系统和舱门、装甲板、座椅的位置、座舱盖、机翼、控制系统和转向系统。会议的结论是，可能需要更多的时间来详细开发各种附件和零件。

此时，越来越多来自战斗机部队总监手下的高级作战和战术军官开始对新战斗机的概念感兴趣。在 10 月 8 日，亨克尔公司迎来了奥地利籍铁十字勋章获得者——哈特曼·格拉塞尔（Hartmann Grasser）少校。他曾是一位战斗机部队指挥官，先后担任 III. /JG 1 大队和 II. /JG 110 大队的大队长职务，并且取得过 103 场空战

胜利。格拉塞尔少校在工程师劳琴斯坦纳（Rauchensteiner）的陪同下参观亨克尔公司，并检视了由他的同胞们制作的模型。

在10月底，希特勒给予了国民战斗机项目最高的优先级。亨克尔公司对此作出了回应，在冈特和施瓦茨勒的领导下，设计团队在11月5日完成详细的图纸。亨克尔公司制作了约1000张生产图纸，并且开始进行He 162的零件量产工作。包括制作图纸在内，整个设计工作总共耗费20万个工时。参与He 162开发工作的370名亨克尔公司设计人员暂时放弃其他工作，全力投入这个项目中才达成了这个目标。

作为亨克尔公司对这个项目的贡献，共有以下数量的人员参与了准备原型机和量产图纸的制作工作：

部门领导：12人；

小组领导：25人；

高级设计师：20人；

设计师和技术人员：50人；

制图员：143人；

监工：50人；

夹具和工具绘图员：20人；

标准和公差管理人员：20人；

检查员：30人。

在"通常"情况下，亨克尔公司只会在这种规模的项目上动用约150名雇员。

在此期间，许多亨克尔公司的设计员工直接在他们的绘图板旁边睡觉，他们每周的工作时间不少于72小时，最长的甚至有90小时，这样的日子维持了2到3个月之久。与此同时，在哥廷根（Göttingen）的空气动力研究所（Aerodynamische Versuchsanstalt，缩写AVA）进行的风洞测试也完成了。

但在威利·梅塞施密特教授看来，这些成就无足轻重。10月23日，在位于巴伐利亚南部上阿默高（Oberammergau）一处由前山地兵兵营改建的公司办公室里，梅塞施密特教授起草了一份针对国民战斗机计划的谴责信，并将副本发送给斯佩尔和亨克尔教授等人。他在信中写道："我认为在1945年春生产一款使用BMW 003 A发动机用于大规模作战的廉价战斗机的项目已经失败——至少现在如此。国民战斗机项目所假设的技术要求是错误的，因为它的功能可以由现有的、经过检验的飞机更好地执行。一个在性能上不符合现有技术可能性的开发项目总会跟不上时代的脚步。我认为，国

He 162的风洞测试工作开始于1944年10月初，到1945年初，在哥廷根的空气动力研究所、不伦瑞克风洞以及柏林-安道尔舍夫的德国航空研究所进行的研究已经取得显著的进展。图为He 162的风洞模型正在德国航空研究所内进行测试。

民战斗机计划完全没有可能在 1945 年春发展到有足够多的飞机能够投入作战的地步。认为 He 162 可以通过'过剩的产能'来开发和生产，而不会干扰到现有型号的生产工作——尤其是 Me 262 的生产工作——的想法，是一种错觉。Me 262 的产能还没有完全建立起来，依然缺乏熟练的工人和质控人员。Me 262 是一种真正的高级武器，而 162 则只是一个幻想。我们应该竭尽全力尽快发展一款性能优于 Me 262 的飞机，我们并不需要性能较差的飞机，而 162 正是那款性能较差的飞机。类似的飞机早就该被拒之门外了。"

虽然在大多数方面，Me 262 的优越性是毋庸置疑的，但讽刺的是，梅塞施密特的谩骂却给予了国民战斗机项目的概念更多信心。通过强调 Me 262 生产工作所受的影响，梅塞施密特博士实际上是把他自己觉得 Me 262 能够进行"快速可靠的量产工作"的错觉展示在了众人的面前。

由于德国航空工业倾向使用大量的通用（而不是专业化）机械，因此他们需要大量的熟练工人参与到生产工作中。根据美国战略轰炸调查报告中关于飞机工业的报告，德国飞机制造业在 1944 年 10 月雇佣了大约 45 万名工人，其中约 23%，也就是 103500 人是女性。从事航空生产行业的德国工人人数（包括男性与女性）占总人数的 52%。其余的 48%，约 216000 人是由政治犯、战俘、集中营里的犹太人以及被占领国家的外籍工人组成的。在总劳动力中，约有 36% 的工人，也就是大约 162000 人，是外籍人员，其中许多是被强迫从事生产工作的。

此外，Me 262 是按照 1940—1943 年的生产设计标准设计和开发的，该标准的目标是制造质量"零误差"水平，而这只会导致熟练工人变得更加短缺。鉴于当时盟军拥有制空权，德国空军的战斗机飞行员训练时间缩短了，再加上

隶属诺沃特尼特遣队的 Me 262 A-1 战斗机，德国空军第一支喷气式战斗机作战部队，涂有特殊的尾翼标记、黄色的机身识别带以及巨大的战术编号。这张照片摄于 1944 年秋，这些飞机正停放在位于阿赫姆的机场上等待执行作战任务。这支部队以其奥地利籍指挥官瓦尔特·诺沃特尼为名，该部许多飞行员并不熟悉新机型的速度和操纵性，导致许多飞机在事故中毁损，或在战斗中被击落。

当时可用的涡轮喷气式发动机的可靠性较差，喷气式战斗机的使用寿命不会很长。根据计算，一架 Me 262 在执行 5 到 10 场作战任务后就会损失。

除此之外，Me 262 还要使用两台喷气式发动机，相应地，它会消耗更多的燃料。但由于此时德国面临的军事形势迅速恶化，燃料开始变得极其短缺。因此，生产一款重量和尺寸为 Me 262 的一半，但是性能类似，并且更加节省材料和工时的单引擎喷气式战斗机的概念，变得越来越有吸引力。但是由于设计和负载的限制，这种单引擎战斗机除非在武备、防护、飞行时间和机载设备上做出让步，否则是不可能成功的。

回顾 Me 262 项目，该机型的第一次纯喷气动力飞行是在 1942 年 7 月 18 日——也就是整整两年多以前，梅塞施密特公司的试飞员弗里茨·文德尔在莱普海姆（Leipheim）进行了一次无故障的飞行。这之后，由于容克斯在发动机开发和供应方面遭遇问题和挫折，导致长时间的延误。从此时起直到 1944 年年中，Me 262 的开发一直在磕磕碰碰中前进，并且使用一系列原型机来测试飞机的各个方面。在这过程中，Me 262 项目曾遭遇过不少的挫折：1942 年 8 月，军方试飞员海因里希·博韦（Heinrich Beauvais）由于缺乏经验，在连续三次尝试起飞失败后摔毁了 Me 262 V3 号原型机；1943 年 4 月 18 日，威廉·奥斯特塔格军士长（Wilhelm Ostertag）驾驶着 Me 262 V2 号原型机遭遇单侧发动机熄火故障，飞机陷入了无法改出的俯冲，最终导致其坠机身亡。这之后，在 1944 年 5 月，Me 262 V7 号原型机在其第 31 次试飞中坠毁，杀死了库尔特·弗拉克斯（Kurt Flachs）下士。即便是成功投产后，首批预生产型机以及量产型机还出现了轮胎爆胎、电气和机械故障以及发动机不断熄火等问题：1944 年 6 月 1 日，S7 号预生产型机由于发动机起火而坠毁，S1 号机在 6 月 11 日由于飞行员操作失误损坏了右侧机翼；S3 号机在 6 月 16 日因发动机熄火坠毁，损坏了它的机头、机翼以及两侧的发动机。

262 测试特遣队（Erprobungskommando 262）于 1944 年 8 月开始在作战环境下对该型飞机进行了第一次评估，该部的指挥官是霍斯特·盖尔（Horst Geyer）上尉。这个小型测试单位分别驻扎在莱希费尔德（Lechfeld）、雷希林-莱尔茨（Rechlin-Lärz）和埃尔福特-宾得斯莱本（Erfurt-Bindersleben）三个地方，由许多来自不同战斗机和驱逐机联队、拥有不同经验的飞行员组成。9 月，阿道夫·加兰德指派特遣队的人员梯队到莱希费尔德组建 EJG 2 联队的第三大队以便监督未来所有喷气式战斗机的训练工作。而 262 测试特遣队的别动小组（Einsatzkommando）则向北移动至希瑟普（Hesepe）和阿赫姆（Achmer）的混凝土跑道上——这为执行保卫帝国领空的常规任务提供了合适的环境，利用新型梅塞施密特战斗机无可置疑的技术优势拦截盟军重型轰炸机及其活塞式护航战斗机。[1]

理论上，这似乎是可行的，但现实却截然不同。尽管拥有约 30 架 Me 262 A-1，但大多数特遣队的飞行员仍基本上没有接受过喷气式战斗机的训练，而且他们的新基地直接位于美军轰炸机机群以及其护航机群的进场路径上，美

---

① 值得一提的是，原 262 测试特遣队曾一分为二。在诺沃特尼特遣队的分支之外，另外一部分将组成记录中提到的"新的测试分部"，也就是第 2 补充战斗机联队第三大队（III. /Ergänzungs jagdgeschwader 2，简称 III. /EJG 2），该部的第一任大队长正是原 262 测试特遣队的最后一任指挥官霍斯特·盖尔上尉。在第二次世界大战的最后阶段，III. /EJG 2 对德国空军的 Me 262 部队至关重要，大量新晋喷气机飞行员将在这里完成训练、投入战场。

军护航战斗机也开始越来越频繁地出现在德国领空上。

正是在这个时候，加兰德中将把瓦尔特·诺沃特尼（Walter Nowotny）——钻石骑士十字勋章获得者，曾经取得 255 次空战胜利的王牌飞行员，从位于法国那饱受煎熬的训练指挥部中解脱出来，并任命其领导新成立的诺沃特尼特遣队。这支部队是由驻扎在阿赫姆和希瑟普的部队组成的，目的是在战斗中证明喷气式战斗机的价值。从一开始，问题就困扰着诺沃特尼特遣队：尽管进行了一些笼统的训练，但是只有 15 名飞行员拥有驾驭该机型的能力。到了 9 月底，特遣队拥有了大概 30 架 Me 262。接下来的一个月进行了第一次作战试验，但就在 10 月份上旬，就有不少于 10 架飞机因为起飞或者着陆事故而被摧毁或损坏。诺沃特尼手下的飞行员大多来自传统的单引擎战斗机部队，他们缺乏仪表飞行方面的充分训练，而且仅接受过两三次飞行训练，他们发现 Me 262 这架速度极快、续航时间短、下降迅速的飞机操纵起来很困难。

10 月 7 日，特遣队试图进行第一次"有效的"作战行动，对抗美军迄今为止最大的一场昼间轰炸行动，这场行动的目标是位于德国中部的炼油厂和储油罐。从希瑟普起飞的沙尔（Schall）少尉和伦内茨（Lennartz）上士各宣称击落一架 B-24 轰炸机，为特遣队赢得了对抗战略轰炸机部队的第一场空战胜利。然而，对于那些从阿赫姆起飞的飞机来说，情况就不同了：3 架从这里出击的飞机被击落了。

10 月中旬对 P-51"野马"战斗机的单场空战胜利并没有改变弗里茨·文德尔的观点，他作为梅塞施密特现场技术小组的一员到访诺沃特尼特遣队："诺沃特尼特遣队从 10 月 3 日就开始执行战斗行动。到 10 月 24 日为止，一共飞行

了 3 天。昼间战斗机部队监察特劳特洛夫特（Trautloft）上校从最初的几天开始就在基地，他个人为确保 Me 262 战斗机第一次出动的成功付出了巨大的努力。他从其他部队调来了几位有经验的战斗机飞行员来组成这支部队的核心。指挥官诺沃特尼少校是一位成功的东线飞行员，但对西线的现状不熟悉，23 岁的他并不具有保证这次至关重要的作战成功所必需的高级领导人格。"

梅塞施密特公司的试飞员弗里茨·文德尔（图左）正站在威利·梅塞施密特身旁，他对诺沃特尼特遣队的训练质量和战备状态发出了最严厉的警告。他留意到，那些缺乏实际战斗经验的飞行员难以驾驭 Me 262 这架战斗机。

接着，文德尔批评了该部队的作战和战术方式，表示他们缺乏连贯的目标，并指出其内部人员之间的矛盾，他总结道："诺沃特尼特遣队对机型的教导工作尤其糟糕。对技术方面的重视程度可以从阿赫姆的技术官不是技术人员这一点看出来，而黑斯佩（Hesepe）的参谋技术

官也是个不折不扣的外行，他最近由于粗心大意和没有接受充分训练而毁掉了两架飞机。"

尽管 Me 262 项目遭遇上述种种挫折，但是梅塞施密特仍在 10 月发表了针对 He 162 前景的尖刻预测：

我依然记得我们是如何努力地提高迄今为止所制造的飞机的性能，以及敌机那最轻微的性能劣势是如何立即在空战中显现出来的。我们为提高飞机的速度、延伸航程、增加装甲和武备等问题努力着，而现在摆在我们面前的则是喷气式飞机。在我看来，当我们已经取得一定优势的时候，通过自己的意志采取倒退的方式来开始这场斗争，这是不可理喻的。

对国民战斗机的需求是建立在这样一个假设之上的：由于敌人的优势是建立在数量的基础上的，所以我们为了平衡这一点，必须在自己的生产能力范围内，以一种廉价的、大量生产的产品与之对抗。确实，我们需要非常大量的战斗机，因为这个原因我多年以来一直保持这个观点，我们应该通过所有的手段把战斗机产量提高到最大，即便是以减产轰炸机作为代价，这样我们才能够在条件更加艰苦的第六年达到与目前相同的产量。

但如果认为我们能够在 1945 年春或者夏，通过生产新研制的飞机而不是现有型号的飞机，能够达到相同的产量的话，那就大错特错了。

梅塞施密特不认为"国民战斗机"项目能够在有限的时间和劳动力的条件下取得令人满意的结果："国民战斗机将会经历项目初始阶段，并且还要立刻开展大规模量产，而这一过程将会以最快的速度进行，带来的结果肯定是不经济地消耗人工工时。由于目前还没有对新机型积累足够的经验，因此这个型号将被迫不断地

接受修改。我们自己的经验表明，在量产的最初阶段，就必须计算大约是正常工作时间七倍的时间开支。在强制推进开发进度的情况下，初始阶段的成本甚至要更高一些。"

不过，克内迈尔上校在 1945 年 7 月接受盟军审讯的过程中提出了军方抉择的基点："任何时候都没有低估过失误的风险，所有相关人员都表示，他们正在处理的是一款新型高速飞机。与之相反，并且非常明确的一点是，一个重大的错误必然会导致这种新型号被取消。但是，我们希望能够通过指派所有技术和开发人员，并且谨慎地、有限制性地分配工作任务，来将开发的风险降到最低。最后，在 1944 年秋，由于轰炸机的生产工作已经停止，我们能够在短时间内利用多余的飞机工业的研发和生产能力进行一个'无的放矢（Shot in the dark）'性质的项目。"

至于 He 162 的作战前景，梅塞施密特同样持怀疑态度："在我看来，希望能够在 1945 年春的战斗中让大批仍在开发中的国民战斗机投入作战，并觉得它会证明自己是一个决定性因素的这个设想，似乎是一个具有误导性的命题。他们希望在 6 个月内这款飞机可以完成设计、建造、测试和大规模量产，其中必须包括确定测试结果和与之对应的缺陷消除工作。与此同时，还要在这 6 个月的时间内，把整个德国空军内部的必要组织建立起来，包括为该机型训练空勤和地勤人员，在前线建立驻地、维修工厂、后勤组织等。"

然而，飞机设计师选择"希望"一词来形容国民战斗机计划是非常贴切的，因为这正是该项目为第三帝国领导人们提供的愿景。而制造技术复杂的 Me 262 则需要面临巨大的挑战，就连梅塞施密特自己也在十月份的信中承认，与没有给人留下多少印象的诺沃特尼特遣队首战

形成鲜明对比的是："Me 262 的生产工作已经开展了将近一年，但仍然面临重重困难。没有达到预期的产量，车间的生产工艺也很差，危及了飞机的性能和特性，甚至在某种程度上危及飞机的飞行安全。即便是在今天，我们拿到的夹具数量还没到量产所需量的一半。我们必须通过祈祷和努力来获得关键部件和原材料的配额，而就在这种情况下，有人提议开发和制造一款全新的机型，整合两家大型飞机制造厂，一式两份地为这种新型号开发和生产夹具。同时他们向我解释道，所有的这些事情都将通过使用 Me 262 项目不需要的生产力来实现！162 计划不会像他所说的那样使用过剩的产量来生产，而是会利用 Me 262 项目目前还没有用到的资源来进行建造。"

然而，在接下来的六个月里，亨克尔公司在罗斯托克和维也纳工厂那顽强、富有创造力且敬业精神的开发团队员工的努力下，开始了一个颇具史诗感的任务——交付这架"不可能完成"的飞机。

第二章　闪电！闪电！——He 162 从绘图到研发

从亨克尔公司开始建造亨克尔 He 162 的那一刻起，公司的管理层就同意在人员、空间和时间方面最大限度地调动资源。事实上，维也纳和罗斯托克地区的首席设计师施瓦茨勒认为，在开发任何新型飞机的时候，正确的做法是尽最大的努力在概念过时之前，将其变成现实。

亨克尔确保帝国航空部将给予他"最大的自由"，并且放弃几乎所有的干涉和控制。由于做好了承担风险的准备，加上夹具和工具绘图员与设计师肩并肩地工作，图纸制作速度很快，使得亨克尔可以在第一架原型机首飞前四到六周的时间里开始生产工作。此外，通过建立一个由 6 人组成的生产咨询小组，在生产和原型设计团队之间建立联系，以求确保原型机的图纸能广泛地用于量产制造工作。这能加快飞机的投产。

亨克尔公司的计划是，生产工作将分散给其位于罗斯托克-曼瑞纳亨、奥拉宁堡和巴尔特

位于奥拉宁堡的亨克尔工厂大门，尽管奥拉宁堡并没有制造多少架 He 162 战斗机，但是这家工厂的确有从罗斯托克工厂那里引进生产飞机所需的机械。

（Barth）的工厂，不过维也纳-施韦夏特也计划生产 50 架 He 162，这样做的目的是避免设计与生产工作之间出现脱节。如有必要，亨克尔公司将会把施韦夏特工厂的大部分生产力投入 He 162 的生产工作中。作为一个生产中心，施韦夏特工厂有着很好的声誉。1942 至 1944 年间，这座工厂在 He 219 夜间战斗机的生产工作中发挥了重要的作用。尽管盟军在 1944 年发动多场空袭，但是一名前亨克尔公司员工回忆称，工厂的生产工作并未受到重大影响。例如，在 1944 年 6 月 26 日的空袭过后，所有四个主厂房——编号分别为 39、40、41 和 50——基本上完好，只有 39 和 41 号厂房受到一些损坏。

亨克尔公司还接管了邻近公司的生产设施，例如靠近施瓦多夫（Schwadorf）和菲沙门德（Fischamend）的施韦夏特啤酒厂，使用它的酒窖来制作模具。负责制模的主要是一些政治犯，他们曾是总工厂的雇员。在亨克尔公司的工厂总监海恩的指导下，这里建起了两个车间，代号分别为"桑塔 I（Santa I）"和"桑塔 II（Santa II）"。然而，施韦夏特当地的总劳动力从 1944 年 1 月的约 12000 人下降到当年 9 月份的约 8000 人。这个时候，在施韦夏特的工人中流传着一个谣言：亨克尔教授私自挪用了原本用于在工厂北部采石场修建大型防空掩体的水泥，用于修建他在维也纳别墅地下的私人防空掩体！

另一项重大举措是利用容克斯公司的产能，该公司在轰炸机的产量急剧下降后，其工厂的产能已经基本得到释放。因此，容克斯公司位于贝恩堡（Bernburg）的工厂将会把三分之二的产能转移到 He 162 战斗机的生产工作上，而关于工具和其他准备措施则会由两家公司合作解决。考虑到这个问题，亨克尔公司接管了位于维也纳玛利亚希尔夫大街（Mariahilfer Strasse）的仓库。亨克尔公司与容克斯公司的设计师在那里进行他们的量产准备工作。与此同时，第一个全尺寸模型的图纸也将完成。

纳粹从来没有回避过使用奴隶劳工这个残酷的问题。为了提高国民战斗机项目的产能，约有 8000 名奴隶劳工被送往罗斯托克工厂，占亨克尔公司在该地区总劳动力的 55%。在奥拉宁堡，这一比例则更高——该地区共有 5900 名奴隶劳工，占总劳动力的 65%。而维也纳的工厂则拥有 2000 名奴隶劳工，占总劳动力的 33%。与之对比，与亨克尔公司合作的容克斯公司，其劳动力中有 45% 是奴隶劳工，约为 22500 人。此外，位于诺德豪森（Nordhausen）地下，臭名昭著的"中央工厂（Mittelwerke）"将会帮助生产代号为"乌龟（Schildkrote）"的 He 162 战斗机。中央工厂的劳动力由 1000 名德国人和 7000 名营养不良的奴隶劳工组成，他们在通风不良、光线不足、拥挤、肮脏而吵杂的环境中工作。拉文斯布鲁克（Ravensbrück）的集中营将会成为巴尔特地区亨克尔工厂的劳动力来源，而萨克森豪森（Sachsenhausen）和毛特豪森（Mauthausen）集中营则为奥拉宁堡和施韦夏特以及海德菲尔德三座工厂提供额外的"工人"。预计中央工厂需要使用 750 工时来建造一架 He 162 战斗机，而一台 BMW 003 喷气式发动机则需要 300 工时来生产。在使用奴隶劳工这个问题上，亨克尔的部署是经过深思熟虑后精心策划的，也是史无前例的。

大体而言，He 162 生产计划的目标是在 1945 年 5 月时，让旗下各家工厂分别达到如下的每月产量：

亨克尔公司北方分部罗斯托克-曼瑞纳亨工厂，每月 1000 架；

亨克尔公司南方总部维也纳-施韦夏特工厂，

位于罗斯托克北方一座亨克尔公司生产设施内的木工车间。到 1945 年初，几乎每一座亨克尔公司的生产设施都或多或少地参与了 He 162 战斗机的生产工作。

每月 1000 架；

亨克尔公司中部分部奥拉宁堡，计划生产双座型号；

容克斯公司（贝恩堡工厂），每月 1000 架；

诺德豪森中央工厂，每月 1000 架。

根据预测，BMW 003 发动机的月产量也会在 1945 年 5 月达到 1000 台，并将至少保持这个水平到第二年的 4 月，飞机产量也将与这个数字持平。

根据计划，由位于维也纳玛利亚希尔夫大街的分部负责向急需指令的分包商发布任务，并协调这个令人眼花缭乱的供应链网络，因此这个分部由海恩负责管理。与分包商的联络工作将由设计团队中 50 名"有能力"的员工负责，他们将监督所有分包商的项目，以确保随后的组装工作能够分秒不差地进行——至少在理论上应该如此。

海恩和他的团队所面临的任务是艰巨的：负责生产机身的工厂分别是位于巴尔特"森林工厂（Waldwerk）"内的亨克尔车间，以及位于默德灵（Mödling）的后布吕尔（Hinterbrühl）地下工厂，这是一个位于下奥地利，维也纳南方 20 公里外的旧滑石矿，代号为"龙虾（Languste）"。而容克斯所用的机身则会在另外一座位于施塔斯富特（Staßfurt）附近的地下工厂进行生产——这座工厂由一座盐矿改造而成。

金属部件将由亨克尔设在普尼茨（Pütnitz，位于罗斯托克地区）和特勒辛费尔德（Theresienfeld，位于维也纳）的工厂提供，而容克斯工厂所使用的部件则会由位于阿舍斯莱本（Aschersleben）、施塔斯富特、哈尔伯施塔特（Halberstadt）、利奥波德夏尔（Leopoldshall）和舍讷贝克（Schönebeck）的工厂生产。发动机将由位于斯潘道和祖尔斯多夫（Zühlsdorf）的宝马工厂生产。武备则由位于波森(Posen，今波兰境内的波兹南)、代表德意志武器暨弹药制造厂的莱茵金属-博西格公司(生产 MK 108 航炮)，以及位于奥伯恩多夫(Oberndorf)和柏林的毛瑟公司(生产 MG 151 航炮)提供。位于柏林-策伦多夫(Berlin-Zehlendor)和德累斯顿(Dresden)的蔡司(Zeiss)工厂将会提供 Revi 16 型瞄准具，而位于柏林-弗里德瑙(Berlin-Friedenau)的阿斯卡尼亚(Askania)工厂则会提供 EZ 42 型瞄准具。

油漆和生漆将从奥地利和德国的供应商处采购，同时选择了三家主要的分包商来负责制造木制部件：位于奥拉河畔诺伊施塔特(Neustadt

位于奥地利维也纳-施韦夏特的其中一座亨克尔工厂大型仓库建筑，该工厂在 1944 年底至 1945 年初的 He 162 生产工作中发挥了关键的作用。

臭名昭著的中央工厂，位于诺德豪森集中营附近，亨克尔公司打算利用这里关押的奴隶劳工在空气污浊、光照不良、昏暗嘈杂的地洞中生产 He 162 战斗机，每架飞机预计需要消耗 300 个工时。

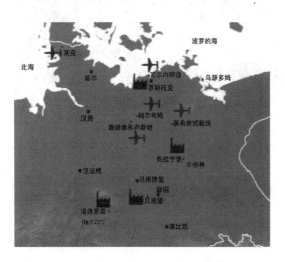

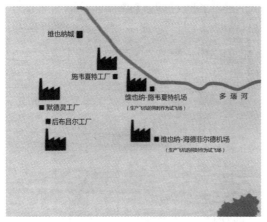

位于德国与奥地利境内的 He 162 生产工厂以及起降机场位置。

20 世纪 30 年代，位于奥地利默德灵地区后布吕尔的地下湖洞口。"二战"末期，亨克尔公司在这些地下洞穴中生产 He 162 战斗机。

an der Orla)的赫尔曼·瓦赫特(Hermann Wachter)公司，位于斯图加特-埃斯林根(Stuttgart-Esslingen)的爱尔福特修理厂(Erfurt

Reparaturwerk）和梅公司（May Company），这些公司之前都从事过木制飞机的制造工作，如为运输滑翔机和 Me 163 火箭动力截击机制造机翼，以及生产全木质的 Ta 154 夜间战斗机。

下文将以两周为一间隔，通过帝国航空部及其各部门和分部，以及亨克尔公司与其分包商的视点，重点介绍 1944 年 10 月 23 日至 1945 年 4 月间，He 162 的开发以及生产过程。通过这种方式，读者将了解到除个别分包商外，与 He 162 生产有关的各方所采用的快速工作节奏。

同样值得注意的是，从 1944 年 12 月到 1945 年 4 月，亨克尔公司发出了上百条电传信息、电报与备忘录。最常发出电报的是位于维也纳市中心的费希特街办公室——由卡尔·施瓦茨勒主管的设计办公室。这些电报通常都以 "Biltz! Biltz!" 为开头——直译为 "闪电！闪电！"，但应理解为 "最高紧急级别！"——这又一

次昭示了亨克尔公司这份工作的紧迫性，以及公司所面临的压力。

1944 年 10 月 23 日，周一——1944 年 11 月 5 日，周日

He 162 的原型机制造工作开始于 1944 年 10 月 25 日。到了 11 月 1 日，稳定性和功能测试、制作风洞模型以及风洞数据的准备与评估，外加 He 162 维护手册的编写等工作，正在罗斯托克进行。在 11 月 1 日，航空设备技术部发布了一份 "8-162" 型的飞机定型规范（Flugzeug Baureihen），列明了配备 BMW 003 E-1 型发动机，装备两门莱茵金属-博西格公司生产的 30 毫米 MK 108 航炮（每门备弹 50 发）的子型号为 He 162 A-1 型；而装备两门毛瑟公司生产的 20 毫米 MG 151/20 航炮（每门备弹 120 发）的子型号则作为 He 162 A-2 型。这份规范还列出了飞机有一个 960 升容量的燃料箱，并且配备 FuG 24Z 和 FuG 25a 型无线电敌我识别设备。

Chef TLR		FLUGZEUG-BAUREIHEN-BLATT 8-162 1.Bl.						Chef TLR Fl.Nr.8582/4 gKdos(E-2) 550 Ausfertigungen 1.11.44
Baureihe	Triebwerk	Bewaffnung - Beladung	Abwurf Anlage	Kraftstoff	FT-Gerät	Sonstiges	Bemerkung
8-162 A-1 (J)	BMW 003 A-1	2 MK 108/je 50.Sch 2 MG 151/20/je 120.Sch	–	960 l	FuG 24Z FuG 25a	Einsitzig, zwei-drittel der Aus-bringung mit MK 108 und ein-drittel mit MG 151/20	
8-162 A-2 (J)	BMW 003 A-2	"	–	"	"	"	

由帝国航空部和航空装备与武器研发主任共通签发的文件，落款日期为 1944 年 11 月 1 日，上面标注的是 He 162 战斗机的官方编号——8-162。

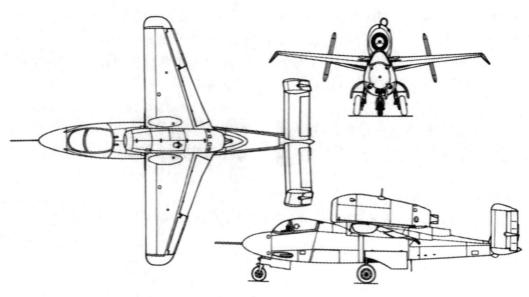

装备 BMW 003 A 发动机的 He 162 战斗机三视图。

11 月 4 日，位于塔尼维茨（Tarnewitz）的武器试验中心（Erproburgsstelle，缩写 E-Stelle）确认一门 30 毫米 MK 108 航炮已经被成功地安装到 He 162 的全尺寸模型上，并且在试射中没有遇到故障和卡壳，不过供弹带还没有进行测试。此外，塔尼维茨的弹道学专家表示，在最初的 10 架原型机中，有 8 架将会安装 MK 108 型航炮，而另外两架——V5 号和 V6 号原型机——则将安装 MG 151/20 型航炮。

1944 年 11 月 6 日，周一——1944 年 11 月 19 日，周日

关于 He 162 的消息毫不意外地渗入权力争斗的黑暗走廊。根据要求，并且在与加兰德中将和梅塞施密特教授就当前的战斗机生产形势进行讨论后，党卫军国家安全部（SS-Reichssicherheitshauptamt）领导人、党卫队副总指挥戈特洛布·贝格尔（Gottlob Berger）在 11 月 9 日写信给党卫队全国领袖海因里希·希姆莱（Heinrich Himmler），他在信中详细介绍了 He 162 的建造过程，并向他保证建造这架飞机

的理由在于它的原材料使用量更少，燃料消耗量只有 Me 262 的一半，因此可以最大限度地利用第三帝国的资源。贝格尔建议希姆莱，将三分之一的国民战斗机生产工作交给亨克尔公司，三分之二的工作交给容克斯公司，而最有潜力的发动机生产工作则交给宝马公司。有趣的是，根据贝格尔的说法，机翼的制造工作将由党卫队指挥总部载具管理部（SS-Fuhrungshauptamt Amt X）的库尔特·梅（Kurt May）博士领导，而党卫军、NSFK、指定的木匠以及工厂有承担"分工合作"的责任。当时的设想是，这种合作能利用德国的细木工行业的生产力，这个行业的生产力在战争后期的德国尚未被充分挖掘。这些公司将会被分为三个"建造集团（Baukreise）"。计划是在 1945 年 3 月的时候达到每月量产 1000 架飞机的目标，甚至还研究过每月量产 2000 架飞机的可能性！为了实现这一目标，菲利普·凯斯勒受命监督这项生产计划。"当然，目前仍然存在一些问题，尤其是在运输、材料和劳动力方面……"贝格尔向希姆莱建

议道，"重点是，现在需要把空勤人员聚集在一起，这些人员应该来自那些被解散的轰炸机部队，特别是飞行员，或者自伞兵部队和步兵单位抽调。其中，最重要的是针对 NSFK 成员的军事训练和（He 162 的）飞行改装训练。"

进一步地，贝格尔建议在最短的时间内开始量产工作："根据 1944 年 10 月 12 日的元首命令，将会以强制行动的名义任命凯斯勒先生为该计划的领导人，不过，管理木材工业部门的任务则是由梅博士和他的下属承担。"

贝格尔在 11 月 25 日收到了一份冷漠的回复，这份回复是由希姆莱的个人幕僚，党卫队旗队长鲁道夫·布兰特（Rudolf Brandt）博士发送的。他在信中称由于有更紧迫的问题需要处理，加上全国领袖的工作量太大，建议最好不要将信件转交给希姆莱查看。然而，根据贝格尔个人的说法，这个问题似乎已经被处理好了。

由阿斯卡尼亚公司和卡尔·蔡司公司制造的 EZ42 型陀螺仪瞄准具，原本打算广泛安装在 Me 262 战斗机上，以便提高偏角射击的准确性，但是飞行员发现这种瞄准具存在一定的问题。然而，这并未妨碍卡尔·弗兰克选择将其安装在 He 162 战斗机身上。

就在这个时候，关于 He 162 到底安装何种型号枪炮瞄准具的争论出现了。塔尼维茨试验场似乎支持把更新的 Revi 16G 型反射式瞄准具装上飞机，而不是更老的 16B 型。但是亨克尔公司的技术总监弗兰克则更钟情正在研发中的 EZ 42 型陀螺仪瞄准具，这个瞄准具由阿斯卡尼亚公司和卡尔·蔡司（Carl Zeiss）公司负责研发。在 11 月 16 日，弗兰克请求派出一名亨克尔公司的武备专家前往阿斯卡尼亚公司了解更多的情况，根据弗兰克的说法，EZ 42 型瞄准具"已经通过了所有的测试，表现非常好"。然而，接下来发生的一切将会证明他的看法太过乐观了。

周围的一切都开始围绕着 He 162 项目忙碌起来。在 13 日，来自 NSFK 的菲德勒（Fiedler）中队长和拉德（Rad）中队长来到位于施韦夏特的亨克尔工厂，他们视察了 He 162 滑翔教练机的建造工作，并讨论了滑翔机的训练计划，他们到此的原因是为了给希特勒青年飞行团团员改装喷气式战斗机的工作做准备。弗兰克向他们表示，工程师齐格兰德（Zieglander）将会与分包商一同监督木材的制备工作。11 月 17 日，弗兰克记述道，他与空军训练总监（General der Fliegerausbildung）沟通后，敲定了一款有动力驱动的 He 162 型教练机方案。大家一致同意这款设计应该"通过加长机身的方式，让驾驶舱容纳 2 名飞行员。第二名飞行员的紧急逃生出口将会位于驾驶舱的底部。这个计划的主要优点是飞机的飞行特性不会改变太多，相关的工作正在启动"。然而，弗兰克无法回避的一个问题是：该方案导致第二名飞行员前方视野被第一名飞行员的座椅完全遮挡,而他头顶上则被发动机进气口严严实实地盖住,自己只能通过左右两侧向外张望!毫无疑问,这种教练机设计毫无实用性,而亨克尔公司直到战争结束也没有造出过一架。

帝国航空部和亨克尔公司的人员都在协调从各个分包商处准备木制部件。供应商已经交付了部分的零部件。在 11 月 13 日至 17 日的亨克尔公司每周报告(Wochenbericht)中,用言简意赅的方式记录下了交付内容:一个前起落架轮舱门、一个炮管护罩、一个为"容器"准备的架子、胶合板蒙皮以及硬铝机身蒙皮已经在 16 日"按时交付"。在 17 日,一个讨论前起落架机械装置的会议被一场长达两个小时的空袭警报打断了。尽管遭到了盟军的轰炸,但是会议上还是确定了由德意志联合冶金股份公司(VDM)完成制造计划,并且于 25 日交付成品。在 17 日,亨克尔公司的技术部门报告称,He 162 的首架原型机——He 162 V1 号原型机将会按时完成,飞机的机翼和发动机将于 19 日通过公路运往维也纳。此外,"其余的部件均已在附近,可以提前一两天时间运抵"。不过,弗兰克也注意到了没有足够的燃料来运输这些部件的事实。此外,他还记录道:"维也纳的量产车间中缺少 50 名熟练的德国工人。这个需求不是很关键,公司将试着招来所需的人员。"

值得注意的是,在接下来一周开始的时候,也就是在 11 月 20 日,亨克尔公司就通过施加压力,来迫使维也纳地区国防督察组(Wehrinspektion Wien, Defence Inspectorate Wien)为他们提供 10 个铁路车皮,并让当地的主管机关交出 40 条轮胎——这就是运输车辆缺乏物资的表现。"如果有问题的话,请通知我们。"弗兰克对他的运输协调人员说道。

另一个大型风洞模型(1∶1.5 比例)已经抵达不伦瑞克(Braunschweig),尽管这个模型最初是计划用于进行稳定性测试的拖带模型。另外,由于与分包商之间存在问题,飞机的透明座舱盖需要花更长的时间才能送达。

17 日,在北方的罗斯托克,负责小型单引擎喷气式战斗机(Einstrahltriebkleinst Jäger)项目的凯斯勒在罗斯托克地区的亨克尔公司总部召开了一场"重大会议",正式批准当地开展 He 162 战斗机的量产工作,并且在会上协调当地的生产设施和"官方机构"。

与此同时,航空设备技术部内负责动力系统的 FL/E3 处、技术人员使用一个带有油箱和悬挂弹簧的测试台把 BMW 003 发动机和 He 162 的座舱结合起来,以模拟两者结合的适配性,避免各自独立开发所造成的兼容性问题。通过这个实验,技术人员可以深入了解发动机的极限性能、电气系统特性以及燃油的供给和消耗量等技术数据。

有证据表明,在第一架原型机刚刚完成的时候,亨克尔公司的某些部门已经积蓄了一些不满情绪。在 18 日,弗兰克向包括亨克尔教授在内的核心管理团队发去了一份机密备忘录,描述了困扰他的问题:

当 162 的样机制造工作结束后,有人说技术部门已经无事可干,并且可以在削减人员的情况下完成一些任务。亨克尔教授和弗莱达格经理甚至表示,技术部门的人员可以裁减,因为后续的控制和研发工作可以由 300 到 400 名工人来完成,而除了 162 项目外,其他的研发工作对于这场战争来说都没有必要了。

但现在维也纳有这么多的开发工作,技术部门的人员忙得停不下来,他们每周工作 72 小时,甚至还要加班。而对于同时期在梅塞施密特、福

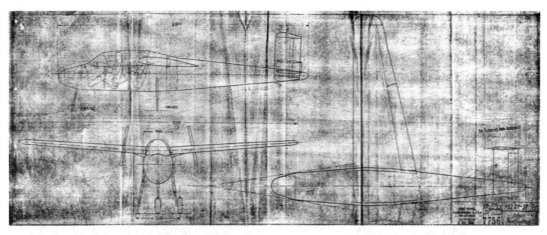

亨克尔公司为 He 162 滑翔教练机制作的图纸，制作日期为 1944 年 11 月 8 日。

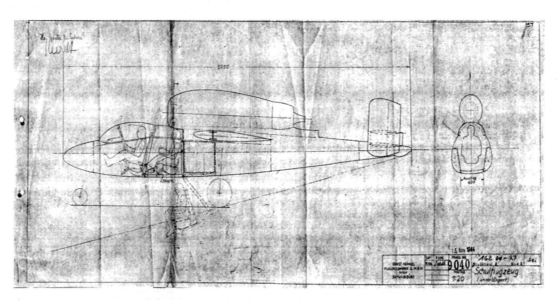

亨克尔为双座动力教练机制作的图纸，制作日期为 1944 年 11 月 15 日。

克-沃尔夫或者容克斯公司工作的人员来说，要他们每周工作 72 小时简直就是天方夜谭。

弗兰克指出，就 He 162 项目来说，亨克尔公司的技术部门正忙于参与诸多监管和研发工作：监督 He 162 总体项目的管理工作、研发安装 BMW 003 和 HeS 011 发动机的备选方案、研发下反式翼尖、研制有动力与无动力版本的教练机等。此外，一款使用火箭动力驱动、通过发射台架起飞的新型平直翼战斗机——被称为"茱莉亚(Julia)"的 P. 1077 计划也在开发中。这款飞机采用一种奇特的驾驶舱布局，飞行员要躺在驾驶舱内控制飞机，而且仅有简单的几个仪表可供其参考。更甚者，改造胡特尔(Hutter) Hu 211 远程侦察/夜间战斗机原型机驾驶舱的工作还在进行中，这项工作是帝国航空部在 1944 年年末下令进行的(这款飞机的设计很大程度上受到了 He 219 夜间战斗机的影响)。最后，还要加上 He 219 夜间战斗机项目的管理工作以及为道尼尔（Dornier）Do 335 重型战斗机设计新型层流翼的工作。

1944 年 11 月下旬，雷希林试验场建造了一座发动机测试台，这座测试台旨在测试 He 162 驾驶舱的控制系统与 BMW 003 型发动机的适配性，避免发动机和驾驶舱控制系统之间出现不适配的情况。

雷希林试验场测试台的驾驶舱，座舱内安装了飞机所使用的各种仪表，包括转向侧滑仪、空速计、爬升率指示计、高度计和罗盘等。画有十字的仪表表示它们并不可用，而引擎相关的仪表并没有画上十字，证明这个测试台是用来进行发动机测试的。

弗兰克在备忘录中提到的下反式翼尖是由亚历山大·利皮施（Alexander Lippisch）博士设计的。利皮施是一位著名的空气动力学专家，亨克尔曾向他咨询如何提高 He 162 战斗机的横向稳定性。利皮施自 1943 年开始在梅塞施密特公司任职，是 Me 163 火箭动力截击机的总设计师。当时，利皮施已经离开梅塞施密特公司在维也纳地区工作，所以亨克尔公司才可以找到他帮忙改良设计。利皮施建议在 He 162 的翼尖上装上一个小小的"耳朵"，当这项建议被正式纳入飞机设计时，这个独特的下反式翼尖被人们称为"利皮施之耳"。

He 162 M23 号原型机（工厂编号 220006，机身号 VI+IP）的机翼，可以留意到被称为"利皮施之耳"的下反式翼尖。这张照片摄于战争结束后的 1945 年夏天，该机的机翼在盟军轰炸时被炸弹弹片刺穿。

著名空气动力学专家亚历山大·利皮施博士。他为 He 162 设计了一款灵巧的"耳朵"，后来这个设计被人们称为"利皮施之耳"，这个下反式小翼旨在提高飞机的横向稳定性。这张照片据信摄于 1936 年，照片中的利皮施博士正身穿制服。

一台安装在台架上的 BMW 003 发动机正在进行测试，可见台架下方安装有一个部分装配完成的机尾。

弗兰克还强调，技术部门内只有 69 人被分配到 He 162 项目中，尽管他预计，随着来自诺德豪森中央工厂的专家加入，这个数字会有所增加。

"与之前提到的其他公司相比，我们公司技术部门的员工人数少得可笑。"弗兰克以讥讽的口吻指出，而除此之外他还补充道，"我不认为 He 162 是这场战争中最后一个研发项目，即便是对于亨克尔公司来说也是如此。如果敌人在明年春季装备了比 He 162 或 Me 262 更快的喷气式战斗机，那么我们就必须迅速研发一种类似 He 162 的战机，但是这种战机要配备更强大的发动机。只有让人员无条件地服从工作安排，162 的设计工作才得以按计划进行。现在才来放弃这样一个有效的手段是非常愚蠢的。最后，应该要指出的是，不断撤换不良人员是当今最流行的事情，但是，调动或者交出优秀人才的行为不仅是不可取的，而且还十分危险。尤其是在日后调任和征召入伍的问题上要特别

注意。"

1944 年 11 月 20 日，周一——1944 年 12 月 3 日，周日

在 11 月 21 日写给亨克尔公司高层的信中，弗兰克建议道："雷希林将会在 12 月 1 日举行一场大型会议。我们的（He 162）模型将在会上展示。162 的第一个模型外观看起来不错，它最迟会在 11 月 25 日启程运往雷希林（如果没有其他可行的运输方式，我们就会用货运火车来运送模型）。"梅施卡特已经受命安排运输相关事项，并且还要负责在雷希林完成拆箱和重新组装的工作。

负责为 He 162 原型机生产 MK 108 30 毫米航炮的武器生产商莱茵金属-博西格公司向亨克尔公司建议称，在装备该款武器的情况下，国民战斗机需要从敌军重型轰炸机编队后上方约 1000 到 1500 米的位置上开始发动攻击。首先，飞机需要俯冲到敌机编队的下方，然后猛然拉起机头，以 80 度的大仰角逼近敌机编队，并且要在距离敌机 600 至 800 米的位置上才能开火射击。当仰角低于 60 度时要停火并且脱离攻击。"我们需要知道发动这种攻击时的速度，"弗兰克记录道，"以及在攻击 B-17 和 B-29 轰炸机时的射击窗口时间，这些数据需要在 11 月 25 日前计算出来。"

弗兰克的这一席话表明，德国人相信美军很快就会把 B-29 "超级空中堡垒"这种令人生畏的新型重型轰炸机部署到欧洲参与作战行动。

21 日中午，弗兰克通过信使向帝国航空

部高级工程师罗卢夫·卢赫特将军传达了一条信息。卢赫特是紧急飞机委员会（Emergency Aircraft Commission）的主席，他自 1944 年 9 月开始担任这个职务。在信中，弗兰克写道："您计划在这周的星期五召开一个委员会的开发会议，我应该会到场。请告知我的信使这次会议的时间与地点，我好安排参加这场会议。由于维也纳不断遭受空袭，与外界的联系方式非常有限。我至少需要一部能用的电话，以免（因为无法与外界通信而）危及 He 162 的交付期限。"

令弗兰克感到沮丧的是，亨克尔公司的机翼和机尾木质部件分包商之一——位于斯图加特（Stuttgart）的内尔斯公司（Nels Company）请求延长交货期限。弗兰克记录道："这是完全不能接受的，如果其他分包商没有按时交货的话，我强烈要求斯图加特-埃斯林根地区的分包商补足差额。原型机和量产机的机翼必须按时交付。"

第二天，弗兰克向亨克尔教授、弗莱达格经理和 He 162 生产团队的其他成员表示，他对木质部件生产分包商的能力感到担忧。弗兰克写道："现在还无法预测我们雇佣的木材公司（在梅博士的领导下）能否履行与机翼、机尾组件相关的合同。然而，我们已经留意到，我们雇佣的公司在开发和建造原型机的工作上有多么的死板。除此之外，他们还缺乏熟练的工人。机翼和机尾组件的延迟交付导致我们失去了为原型机预留的储备配件，以及 V1 号原型机的机身。因此，我认为有必要让'龙虾'工厂停止生产原型机的木质部件。因为我们要考虑到'茱莉亚'项目和 162 的其他改型。"

而就在同一天，弗兰克接到另一个供应商瓦赫特公司的电报。电报的内容再次导致弗兰克对梅博士——亨克尔公司木材供应商和柏林地区分包商的协调人产生不满。弗兰克在传给亨克尔教授和弗莱达格经理的信息中写道："看起来金属配件并没有交货，而 162 的机翼（的交货日期）也推迟了，卡尔科特（Kalkert）还担忧缺乏所需的零件。梅博士没有催促零件的生产工作，因为他知道自己可以用无法交货作为借口来推迟交货的期限。部分完成组装的组件甚至无法正常工作。我建议在维也纳当地找一个能处理这些问题的人。我们不能让交货期严重滞后的木材工厂把延误问题怪到我们头上来。"

弗兰克立刻提出了一些激进的解决方案，包括接管位于维也纳当地的两家木材厂商，并且将其转移至位于默德灵地区，后布吕尔的"龙虾"地下工厂。如果这个方法不行的话，可以新建一座木材工厂，利用集中营的人力配以适当的管理人员进行生产。这也行不通的话，亨克尔公司还可以接管多瑙河畔的盖布哈特木材公司（Gebhardt Timber Firm），这家公司位于维也纳以西 80 公里处的克雷姆斯河（Krems）。到了 12 月初，位于捷克斯洛伐克境内布特肖维茨（Buttschowitz）的两家木材厂也开始为 He 162 生产木制部件，这两家木材厂之前曾为 Bf 109 战斗机生产木制尾部蒙皮。弗兰克的秘书提到了其中一家公司的情况："生产的方式没有问题，应该能够克服梅博士所导致的延误。他们只使用高素质的技术工人，而没有使用奴隶劳工。他们手头上有 25000 平方米的木材。他们承诺会通过加班来弥补梅博士造成的延误，并且以更短的时间进行生产（11 月生产 30 个机翼，12 月生产 27 个机翼）。图纸正从埃斯林根（Esslingen）送往布特肖维茨。"

11 月 23 日，凯斯勒全权代表在贝恩堡的容克斯公司主持召开了另一场关于 He 162 的会议，目的是为容克斯公司参与国民战斗机项目的事宜做出最后安排。而在同一天，弗兰克去了柏林，并且利用这个机会找到梅博士当面对质，质问他关于 He 162 机翼组件交货期推迟了整整10 天的问题。然而，梅博士却反驳称这是因为他迟迟没有收到亨克尔公司的图纸，才导致了交付工作推迟。这次会面结束后，弗兰克立刻在一封标有"最高紧急！"的信件中愤怒地回应道："我已经核实了这些说法，计划已经通过速递发送给你了，最后一份是在 10 月 30 日送出的。计划中也没有出现错误。"

接着，怒火中烧的弗兰克在另一封发给弗莱达格、同样带有"最高紧急！"标记的邮件中写道："我已经在柏林就机翼组件交付日期推迟 10 天一事与梅博士进行磋商。梅声称他收到计划的时间太迟了，而且计划中有些错误。这些指责都是毫无根据的。经过这一切后，事实证明梅博士仍然无法按时交付机翼，我认为你应该让柏林内尔斯工厂的人直接向你汇报，看看到底发生了什么事。"

在 24 日，弗兰克记录道，He 162 的 V1 号原型机已经"接近完工"，机翼已经安装完毕，但它的发动机却在运输过程中损坏了。宝马公司正安排一位代表前往施韦夏特协助安装工作。很多事项都跟这家发动机生产商有关：宝马计划从 5 月开始，每月生产 6000 台发动机。除此之外，中央工厂每月还会额外生产 2000 台发动机。

弗兰克还写道："V2 号原型机的机翼将会从位于魏特拉姆斯多夫（Weidramsdorf）的阿尔布雷希特工厂运送过来。"但这其中有个问题："亨克尔公司没有按时完成机翼的金属零件，不过这些零件会在 11 月 29 日送过来。位于斯图加

特-埃斯林根的机翼生产分包商没有办法遵守时间表的安排。另外两家分包商将会补全那些梅博士跟我们说要延误 10 天的部件。"

除此之外，弗兰克确认那个展示用的 He 162 的模型正在送往雷希林的路上，而另外一个空气动力学模型和一个震动测试模型正在送往位于哥廷根的空气动力研究所。

就在同一天，从柏林过来的亨克尔公司的总经理弗莱达格拜访了维也纳。根据弗兰克的说法，弗莱达格与同行的奥托·朗格（Otto Lange）"对已经完成的工作感到印象深刻"。

然而，到了当晚的 20 时 30 分，弗兰克的秘书不得不给一位同事发去电报，告诉他亨克尔公司的内部人员在一批关键部件的采购事宜上陷入了彻底的混乱，并且出现了可悲的沟通失误。这封电报的内容说明了问题的本质："简直是疯了！霍普肯（Hopken）刚坐火车回来，他没有把零件带回来！门泽尔（Menzer）负责处理此事，他派手下弗里德里希（Friedrich）先生去找尼布施工厂（Niebusch，一个分包商）。部件将会由他带回来。霍普肯对此完全无能为力。弗里德里希在布雷斯劳（Breslau）遇到了困难，于是他把零件留在当地，然后独自一人回来！！！！！！！！！！你能相信吗？"（文中的标点符号是原始电报中的数量。）

直至 11 月 25 日，塔尼维茨试验场仍在等待有关方面派遣一位专门的技术人员，前来监督把 Revi 16 B 瞄准具安装到 He 162 机上的相关工作。

在 26 日，弗兰克要求技术部门的资深同事们告知他金属配件和机翼内部配件的预估和实际交货日期，以及模具、钻头配件、夹具、完成组装的机翼和机尾组件的预估交货日期与实际交货日期。短短一天后，弗兰克发现收到的

零件出现了重大差错，他向弗莱达格表达了自己的悲愤："经过一段艰难的旅程后，第一个机尾组件已经送达，正在装配到飞机上，我的上帝！我们试图将它安装到 V1 号原型机上，但是却装不上去！已经在寻找替代的部件。"

弗兰克详细解释了生产商之间层层转包的关系："最初，尼布施工厂准备为所有量产机型生产机尾组件。然后，一个名为海因克（Heinke）的组织加入进来，宣称尼布施是海因克组织一部分。其他木材公司也出现了类似的情况。事实是，许多组织承担了高度紧迫的工作，但却没有能力去完成，于是它们就将任务转包给较小的分包商（这是一种简单的赚快钱方法）。我不赞成这些做法，因为我们被迫做出了许多的更改，这已经使我们变得越来越僵化。而指标的增加正是源于这些更改所造成的瓶颈。"

在一封标记为"最高紧急！"的通信中，弗兰克直接对身处柏林的梅博士开火了，告知他接下来"162 的木制部件需要做一些修改，它们必须尽快完成安装（机翼油箱）"。弗兰克要求最迟在 12 月 2 日之前，在柏林或者维也纳举行一场会议，进一步讨论此事。

28 日，在与希特勒的一次会面上，阿尔伯特·斯佩尔向希特勒展示了 He 162 的图纸和技术资料，并告知他该款战斗机的原型机将按照原计划在 12 月 10 日试飞。大约与此同时，弗兰克首次提出了改用 HeS 011 发动机的 He 162 改型换装后掠式机翼的设计方案。而在 12 月 1 日，FuG 24 型无线电发射机与归航天线已被确定为 He 162 的标准装备，弗兰克为此紧急派出一名代表前往位于厄尔士山脉（Erzgebirge）的克兰扎尔（Cranzahl），到当地负责生产 FuG 24 无线电的雷珂公司（Reh&Co.）带回一套该型号的无线电设备。弗兰克告知对方，亨克尔公司的代表将会"负责尽快把无线电送到维也纳。我们想将它

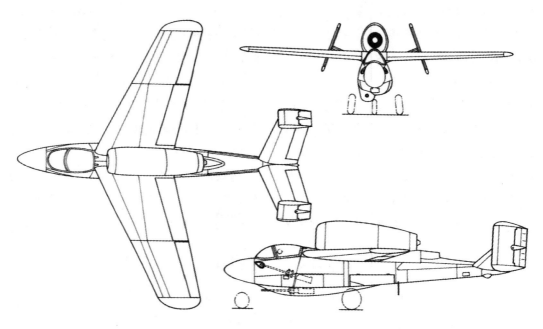

制作于 1944 年 10 月 23 日的 He 162 计划图纸。这款计划改型配备一台 HeS 011 A 型引擎，并且装备三门 MG 151 航炮，其中两门航炮以 25 度角斜上布置，而另外一门航炮则安装在位于机身下方的拱包中。

安装在 V1 号原型机上，以便在首次试飞中进行地空通信。我们需要知道试飞员在说什么。正如我们所约定的那样，我将承担不让我们已经拿到无线电的消息传播出去的责任。我希望能够在正式的首飞日期之前进行试飞，请予以严格保密"。

就在同一天，身处维也纳、不知疲倦的弗兰克再度发出一封"最高紧急！"通信给容克斯公司的格伦德(Grunder)博士，谈论关于建造滑翔教练机的事宜。弗兰克在这封颇有预言意味的信件中写道："我们必须使用木材建造滑翔教练机，但是它们不够结实，我已经要求卢赫特在 1944 年 12 月 31 日之前派出 20 位木料专家。如果他们不尽快抵达的话，那之后的事情就没有

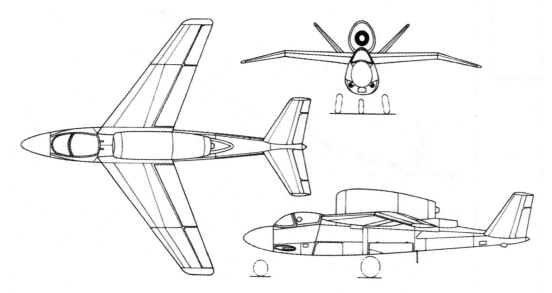

He 162 改型计划的图纸。这款改型配备了下反、后掠式机翼和 V 型尾翼，装备一台 HeS 011 型发动机。

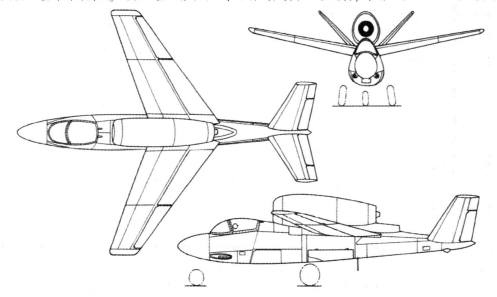

另一款 He 162 改型计划，采用前掠翼和 V 型尾翼，同样装备一台 HeS 011 型发动机。

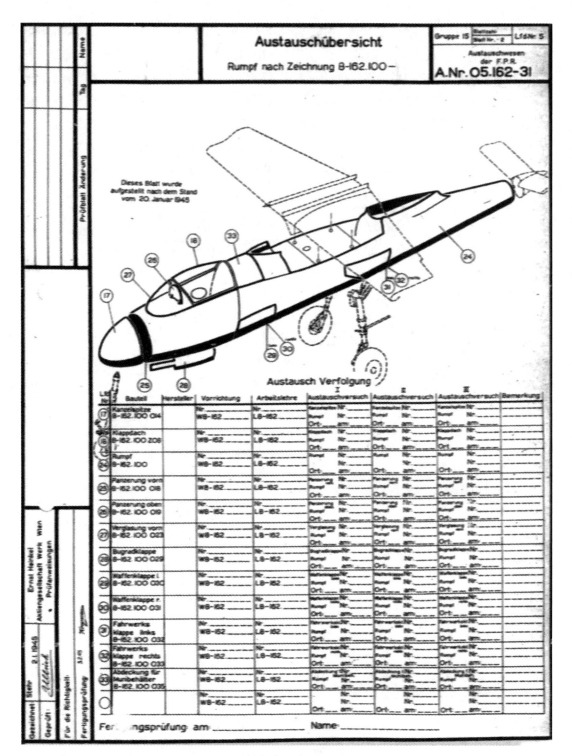

一份发布于 1945 年 2 月的"修订概述"，下面的表格列举了与图中数字编号对应的图纸编号，如编号 17 的就涉及 8-162 100014 机头锥图纸。在每个编号旁边还插入了由制造商提出的修改、变更建议，其目的是将这些最新信息传递给所有参与生产工作的工厂。

He 162 V1 号原型机（工厂编号 200001，机身号 VI+IA 涂在其裸露的金属表面上），这架飞机于 1944 年 12 月 1 日在海德菲尔德完工并且做好试飞准备，此时距离国民战斗机项目立项还不到 70 天。

什么意义了。"

位于后布吕尔，负责生产襟翼的克雷姆斯公司（Krems Company）也遇上了问题。在与亨克尔教授以及其他人的通信中，弗兰克抱怨道："两周前，克雷姆斯公司交付了襟翼。其中一块能装上去，而另一块则装不上去。至今，克雷姆斯公司仍然不知道这件事。在这种情况下，与'龙虾'工厂建立一个良好的通信渠道是必要的。为了达成这一目标，来自工程兵部队（Engineer Corps）的工程师被招揽到凯斯勒全权代表的旗下。在'龙虾'工厂的工程师负责通过通信渠道将遇到的问题反馈给各个分包商。例如：一个尾部组件已经送达，但是出现了这样或那样的问题。需要给问题部件迅速制作一张草图。制作完草图后，负责联络的工程师需要将草图送到参与制作尾部组件的生产分包商那里，或者把这个草图交给其他负责联络的工程师。"

12 月 1 日，装有 30 毫米 MK 108 航炮的 He 162 V1 号原型机——工厂编号 200001——完成建造工作，准备在海德菲尔德进行试飞。这是航空史上前所未有的壮举，此时距离国民战斗机项目正式立项仅仅过去了不到 70 天的时间。不过，亨克尔公司维也纳和罗斯托克地区的首席设计师卡尔·施瓦兹勒（Karl Schwazler）担忧飞机起落架的强度不足，因此，这架原型机在第二天仅仅进行了地面滑行试验。

也正是这天，德国所有最新型的武器、飞机和装备齐聚雷希林试验场，接受卡尔-奥托·绍尔的检阅。这场活动在早上 8 点开始，但是

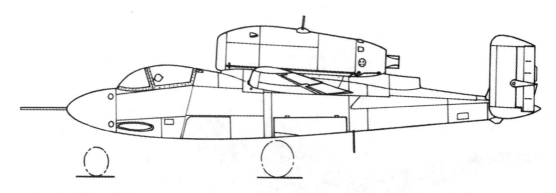

He 162 V1 号原型机的侧视图。

早期 He 162 原型机照片，保留了最原始的特征。

最先展示的却是陆军和海军的武器。午餐过后，绍尔一行人前往位于附近的莱尔茨机场，他们在那里检阅了许多最新型号的德军战机，包括 He 162 战斗机的木制模型。

与此同时，在塔尼维茨试验场上，Revi 16 G 型瞄准具的试验安装工作遭遇挫折，不过针对安装 EZ 42 型瞄准具的可行性研究并未受到影响。

亨克尔公司似乎不得不准备接受来自苏台德地区的德意志族裔作为 He 162 的组装工人，但正如弗兰克的秘书所说的那样，他们需要"优良而且可靠"的人。此外，他还警告说："我们

必须尽快采取行动，否则就来不及了。"

1944 年 12 月 4 日，周一——1944 年 12 月 17 日，周日

12 月 6 日，He 162 的 V1 号原型机（工厂编号 200001，机身号 VI+IA）由亨克尔公司的首席试飞员戈特霍尔德·彼得（Gotthold Peter）操纵着进行了时长 20 分钟的第一次试飞。在试飞前，这架原型机已经装上了 MK 108 航炮。他报告称飞机的发动机运转"良好"，只要很轻的力度就能控制飞机，但是飞机有向左偏航的倾向。在飞行过程中，起落架轮舱的一扇舱门由于粘合剂失效脱落，除此之外，没有出现其他的问题。

取自一卷影片中的截图，可能是 He 162 V1 号原型机进行首飞时拍摄的，注意当飞机滑跑时，一旁的草坪上站满了人。

卡尔·弗兰克记录道，这次试飞"比预定的时间提前了五天"，他对此感到满意。除此之外，他还写道："总结（He 162 V1）：没有明显的问题。轻微向左偏航，所需的控制力度极小，尤其是方向舵，纵向稳定性很好。降落时有些弹跳。发动机运转良好。起落架外门脱落，原因：木制部件黏合不良。"

与此同时，V2 号原型机已经进入最终总装阶段，不过它和 V1 号原型机先前一样缺少机翼组件，而 V3 和 V4 号原型机建造工作正在按计划推进。

戈特霍尔德·彼得

戈特霍尔德·彼得，生于 1912 年 6 月 23 日，他的故乡是德累斯顿。彼得在 1932 年进入德累斯顿的理工学院就读，两年后，他又进入位于柏林夏洛滕堡区（Berlin - Charlottenburg）的理工学院学习，他是两地的航空学术小组的成员。像许多生活在两次大战期间的德国年轻人一样，彼得也被具有冒险精神的飞行活动深深吸引了。他在 1930 年首次驾驶滑翔机升空飞行。1938 年，他从飞机建造专业毕业，并且获得了滑翔机飞行金级奖章。他帮助柏林航空学术小组成员设计开发了 B5、B6 和 B8 型滑翔机。并且在加入德国空军前，取得了 7000 米升限纪录和两项滑翔距离纪录。1939 年，他在德国航空研究所（Deutsche Versuchsanstalt für Luftfahrt，简称 DVL）接受飞机制造方面的培训。在阿拉多公司工作了一段时间后，他在 1940 年 8 月 12 日加入亨克尔公司，参与了 He 177 轰炸机的多项重要试飞工作，并且驾驶 He 219 夜间战斗机进行了首次试飞。

1942 年夏，He 280 V3 在一次试飞后拍摄的照片。在照片的最右侧，站在飞机左翼上侧身俯视驾驶舱的人正是戈特霍尔德·彼得。

在施韦夏特试飞的 He 162 V1 号原型机并没有逃出皇家空军中央判读组（Central Interpretation Unit，简称 CIU）的法眼。这个驻扎在白金汉郡（Buckinghamshire）梅德曼哈姆（Medmenham）的情报单位在 12 月 29 日发布了一份判读报告，报告中写道："在一次针对施韦夏特的侦察飞行中，首次发现了一架身份不明的飞机，它的翼展只有 25 英尺（7.62 米），在某些特征上非常像 He 280 的缩小版本。这架涂有浅色涂装的飞机在跑道的末端被拍到，它的身旁有一些车辆和人员。这款飞机的外观设计表明它很有可能是使用喷气动力推进，但目前还没有确凿的证据证明这一点。"中央判读组将这架神秘飞机命名为"施韦夏特 25"，并且发布了一份相当准确的报告。

对照片进行仔细研判后，中央判读组的结论为："这架飞机使用中单翼或下单翼布局，其展长比非常低，而且几乎可以肯定的是，它使

1944 年 12 月 6 日，皇家空军侦察机对施韦夏特机场进行侦察拍照时取得的照片，He 162 位于照片中心偏上的位置，看起来像一个小小的十字，在 1944 年 12 月 29 日的判读报告中，皇家空军将这架第一次出现的飞机命名为"施韦夏特 25"。毫无疑问，He 162 的出现直接导致盟军决定在 1945 年 2 月 18 日对该机场实施轰炸。

用的是前三点式起落架。机翼采用低展弦比设计，翼面细节看不清楚。但是机翼的后缘前掠，并可能有弯曲。机翼安装在机身很靠后的地方，这导致它拥有一个非常长的机头，这让人联想起 He 280。"

"没有看到明显的垂直尾翼，但是它可能使用了双垂尾设计。在过去的几个月里，施韦夏特地区的活动一直在逐渐增加，1944 年 12 月 6 日当天的活动达到了相当高的水平，可以看见大量人员和车辆在所有厂房附近活动。"

在这一阶段，装有 MK 108 航炮的 He 162 V2 号原型机已经进入建造的最后阶段，并将于 12 月 7 日从"龙虾"工厂转移到海德菲尔德，而 V3 和 V4 号原型机仍然在建造过程中。12 月 7 日，V3 和 V4 号原型机的机翼和发动机在"火蜥蜴"的代号掩护下送抵施韦夏特。然而，V1 和 V2 号机翼仍然存在强度和渗漏问题，弗兰克认为这是"不稳妥的"。

当天晚些时候，弗兰克收到了建造部门班托（Bantow）夫人打来的电话："前两个机翼再次出现泄漏。软虫胶不会像我们想象的那样起作用！现在看来，要达到 100% 防漏是不可能的。唯一的快速解决办法是使用'特殊腻子'（德国空军正在特拉弗明德试验场上测试这种新产品）。"

此外，在对 He 162 V1 号原型机称重时，人们才发现这架飞机的重心值从来未被计算过。弗兰克在每周报告中记录道："飞机超重了 17 公斤，这些重量需要剔除掉。"

发生在 12 月 10 日的浩劫，证明了弗兰克对木材和粘合剂的担忧是正确的。那天，大批重要人物云集维也纳，前来见证戈特霍尔德·彼得进行的第二次试飞。多名来自航空设备技术部和军械部的要员观摩了这场试飞，其中包括凯斯勒全权代表和他的 24 名部下，乌尔里希·迪辛（此时他已升任少将军衔）以

及埃德加·彼得森（Edgar Petersen）上校，他是德国空军测试中心的负责人（Kommandeur der Erprobungsstellen）——亨克尔公司需要打动这些要员并且争取他们的支持。当日到场观摩的人还有海因茨·赫利齐乌斯（Otto Behrens）少校、哈利·博彻（Harry Bottcher）、保罗·巴德（Paul Bader）以及来自雷希林试验场的海因里希·博韦。

在展示过程中，彼得试图在施韦夏特机场上空执行一个计划外的低空高速通场动作。当飞机加速到接近 735 公里/小时的速度时，右侧机翼中段的前缘脱落，导致飞机陷入滚转，这进一步导致飞机的副翼和翼尖解体。在如此低的高度上，彼得根本没有办法跳伞逃生。失去控制的飞机坠毁在机场边界的外侧，驾机试飞的彼得身亡。

亨克尔试飞部门的鲍曼（Baumann）博士在随后的报告中简短地描述了事故的过程："正常起飞，向左转向，估计速度约为 600 至 650 公里/小时，离地高度约 100 米。从观众席看去，飞机的左侧副翼似乎突然朝着与方向舵相反的方向朝下转了 90 度。通过右侧方向舵和襟翼进行正常的逆向控制，由此产生的应力导致方向舵和垂直尾翼受损，进而导致另一侧的机翼前缘解体。飞机继续向右快速滚转（大概持续了四圈）。最终坠毁在机场边界 400 米外的菲沙门德。"

飞机陷入滚转的可怕一幕被赫穆·库迪克（Helmut Kudicke）少尉用摄像机记录下来，他是战斗机部队总监手下的一名军官。当时，他受加兰德之命来到施韦夏特，希望把这场试飞的整个过程拍摄下来以供研究。库迪克少尉后来因为他的贡献获得了官方的嘉奖。在 12 月 13 日，亨克尔公司写了一封信给柏林最高统帅部电影部门的卡拉布上校（Kallab），内容如下：

现场记录下的 He 162 V1 号原型机翻滚解体的镜头，展示了试飞员戈特霍尔德·彼得丧生前的最后一幕。随后的调查显示，飞机缺乏横向稳定性，加上机翼黏合不可靠，导致位于 2 号翼肋的机翼前缘被撕裂，这场解体事故对 He 162 项目产生了严重的不良影响。

1944 年 12 月 10 日，在维也纳进行一款新型战斗机的试飞工作中，摄影师赫穆·库迪克少尉拍下了一些重要的镜头。由于这段视频涉及一场致命的坠机事故，所以它对我们来说非常重要，我们可以对这段影片进行评估，从而确定坠机的原因。

通过自己的努力，库迪克少尉设法将这场极其重要的试飞活动全程录制下来。他为德国空军和亨克尔公司提供了巨大的帮助。

应我们的要求，库迪克少尉积极地配合我们工作，影片的胶卷在当天就完成了冲洗和复制。这段影片被立刻展示给飞机的设计者和建造者，让他们进行专业的评估。由于有这部影片，坠机的原因和结果变得更加容易判定，而量产工作也可以如期开展了。因此，我们请求让库迪克少尉到维也纳来拍摄第二架原型机的首飞测试。

的确，借助库迪克少尉拍摄的影片，亨克尔公司的技术部门得以确定机翼解体时飞机飞行的真实速度约为 680 至 720 公里/小时。

在随后亨克尔公司组织的事故调查中（事故调查小组分别由来自雷希林试验场、德国航空研究所、福克-沃尔夫公司以及容克斯公司的成员组成），调查组发现这起事故的起因是飞机的横向稳定性不足，再结合胶水的黏合力度完全不足，导致位于 2 号翼肋的机翼前缘脱落。用于黏合方向舵的胶水质量也很有问题。位于戈德施密特（Goldschmitt）、原本计划为亨克尔公司提供黏合剂的蒂戈膜工厂（Tego-Film，我们今日称为酚醛树脂胶黏合剂）在轰炸中被盟军彻底炸毁，这迫使亨克尔公司不得不采用其他供应商的替代产品，这些供应商提供的替代产品质量较差，导致黏合力度不足。

坠机意外发生后，凯斯勒立刻下令加强He 162 机翼的强度——这项任务将会于 12 月 24日完成——并且限制飞机在后续的测试飞行中飞行速度不得超过 500 公里/小时。而迪辛则在数日后成立了一个委员会，这个委员会负责评估这起事故的原因，并且重新审视飞机的设计。

在 1945 年 7 月的审讯中，亨克尔教授与弗莱达格向盟军情报人员坦言道："在我们看来，引发事故的原因是飞机缺乏横向稳定性，而在此之前飞行员并不知道这个缺点的存在。显然，在机翼的前肋设计上也存在弱点。"

V1 号原型机的坠机事故不仅严重打击亨克尔公司内部的士气，同时还削弱了帝国航空部对这款飞机的信心。在接下来的 6 到 8 个星期里，亨克尔公司会竭尽所能地工作，修正发现

的弱点，并且改进飞机的结构。主要的改进包括增加水平尾翼的面积，通过缩短主油箱移动飞机的重心，加强翼肋及其与主翼梁的连接，加强机翼蒙皮以及修改着陆襟翼后缘的下弯曲部位。

12 月 9 日，塔尼维茨试验场依然在努力解决 Revi 16 型瞄准具安装到 He 162 战斗机上的相关问题；瞄准具和其十字准星的照明必须进行改进。然而，出现了一个好消息，He 162 V2 号原型机将会在 12 月 10 日准备好进行飞行。

尽管前半个月困难重重，但是 1944 年 12 月战斗机专案组的 227 号生产计划依然要求按照以下计划的数量交付 He 162 战斗机：

第 227 号生产计划	
月份	交付数量（单位：架）
1 月	50
2 月	100
3 月	200
4 月	310
5 月	430
6 月	555
7 月	750
8 月	1150
9 月	1150
10 月	1150

然而，最大的问题是，由于要完成之前所叙述的那些必要的稳定性修正，亨克尔公司认为他们无法在 1 月或者 2 月交付哪怕一架飞机。此外，由于盟军的轮番轰炸，德国境内的基础运输设施几乎陷入瘫痪，供给问题非常严重，

根本没有办法维持 227 号计划所定的标准。例如，通过铁路从分包商那里运来机翼和机翼零部件所需的时间比起平时要多得多。较小的部件需要使用卡车运送，而急需的部件则会派遣专员运输——但即便是这些急用的部件，运输所需的时间也要比平常多上五倍。

第 227 号计划不久之后便被第 228 号计划取代，该方案的预期产量大幅度减少：

第 228 号生产计划	
月份	交付数量（单位：架）
1 月	无
2 月	无
3 月	150
4 月	315
5 月	460
6 月	530
7 月	530
8 月	530
9 月	530
10 月	530

与此同时，每家工厂的生产序列号号段分配如下：

亨克尔北方分部罗斯托克-曼瑞纳亨工厂——120001；

亨克尔南方总部维也纳-施韦夏特工厂——200001；

后布吕尔（“龙虾”）工厂——220001；

贝恩堡（容克斯）工厂——300001；

诺德豪森“中央工厂”——310001。

多份资料佐证称“中央工厂”的号段后来被

分配给容克斯贝恩堡工厂使用。

根据设想，机身将会由“龙虾”工厂生产，而最后的飞机组装和飞行准备工作则会由位于维也纳-海德菲尔德的亨克尔工厂完成。

位于下奥地利歔德灵地区的后布吕尔矿坑，这里曾是一座滑石矿井。1944 年末，亨克尔公司将此矿井改建为代号“龙虾”的地下工厂，用于组装 He 162 战斗机。注意图中固定在矿坑顶部的照明和供电用电缆。

在这张延时摄影的照片中，可见一位工人正在装配战斗机的机身（左上）。在“龙虾”工厂内，许多成品机身正在等待分包商交付其他组件以完成装备工作，这也是亨克尔公司之所以对分包商延迟交货的这种行为感到沮丧的重要原因。

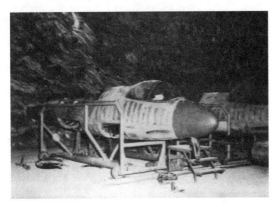

"龙虾"工厂内的一景，摄于 1945 年初。可见放在可滑动支架上 2 个 He 162 机身，一部分组件已经完成安装。注意这个洞穴的高度很低，充满了令人压抑的幽闭恐惧气氛。

几位工人正在组装一个放置在木制支架上的 He 162 机身，从这张照片可以看出，洞穴工厂内的光照条件十分差。

12 月 7 日，卡尔·弗兰克写了一份机密备忘录发送给亨克尔公司的其中一名董事舒格尔（Schungel）博士。他在信中称其留意到"龙虾"工厂机床的实际使用量比最大产能要低 20% 到 30%。而在后勤方面，弗兰克还表示，他留意到拉伯格街（Laaer Berg Strasse）设施中工作的 35 名女性辅助人员的居住条件很差，尤其是缺乏洗衣设施，且提供食物的标准还不一样，尤其是在海德菲尔德。

12 月 12 日，星期二，一个讨论 He 162 项目未来的高层会议在匆忙中召开了。与会人士包括戈林、德国空军作战参谋部部长卡尔·科勒尔上将、迪辛少将、弗莱达格以及绍尔。会议上决定 He 162 的大规模量产准备工作会继续按计划推进，尽管在正常情况下，在没有经过试飞彻底地调查出这款机型的缺陷之前，是不会进行这些工作的。但是，由于政治上的考量，加上取消计划所带来的后果，身上被押下许多赌注的国民战斗机计划已经容不得丝毫的停滞了。

同日上午，在位于维也纳费希特街的亨克尔公司办公室内召开了另一场会议。这场会议由弗兰克主持，他召集了奥拉河畔诺伊施塔特地区赫尔曼·瓦赫特公司的代表，前来讨论

1945 年初，"龙虾"工厂内放置的后部机身组件，正在等待安装机身蒙皮，在照片最右边有一个放置在木制支架上的部分完工机身，可以通过它依稀看出 He 162 战斗机各分段的横截面。

He 162 木制部件的修改事宜。讨论的事宜包括将一体式机翼油箱安装到机翼上的方式、安装一个容量更大的机翼油箱的可能性、控制面配件细节、机翼油箱的防漏测试、伪装的颜色以及表面预处理、Jumo 004 和 HeS 011 发动机的安装方案以及交付时间表。

两天后的 14 日，凯斯勒全权代表在穆尔登斯坦因（Muldenstein）召开了一场会议。与会者包括来自雷希林试验场的海因茨·博斯多夫（Heinz Borsdorff），来自帝国航空部 FL/E3 处的瓦尔德曼（Waldmann）和亨宁豪斯（Hunninghaus）少尉以及博特格（Bottger）和赫特林（Hertling）。会议讨论了 He 162 安装 Jumo 004 B 发动机或者 HeS 011 发动机的可能性。之所以讨论这个问题，可能是因为 BMW 003 发动机不断地出现延误。然而，会上认为需要通过研究来判断 He 162 的机翼或者机身能否承载更重的发动机。根据设想，使用 Jumo 004 发动机的 He 162 将会在 1945 年夏天前投产。不过，考虑到近期 Me 262 作战部队在使用 Jumo 004 发动机时遭遇的技术问题，容克斯公司需要确定其是否能符合标准。亨克尔-赫斯公司也被要求研究 HeS 011 能否投入量产，并且要将研究结果呈交给容克斯公司。

15 日，亨克尔仍然在和他们的分包商纠缠。公司的技术人员在当天报告称 He 162 的机翼油箱的密封仍然不充分。显然，制造机翼的分包商已经用水进行过渗漏测试。但是有一个问题——推荐使用的密封材料已经无法继续获得了。

这天晚上，在数百公里外的阿登森林里，困兽犹斗的德军部队发动了这场战争中最后一次大规模反攻行动，盟军被这场反攻行动打了个措手不及。然而，盟军很快就会站稳脚跟，为这场徒劳的反攻行动画上休止符。

1944 年 12 月 18 日，周一——1944 年 12 月 31 日，周日

12 月 19 日星期二，卡尔·弗兰克记录称哥达公司（Gotha）已经为 He 162 制作了一个木制机翼原型。由于现有的机翼黏结问题没有得到解决，凯斯勒全权代表希望能够有更多机翼制造商可供选择，于是授权哥达公司再多建造 20 套机翼组件。

在对图纸和文件进行了详细的检查和相关的验算后，身处维也纳的材料检验委员会（Materialprüfungs Kommission，一个在 He 162 V1 号原型机事故发生后奉迪辛少将之命组建成立，由施瓦茨领导的调查小组，成员来自德国航空研究所、容克斯公司、福克-沃尔夫公司以及各个德国空军试验场）于 12 月 20 日提交了一份报告。尽管官方的事故调查报告仍未发布，但是

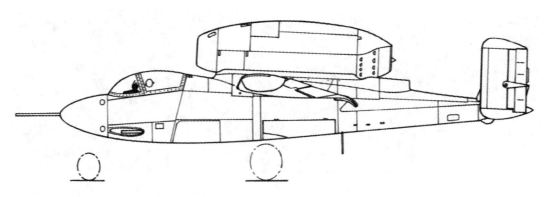

使用 Jumo 004 发动机的 He 162 战斗机侧视图。

"龙虾"工厂洞穴内摆满了已经完工的机尾尾椎，洞穴内阴暗潮湿、灰尘密布且缺乏新鲜空气——这对于复杂的飞机总装工作来说绝非优良的条件。

1945 年初，一架在"龙虾"工厂内组装的 He 162 战斗机正在进行机内电缆布线工作。

委员会编写的这份报告称，V1 号原型机的翼型　　工艺是令人满意的，不过报告中也建议将翼面蒙皮从 4 毫米加厚至 5 毫米，而机翼前缘的加强肋也要从 1.5 毫米加强至 3 毫米。然而，相关人员对黏合剂的质量仍有疑虑。需要对木制部件以及其连接件的质量严加把关。

12 月 20 日，He 162 的 V3 号原型机（工厂编号 200003，机身号 VI+IC）已经准备好进行试飞，并且从"龙虾"工厂转移至海德菲尔德。

12 月 22 日，He 162 的 V2 号原型机（工厂编号 200002，机身号 VI+IB）在弗兰克的驾驶下进行首次试飞。这架飞机计划主要用作 30 毫米 MK 108 航炮的测试工作。一位飞机项目的技术总监亲自上阵，驾驶一架未经试验的原型机首飞这一点，可能会让人感觉有些不同寻常。但是别忘了，弗兰克是当时德国最富有经验的试飞员之一，他曾在雷希林试验场担任机身测试部门的负责人。由于国民战斗机计划的紧迫性，他觉得有必要通过亲自完成第二架原型机的首飞测试来展示自己对 He 162 项目的信心。当天下午，来自雷希林试验场的巴德驾驶着 V2 号原型机进行第二场时长为 6 分钟的试飞。显然，弗兰克和巴德是通过抛硬币的方式来决定谁先驾机升空，结果是弗兰克赢得了第一。巴德也是一名富有喷气式飞机飞行经验的试飞员，他曾驾驶过 He 280 V1 号、V2 号原型机，以及 Me 262 V1 号原型机。值得注意的是，当战后盟军情报人员询问亨克尔公司的雇员时，他们认为弗兰克亲自上阵驾驶 V2 号原型机的决定显示出了"He 162 开发团队的领导人的风格"。

试飞过程中没有发生任何事故，随后将会陆续制造 8 架原型机和 20 架预生产型飞机，其中的大多数飞机都会经历一系列的修改，以纠正 He 162 的固有缺陷。这些修改包括通过加厚蒙皮来加强机翼；采用下反式翼尖以增加机翼的有效反角，从而提高飞机的横向稳定性；修改机翼后缘与机身的接合处以及通过缩短主油

箱来改变飞机重心和扩大尾翼的面积。

按照凯斯勒的指示，巴德将飞行速度限制在 500 公里/小时以下，在装载了 450 升燃油并且满载弹药的情况下，这架飞机操纵起来的手感就像是操纵一架体型比它大得多的喷气式飞机。而在起降的过程中，飞机还出现了令人不快的"蛇行"运动。巴德认

试飞员保罗·巴德，他是一位拥有丰富喷气式飞机飞行经验的试飞员，来自雷希林试验场，曾多次驾驶 He 162 升空，他最终被任命为 He 162 项目的开发协调员。

为，在地面上滑行时，飞机驾驶舱的前向视野很差，唯一能够解决这个问题的方法就是操纵飞机"蛇行"。此外，即便是在座舱盖关闭的情况下，他仍能察觉到飞机的废气流入驾驶舱。不过，在飞行的过程中他并没有遇到任何问题。

在 23 日，亨克尔教授建议为正在参与 He 162 计划的试飞员们投保 80000 帝国马克，包括巴德、舒克（Schuck）、格奥尔格·魏德迈尔（Georg Weydemeyer）中尉以及赫尔德赖希·凯姆尼茨（Huldreich Kemnitz）少尉等人。

此时，亨克尔公司为原型机的飞行测试制订了一个临时的计划。其中，V2 号原型机将被用于起降测试并且测试方向舵的稳定性；V3 号原型机将用于测试经过改进的前起落架，以防止飞机在地面上出现失控旋转的情况；V4 号原型机预计会在年底前首飞；而 V6 号原型机则会安装一个经过加强的机翼，并且计划在新机翼送抵后的第 10 天进行试飞。风洞测试表明，He 162 的临界马赫数为 0.72，最高飞行速度不

超过 870 公里/小时。

安装了 MK 108 航炮的 He 162 V4 号原型机（工厂编号 200004，机身号 VI+ID）于 29 日在"龙虾"工厂做好试飞准备，这架原型机将会用于测试飞机的飞行特性。而 V5 号原型机（工厂编号 200005，机身号 VI+IE）则在 5 天前就已经准备就绪。在 28 日，V5 号原型机开始进行静力试验以及震动测试。这架飞机没有安装武备，它永远也不会用于飞行测试。这些飞机都按照凯斯勒的要求加固了机翼，并且安装了利皮施博士设计的下反式翼尖。

12 月 27 日，弗兰克处理了关于在 He 162 机上安装弹射座椅的激进问题。整个想法停滞了几个星期，而弗兰克则在一直施压让设计工程师们解决弹射座椅无法与与现有设计匹配的问题。"我等答复已经等了好几个星期了。"弗兰克抱怨道。

按照计划，12 月份将会生产 4 架 V 系列原型机，1 月份将会生产 6 架，2 月份则会增加至 10 架。就在这时，亨克尔公司更改了原型机的命名方法，将其现有的前缀"V"（Verschs，意为原型机）替换为代表"Muster"（模型）的"M"。因此，原来的"V2"号原型机就依此更名为"M2"号，其他几架原型机以此类推。经过重新设计的强化机翼被安装在 M4 号原型机上——这是首次公开地使用"M"前缀替代先前"V"前缀。

新的强化机翼其中一个特点是采用改进的双层蒙皮结构，这种特殊结构由蒙皮、锥形托板和栅格组成，这三层结构都通过尿素树脂接合剂（Kaurit）粘合在一起。两层外壳通过沿着翼展延伸的腹板连接起来，并且拥有四根结构相似的侧肋。

1945 年 1 月 1 日，周一——1945 年 1 月 14 日，周日

1945 年 1 月 3 日，星期三，德国空军发动那场决定生死存亡的"底板行动"两天后，德国空军最高统帅部将"162 组装计划"列为"打破盟军空中恐惧的重点"。因此，凯斯勒全权代表将全力以赴地协助推进 He 162 的投产计划。

1 月 4 日，M4 号原型机（工厂编号 200004，机身号 VI+ID）正式完成试飞准备。试飞员舒克计划驾驶它进行最高飞行速度达到 500 公里/小时的试飞测试。由于它配备经过加强的机翼，M4 号原型机在随后的试飞测试中飞出 700 公里/小时的极速。与此同时，M2 号原型机则在进行 MK 108 航炮的射击测试，它已经在测试中打出了 1000 余发炮弹，并且需要更换发动机。而 M3 号原型机（工厂编号 200003，机身号 VI+IC）也做好了试飞的准备。它将在凯姆尼茨少尉的操纵下进行起飞、着陆和震动测试。

随着新的一年到来，在 1 月 10 日，曾经驾驶 M2 号原型机的保罗·巴德被任命为 162 项目的"研发统筹者（Typenbegleiter）"。当天，他的第一项任务是处理亨克尔战斗机的油箱问题，先前的压力测试显示，油箱的密封问题依然没有解决。

同样是在 10 日这一天，M18 号原型机（A-2 型的原型机，工厂编号 220001，机身号 VI+IK）在完成试飞准备后转移至海德菲尔德。这架飞机还有一个额外的编号——A-01 号，它是 A-2 型量产前的预生产型飞机。亨克尔公司在 2 月中旬的"型号大纲（MusterUbersicht）"中将其列为 A-2 型。M18 号原型机配备了两门 MG 151 型 20 毫米航炮。为了移动重心，该机还在机头安置了配重。这架飞机将会用于起飞、着陆与续航力试飞，后续还会安装照相机并进行无线电测试。

1 月 14 日，位于罗斯托克的亨克尔工厂报告称他们生产的首架 He 162（工厂编号 120001）已经完成试飞准备。这架飞机没有配备经过加强的机翼，它于 14 日当天进行了时长为 14 分钟

罗斯托克工厂生产的首架 He 162 A-1 型战斗机（工厂编号 120001）正在准备试飞，技术人员们正在等待试飞员前来登机，留意驾驶舱风挡前放置的降落伞。

的首次试飞。在加装无线电设备后，这架飞机继续进行多次试飞，均没有遭遇问题。

1945 年 1 月 15 日，周一——1945 年 1 月 28 日，周日

1 月 15 日，已经安装了 30 毫米 MK 108 航炮但没有安装发动机的 M11 号原型机（工厂编号 220017，亦被编号为 He 162 A-017 号机，分属于 A-2 型的原型机）被预留用作安装 Jumo 004 B-1 型发动机。

1 月 16 日，M4 号原型机完成了它的首飞。这架机头安装了配重的原型机将参与稳定性测试和横摇试验，它拥有经过加固的机翼和机身。同一天首飞的还有 M3 号原型机，这架原型机是在 12 月 20 日完成的，配备了加固的机翼、"利皮施之耳"和经过放大的尾翼，操纵它进行试飞的试飞员可能是凯姆尼茨少尉。接下来，这架飞机将会进行 13 场非凡的测试飞行，并且在试飞中得出 880 公里/小时的最高飞行时速。而与此同时，M19 号原型机（同属 A-2 型系列，工厂编号 220002，机身号 VI+IL）已经准备好参与试飞。

回到罗斯托克工厂，工厂编号为 120002 的 He 162 在没有安装加强型机翼和缺少尾翼组件的情况下驶下了生产线，该机在不久之后终于装上了缺失的尾翼组件，它的计划试飞日期是 1 月 22 日。

在 17 日，A-1 型原型机 M6 号（工厂编号 200006）做好了试飞前的准备，它将要参与飞机的稳定性、方向舵性能和武备测试。它与其余几架编号不明的 He 162 一同进行了地面武器试射测试，测试中试射了 MG 151 和 MK 108 航炮。

同样是在 17 日，隶属亨克尔公司发动机部门的扬岑（Janzen）博士写信给飞行测试部门的鲍曼博士，他在信中告知鲍曼博士，燃油的气味从第 5 舱段后安装的油箱中渗进了 He 162 的驾驶舱。扬岑博士想知道这种情况是否会经常发生，以及对驾驶舱进行简单的通风能否解决这个问题。如果不行的话，建议考虑改进第 5 舱段处的密封措施。

在 1945 年 1 月的下半旬，He 162 的生产和试飞工作开始加速，但是由于加固机翼延迟交

对 He 162 油箱进行水压测试的设备，这个设备主要是用于剔出那些有缺陷的油箱。可以留意到，设备的周边区域存在曾经被水浸泡的痕迹，在 He 162 投产的过程中，亨克尔公司一直在努力消除油箱渗漏的问题。

付，尝试加速生产和试飞的工作在一定程度上被阻碍了。截至 1 月 21 日，只有 15 架飞机被生产出来，原型机的生产工作也理所当然地受到了影响。由于尾翼组件的交付也出现延迟，海德菲尔德工厂的产量受到了影响。第三帝国内部那灾难性的运输系统崩溃导致越来越多的零部件推迟交货日期，这迫使亨克尔公司不得不决定使用整个 1 月份生产出来的 20 架飞机来进行测试。

在 18 日，M3 号原型机进行了第三次试飞，而 M20 号原型机（工厂编号为 220003、机身号为 VI+IC）则准备好参与试飞工作。这架原型机还被编号为 A-03 号，它的主要特点是采用了一套经过简化的起落架系统，这架原型机将会参与飞行性能评估、测量重心、测试襟翼和方向舵等试飞工作。

1 月 20 日，星期六，M4 号原型机完成了它的第四场试飞。到 22 日为止，这架飞机已经飞行了 2 小时 54 分钟。M4 号原型机在着陆时冲进了雪地里，导致它的起落架受损，预计需要两天的时间来修复起落架。两天后的 22 日，M3 号原型机也在着陆中受损，它的左翼受到了

损伤。

1 月 21 日，M21 号原型机（A-2 型，工厂编号 220004，机身号 VI+IN）从"龙虾"工厂送往海德菲尔德。

23 日，在五天前完成了首飞的 M6 号原型机被分配为武备试验机，作为 A-1 型飞机测试两门 MK 108 航炮。而当"龙虾"工厂生产的 M18 号原型机（A-01 号，工厂编号 220001，机身号 VI+IK）送抵海德菲尔德时，人们对其感到十分失望，因为他们发现这架飞机有 50 多个地方与图纸存在偏差。所有这些偏差都必须进行纠正，以便让这架飞机试飞。随着偏差一个个被纠正，这些问题最终得以解决。M18 号原型机于 1 月 24 日完成首飞，它将会进行滚转、起飞和着陆测试。作为一架 A-2 型飞机，它安装了 MG 151 航炮，并且使用了新型的 BMW 003 E-1 型发动机。而在 24 日当天，M7 号原型机（工厂编号 200007，机身号 VI+IG）从"龙虾"工厂转移至海德菲尔德，这架飞机也配备了两门 MG 151 航炮。而 M22 号原型机（隶属 A-2 型飞机，工厂编号 220005，机身号 VI+IO）也完成了交付工作。

回到亨克尔公司罗斯托克工厂，工厂编号

1945 年 5 月，盟军在慕尼黑-里姆机场发现的 He 162 M20 号原型机（工厂编号 220003，机身号 VI+IM），机头上的黑色"M20"字样标明了它的身份。当时这架飞机已经处于废弃状态，该机的前起落架机轮、发动机整流罩和 MG 151 航炮均被移除，有可能是被盟军拆下进行研究了。

为 120003 的 He 162 依然处在总装阶段。但与它的前辈们不同的是,这架飞机已经采用新的加固型机翼,它将于 1 月 23 日交付,用于飞行测试。

在 25 日,M23 号原型机(隶属 A-2 型,另有编号 A-06 号,工厂编号为 220006,机身号 VI+IP)从"龙虾"工厂转移至海德菲尔德,并且参与常规飞行测试。

26 日,弗兰克询问他的团队能否腾出 3 到 4 架 He 162 改装为执行临时或紧急侦察任务的"辅助侦察机(Behelfs-Aufklarer)",并且咨询接受改装的飞机能否在 2 月之前准备好。

27 日,He 162 A-01 号(M18 号原型机)进行了 10 次启动以测试其常规飞行特性,然而在测试中,人们发现它的前起落架和机轮刹车存在问题。同一天,M6 号原型机在试飞过程中中断起飞,因为它的发动机在提速至 5000 至 7000 转时会发出"摩擦声"。亨克尔公司只好对这架原型机的发动机进行检查,并且计划更换飞机的发动机。

同一天,来自亨克尔曼瑞纳亨公司的行政主管迈耶(Meyer)到访罗斯托克,并且对当地 He 162 的生产状况进行评估。迈耶发现,由于发动机和机翼无法按时交付,原定于 1 月完工的 30 架飞机无法完成生产。迈耶统计了该厂飞机的生产情况,如下表:

转场	0 架
交付	0 架
试飞	2 架
完成发动机测试	12 架
机身完工	58 架
机身接近完工	71 架

为了达到计划中 1 月和 2 月的产量,在征得身处柏林的凯斯勒同意后,迈耶提议将亨克尔工厂目前采用的单班制改为两班制,并且把原本在 He 219 夜间战斗机流水线工作的工人转派到 He 162 项目中来,因为这款夜间战斗机已经没有继续生产的必要。

只有 16 架飞机装好了除方向舵以外的所有部件,这些飞机的方向舵正通过公路运输的方式从"龙虾"工厂送到罗斯托克。

进一步地,迈耶提出了以下的解决方案:在 2 月的第一天生产出一架飞机,然后逐日增加。按照这种速度,到了月底就能生产出计划中 1 月和 2 月合计生产的飞机数量——85 架。当然,这个计划将取决于所有必要的部件能否按时交付。迈耶记录道:"为了实现这一目标,部件厂商必须准时交货,确保在 2 月 18 日之前收到 2 月所需的所有部件。亨克尔公司每一天都需要通过电话,将具体的情况通报给凯斯勒全权代表办公室的工作人员。"

然而,迈耶的提议似乎只能停留在理论上,因为自 1 月 29 日起,罗斯托克当地的亨克尔工厂将要关闭整整 8 天,原因是当地缺乏电力!亨克尔公司早已就此事提出了抗议。对此,迈耶则大胆地提出,由于罗斯托克当地只有 750 千瓦的电力可用,应该对当地生产 Me 262 和 Ta 152 的工厂实施断电,转而将能源提供给生产 He 162 的工厂。此外,由于气象条件不佳和缺乏燃料,在罗斯托克当地进行的高速飞行测试暂停。

在 28 日,A-01 号原型机完成了三场良好的试飞测试。而 M19 号原型机(另有编号 A-02 号,工厂编号 220002,机身号 VI+IL)则进行了两次试飞。这架飞机扩展了机翼的后缘,目的是测试在高空飞行的稳定性和飞机的横向稳定性。

然而，亨克尔公司的测试人员注意到这架原型机的方向舵配平无法工作，飞机也经受了过度的应力。此外，飞机的输油阀门无法动作，测试人员建议在飞机再次进行试飞前，在机头安放配重。然而，在后来的试飞中，由于飞机的横向稳定性较差，M19 号原型机在测试飞行中达到的最高飞行速度只有 480 公里/小时。

1945 年 1 月 29 日，周一——1945 年 2 月 11 日，周日

1 月 29 日，周一，配备 MK 108 航炮的 M8 号原型机（原隶属 A-1 型，工厂编号 200008，机身号 VI+IH）建造完成。这架飞机将作为一架 A-2 型飞机用于测试减重型起落架以及武备。而 M7 号原型机将会参与震动测试以及着陆减速伞测试，这套减速伞设备重约 25 公斤。M25 原型机（另有编号 A-08 号，工厂编号 220008，机身号 VI+IR）在同日做好了试飞准备，这架飞机的机身延长了 12 厘米，而机头处原本用来安放 MK 108 航炮的地方装载了配重。这架飞机被计划用于进行重心测试并且评估其爬升性能表现。

同样是在 29 日这一天，新任战斗机总监戈登·格洛布（Gordon Gollob）上校在柏林当地召开的一场大型会议上发表了讲话。他的讲话内容中心是解决"目前的人员和物资问题，避免采用帝国内部那些无法实现的建议"。

格洛布上校是阿道夫·加兰德的继任者，加兰德因为与戈林之间的分歧日益加剧——特别是在 Me 262 部署的问题上——而最终被戈林解除职务。相比起加兰德之前希望的让 JG 7 联队获得足够数量的 Me 262 战斗机用于作战，格洛布上校更想让两支活塞式战斗机部队——隶属本土防空部队的 JG 301 联队和 JG 302 联队——平稳地完成换装工作。他还想加快此前

隶属第九航空军的轰炸机部队换装喷气式战斗机的速度，其中包括 KG（J）54 联队、KG（J）6 联队 第一/二/三大队、KG（J）55 联队以及 KG（J）27 联队。与此同时，还要组建一支新的联队——JG 80，这支联队将会驾驶新的 He 162 国民战斗机进行训练。然而，由于 Fw 190 战斗机的产量下滑，这个设想最终被放弃了。在此基础上，有人建议取消建立 JG 80 联队第一大队的计划，转而让现有的 Fw 190 部队改装驾驶 He 162。根据这个新计划，格洛布上校下令让 JG 1 联队的第一大队改装国民战斗机。

30 日，亨克尔公司报告原型机的进展情况：M26 号原型机（安装 MG 151 航炮的 A-2 型飞机，工厂编号 220009，机身号 VI+IK）进行了 9 次启动测试。这架飞机计划用于测试弹射座椅。而在海德菲尔德的 M2 号原型机则将其机头加厚了 3 毫米，同时在机身上喷涂了防腐漆。M3 号原型机增大了水平尾翼的翼展，并且在 2 月 1 日完成试飞准备。经过几次试飞后，它的机头装上了配重，以平衡重心。M4 号原型机更换了加固后的机翼并且安装了下反式翼尖，它将会在 31 日完成试飞准备。M6 号原型机额外增加了 5 公斤的配重来辅助控制它的方向舵，结果发现经改装后的方向舵向左和向右转的性能表现都是令人满意的，尽管它还存在着很强烈的左偏航倾向。M7 号原型机将于 30 日进行罗盘校准和稳定性试验。M19 号原型机（另有编号 A-02 号）需要在机头安装配重，将会在 31 日做好试飞准备。M20 号原型机（另有编号 A-03 号）正在进行发动机试车和改装起落架的工作，它配备了以 45 度下反的翼尖，将于 2 月 1 日做好试飞准备。弗兰克还要求将安装在 A-02 号原型机上的起落架系统应用到其他飞机上，因为这套起落架系统在测试中没有出现过任何故障。

与此同时，由于发现机尾组件出现瑕疵，位于罗斯托克的亨克尔工厂无法交付飞机，尽管报告称已经有 10 架飞机准备要交付。此外，在维也纳的亨克尔工厂内，有 12 架飞机已经准备好要交付，但由于一些部件出现瑕疵，这些飞机都无法交付使用。实际上，截至 1 月 31 日，只有 14 架飞机完成生产。

2 月 1 日，周四，位于维也纳-施韦夏特的亨克尔公司发布了飞机的主要技术文件——He 162 飞机性能标准（Prüfmappe Flugzeug 162）。这是一份通用技术指南，供维护该型飞机的技术人员参考。这份文件通过图纸详细描述了飞机的机身、机翼、起落架、座舱、燃油系统、武备、发动机、导航设备、无线电设备以及各个维护盖板的位置。

同日，在海德菲尔德生产，配备了加固型机身的 M27 号原型机（另有编号 A-010 号，工厂编号 220010，机身号 VI+IT）完成了第一次试飞。而 M28 号原型机（另有编号 A-011，工厂编号 220011，机身号 VI+IU）则完成了建造工作，它同样配备了经过加固的机身，并且安装了 MK 108 航炮。

面对越来越多的机翼质量问题，骑虎难下的亨克尔公司不得不在 2 月 2 日找来之前曾参与国民战斗机竞标的竞争对手——布洛姆与沃斯公司，一同商讨生产金属机翼的事宜。

迄今为止，在原型机测试中所汲取的教训使得亨克尔公司需要对飞机的基础设计和制造过程进行必要的修正和改进。在 2 月 2 日，三个主要的生产厂家和"授权生产公司"的代表——亨克尔罗斯托克工厂（包括路德维希卢斯特和奥拉宁堡工厂）、亨克尔维也纳工厂以及容克斯工厂（德绍和贝恩堡工厂）在柏林召开了一场会议。会上提交了大量的文件，展示了所有计划要修

改的地方和重新修改过的图纸。会上决定让维也纳的原型机建造部门负责改装在维也纳当地生产出来的飞机。

截至 2 日，M6 号原型机分别在格哈德·格留维茨（Gerhard Gleuwitz）上士和格哈德·福尔（Gerhard Full）的驾驶下完成了两次试飞。而 A-02 号原型机则在舒克的驾驶下进行了一次试飞。由于出现大雾，后续的飞行被迫暂停。当天，M6 号原型机在着陆并且滑行了约 100 米后，飞机的前起落架突然坍塌，其机头在没有起落架支撑的情况下继续沿着地面滑行，这进一步导致该机的前起落架舱门受损。经过维修后，M6 号原型机在 3 日中午时分重新恢复至可飞行状态。与此同时，A-02 号原型机的机尾进行了加强，而 M3、M4、M7 号原型机则装上了着陆减速伞和"利皮施之耳"，并且对一些小细节进行小修小改，这些小范围的修改基本上都与机轮转向机构相关，这几架原型机都在 3 日当天完成了试飞准备。已有 4 套着陆减速伞交付给 He 162 项目进行测试，而另外 15 套也即将进行交付。

同日，朔尔（Scholl）发出了一道指示，要求每架原型机在机头涂上"Muster（模型）"-数字编号或其缩写"M"-数字编号（即 Muster-数字或 M-数字），并编写一份罗列这些原型机的汇总文件——8-162 原型概述（8-162 Muster-Ubersicht）。

第二天，M8 号原型机被送进车间内进行副翼检修。

4 日，试飞场上出现了另一场致命的意外。当天，经验丰富的试飞员格奥尔格·魏德迈尔中尉在驾驶 M6 号原型机进行第 11 场试飞的时候坠机身亡。魏德迈尔生于 1910 年 3 月 10 日，他的故乡是威斯特法利亚（West-phalia）。他在 1934 年加入德国空军，并且被派往位于图托

驾驶 M6 号原型机坠机身亡的格奥尔格·魏德迈尔中尉，他是一位经验丰富的德国空军飞行员，在 1941 年加入亨克尔公司。

(Tutow)的航校担任教员一职。1934 年的年末，他作为一名轰炸机飞行员被调遣到 KG4 联队，并且参与了日后在波兰、挪威、英国、克里特岛和苏联的作战行动。1941 年底，他作为试飞员加入亨克尔公司，并且参与了 He 177、He 219 和 He 280 的试飞工作。

目击者声称，他们看到魏德迈尔中尉的飞机陷入了右转螺旋俯冲，具体的事故原因并不清楚，但很有可能是因为飞机的方向舵舵面锁死所致。可以肯定的是，这起事故与戈特霍尔德·彼得在 V1 号原型机上遭遇的事故毫无关联。后来调查发现，魏德迈尔中尉飞机尾翼翼肋上的一些胶合板没有完全黏合。愤怒的亨克尔教授咆哮道，这种坠机事故是完全不可容忍的，他以个人的名义要求向生产残次品的有关方面追究责任。这份责任最终落在了阿尔布雷希特公司(Albrecht)头上，这是一家位于魏特拉姆斯多尔夫(Weitramsdorf)的分包商。

亨克尔教授进一步下令，要求所有由分包商生产的着陆襟翼和其他木制部件都要在验收前经过最严格的检查，今后任何情况下都不能接收任何外部生产的劣质零部件。为了进行有效监督，亨克尔教授建议从早已废弃的 He 219 生产办公室中调来一个部门，作为质量控制和指引机构来监管所有维也纳地区的规章程序。

魏德迈尔中尉意外身亡当天也是这一周的最后一天，这一周 He 162 一共进行了 29 次试飞，总飞行时长为 7 小时 33 分。仅在 4 日这一

He 162 M6 号原型机(工厂编号 200006，机身号 VI+IF)正从施韦夏特的跑道上滑跑起飞，1945 年 2 月 4 日，格奥尔格·魏德迈尔中尉驾驶着这架原型机试飞时坠毁，糟糕的结构质量是这场事故的罪魁祸首。

天，参与试飞的 M3、M4、M6、M18 号原型机
就升空了 17 次，驾机升空的人包括弗兰克、巴
德、魏德迈尔中尉、凯姆尼茨（Kemmnitz）少尉、
盖尔上尉、格留维茨上士、巴特尔（Bartels）、
舒克，梅施卡特以及福尔。M3 号原型机安装了
无线电设备，并且进行了一系列修改，其中包
括：通过配重来平衡机上满载的燃油、减少控
制飞机所需的杆力、改善方向舵的配平片以及
将水平尾翼的后缘修短 10 毫米。完成改造的
M3 号原型机随后在格留维茨上士、福尔和舒克
的驾驶下进行稳定性测试。M4 号原型机继续进
行起飞、着陆和稳定性测试，而 M18 号原型机
则安装了一架摄像机，以评估其起落架的实际
运转情况。

截至此时，整个 He 162 测试项目共进行了
86 次试飞，总飞行时长为 16 小时 33 分钟。这
些数据表明，针对 He 162 的飞行测试仍处在初
期阶段。M4 号和 M19 号原型机正在进行改善稳
定性的小规模改造。完成这些改进后，来自测
试指挥处（Kommando der Erprobungsstellen）的霍
斯特·盖尔上尉驾驶这两架原型机先后进行了
试飞测试，试飞中没有遭遇任何问题。

回到罗斯托克-曼瑞纳亨的亨克尔工厂，情
况仍然不容乐观，该厂依旧没有交付出哪怕一
架飞机。这其中，有 12 架飞机因为发动机存在
缺陷而无法交付。有 71 架飞机的机身已经完
工，另有 58 架飞机正在进入建造的初期阶段。

2 月 4 日，工厂编号为 009 的 He 162 分别
在试飞员海因里希（Heinrich）和苏尔茨巴赫
（Sulzbacher）的驾驶下先后升空测试，表现无可
挑剔。然而，两架由罗斯托克工厂生产、可以
飞行的 He 162 后来却被被拆解，并且通过铁路
运送到位于奥拉宁堡的德国空军设施，其中一些
零部件被转送到路德维希卢斯特（Ludwigslust），
这些零件被用来将其他飞机改装至最新的规格。

罗斯托克地区的零件存量依旧堪忧，原本
计划送达的 47 套机翼组件，实际只有 36 套送
达；计划送达的 47 台喷气发动机，实际只有 42
台送达；计划送达的 81 套起落架组件，实际只
有 67 套送达；而计划需要送达的 67 套武器组
件，实际送达的更是只有 24 套。与此同时，飞
机的主起落架舱门、前起落架舱门、方向舵、
前轮等关键部件也出现了短缺的情况。

此时，共有 42 架飞机处在罗斯托克工厂的
装配线上，另有 38 架接近完工的飞机已经被转
移至总装工场。已有 34 架飞机的机身完成组
装。但是，工厂仍然缺少大量的关键部件，诸
如机翼、尾翼、机头整流罩、起落架舱门和武
器维护盖板等，这些零部件都是由木材分包商
提供的。而在 1 月 17 日至 20 日分批交付的机翼
组件当中，有 5 套机翼组件存在严重的瑕疵，
比如油箱渗漏，部件黏合不良以及组合偏差过
大等问题。

此外，当地还缺少 20 台发动机和同等数量
的前轮、座舱盖，以及 27 台 FuG 24 型无线电。
在 2 月 5 日，一名隶属曼瑞纳亨工厂的高级工程
师警告道："飞机的生产工作能否继续下去，取
决于这些短缺的部件是否能够送到。"

电力供应问题依然困扰着罗斯托克工厂，
当地的管理部门被要求每天要为工厂供电 20 小
时以保障其运转。工厂为期 4 个小时停工期被
安排在每日的 17 点至 21 点之间。就在这时候，
一条好消息传来：凯斯勒在 2 月份安排了 100 名
来自波美拉尼亚地区（Pomerania）的学徒工到罗
斯托克工厂工作，每个人都会获分配一名单独
的导师。计划安排 10 个人接受为期一周的电气
培训，另有 10 人接受为期一周的机械操作训
练，30 人接受为期两周的飞机装配训练，而其
余的 20 人则用两周的时间接受飞机的维护
训练。

2月6日，在一份令人意外的"最高紧急！"电报中，弗兰克向凯斯勒和紧急飞机委员会的卢赫特诉说道："显然，与 Me 262、Ta 152、Ar 234 和 Do 335 不同，He 162 没有被列入应急计划当中。"他遗憾地表示："我们在与供应商磋商紧急事务的时候遇上了困难，因此要求你们将 He 162 列入紧急项目。"

6日当天，M3 号原型机正在接受多项改装，涉及方向舵、液压和控制系统，而 M19 号（另有编号 A-02 号）则做好了试飞准备。M4 号原型机被用于进行滑行试验，同时还在研究为这架原型机加装夜视摄像机的事宜。

2月8日，另外 3 架原型机终于完成建造工作，这三架飞机分别是：M29 号原型机（另有编号 A-012，工厂编号 220012，机身号 VI+IV），它配备了经过加长的机身和两门 MK 108 航炮；M30 号原型机（另有编号 A-013，工厂编号 220013，机身号 VI+IW），它装备了两门 MG 151 航炮；以及 M31 号原型机（作为 A-2 型建造，装备了两门 MG 151 航炮，工厂编号 220014，机身号 VI+IX）。接下来的几天时间，这三架飞机都没有参与飞行活动，因为三台原型机都被指定为备用武器测试机。M30 号原型机安装了一个 EZ 42 型瞄准具，而 M31 号原型机则安装了一台阿德勒（Adler）无线电指引装置。

同日，福尔在驾驶 M4 号原型机进行冲击 800 公里/小时速度的俯冲加速以及稳定性实验时，遭遇了发动机停车故障，被迫返航迫降。M4 号原型机在迫降过程中遭到了 40% 的损坏。这架飞机配备加强机翼和利皮施翼尖，并且装备了 MG 151 航炮。考虑到福尔迫降事件以及 He 162 那危险的横向稳定性，弗兰克决定下令限制飞机在测试飞行中的飞行速度，其中 0~1000 米高度上飞行速度不得超过 500 公里/小时，而 1000~5000 米的高度上飞行速度不得超

过 400 公里/小时，5000 米以上时飞行速度则不得超过 300 公里/小时。

M3 号原型机装上了一个经过扩大的尾翼，经过改装后，该机被要求不得在机身油箱内装载的燃油少于 375 升的情况下升空进行飞行测试，以确保其稳定性符合要求，同时应仔细控制其试飞时的飞行速度。同样受到限制的还有 M20 号原型机，该机不得在机身油箱内装载的燃油少于 300 升的情况下升空试飞。M19 号原型机将会安装一个呈 20 度夹角的 V 型尾翼，除尾翼外的其他构型布置按照 M3 号原型机配置，并且要在完成改装后称量飞机的重心值。后续计划是在这架飞机上安装一个经过扩大、朝下指向的尾翼。

经过德国航空研究所不伦瑞克风洞的实验测试，以及亨克尔公司自己组织的实际试飞得出的结果，证明了 He 162 的机翼"异常危险"地不稳定，并且很容易导致飞机失速。为了改善这一情况，亨克尔公司在 M18 号原型机上，用木制螺丝将一条 10 毫米高、450 毫米长的扰流板固定在其机翼前缘上，并且准备在 2 月 10 日进行试飞。

2月9日，在 47 号机库内已有 5 架量产型飞机准备就绪，并且计划接下来的每一天都会完成一架飞机的准备工作。这些飞行将会被进一步修改至最新的规格，目标是在这个月底前交付 20 架飞机。

10 日，随着安装了经过简化的起落架系统的 M20 号原型机（另有编号 A-03 号）进行第一次试飞，测试工作继续进行。这架飞机将会用于进行重心测试，并且测试其襟翼和方向舵。同日进行首次试飞的还有 M24 号原型机（另有编号 A-07 号，工厂编号 220007，机身号 VI+IQ），它安装有 2 门 MG 151 航炮，这架飞机将会进行滑行和常规飞行测试。与此同时，M7、M9 和 M10 号

一份编写于1945年2月的亨克尔公司文件，详细列明了每架原型机的现状以及测试情况，那些工厂编号上被打上叉的原型机已在2月10日前因为各种原因注销。

原型机正在进行加强副翼的改装工作。

同日，亨克尔公司将 M16 号和 M17 号原型机（均是 A-2 型飞机）列为"双座教练机（Doppelsitzig Motor-Schulflugzeuge）"。

2 月 11 日，周日，德国空军通过一次"重量级"访问展示了他们对 He 162 项目日渐增长的兴趣——战斗机部队总监戈登·格洛布上校视察了施韦夏特。与其同行的是曾经荣获 93 场空战胜利的骑士十字勋章得主瓦尔特·达尔（Walter Dahl）中校，这里是他的故乡。达尔曾经指挥 JG 300 联队参与帝国防空作战，但是他现在被调遣到格洛布上校的旗下作为参谋人员。与这两人同行的还有工程师劳琴斯坦纳，测试指挥处的负责人埃德加·彼得森上校，以及他的下属霍斯特·格弗（Horst Gever）上尉。

根据达尔的回忆，在一场冰冷的倾盆大雨中，他和格洛布上校搭乘一架西贝尔 Si 204 型飞机于上午 9 点离开了柏林附近的斯塔肯（Staaken）机场。两位军官驾驶着飞机飞过德累斯顿上空。达尔记述道：

这场大雨变成了一场暴风雪。我们继续沿着航线飞过厄尔士山脉，然后又飞过位于苏台德地区（Sudetenland）的奥西格（Aussig），朝着布拉格（Prague）飞去。机上的每个人都陷入了沉思。天气越来越坏了，群山被云雾环绕着，有时候我们不得不在云中盲飞，借助飞机的仪表继续飞行。

大约在 10 时 30 分，天空终于放晴了，一束明亮的阳光穿过了云层，有那么一阵子，能够让我们看见机身下方闪闪发光、完好无损的布拉格城区。我们飞过架设有多座雄伟桥梁的莫尔道河（Moldau），穿过城堡区（Hradčany）。然后朝着维也纳飞去，途中经过波西米亚-摩拉维亚高地（Bohemian-Moravian Highlands）。11 时 30 分，多瑙河（Danube）出现在了我们的前方，这座美丽的城市——维也纳——正沐浴灿烂的阳光下。圣斯蒂芬大教堂（St. Stephen's Cathedral）就像一个巨人一般耸立在众多建筑之中。我不由自主地想起在 1683 年，这座城市曾经抵御从东方进攻的土耳其人。这一次，它还能够像先前那样抵御苏军的进攻吗？

我们在城市东南方的施韦夏特机场着陆。亨克尔公司的一些成员到场欢迎我们，欢迎仪式结束后，驻扎在施韦夏特机场的亨克尔公司首席试飞员弗兰克立刻将我们带到一些停在跑道边上的 He 162 战斗机面前。

亨克尔公司团队邀请格洛布上校和劳琴斯坦纳驾驶 M3 号原型机升空，两人都接受了这个邀请。在一次短暂的飞行中，格洛布上校驾机飞出了 650 公里/小时的最高速度。飞行结束后，两人均表示：毫无疑问地，他们驾驶的是一架真正的战斗机，而且，根据亨克尔公司的说法，那架战斗机"非常好"。格洛布上校甚至被告知，只要他能够在建议的速度限制区间内飞行，欢迎他随时返回维也纳驾驶他的 He 162。然而，这位战斗机部队总监却对亨克尔公司宣称，希特勒已经在最近的一份报告中得知，有 30 架 He 162 已经在维也纳准备好执行作战任务。而实际上，截至 2 月 10 日，没有一架飞机可以参与作战行动。只有 4 架飞机处于可飞行状态，另有 14 架正在进行改装和总装。当被问及这些飞机何时能投入作战时，弗兰克告知格洛布上校，这会在 4 月中旬。

达尔的战后回忆录中生动地描述了他驾驶 He 162 的经历，后来引发了很多猜测。实际上，幸存的亨克尔公司以及测试指挥处的文件都只留下了格洛布上校和劳琴斯坦纳驾驶 He 162 飞行的记录。达尔在他的回忆录中记述道：

在弗兰克那高超的飞行展示后，格洛布上校和劳琴斯坦纳也先后驾驶飞机进行测试，两人对此印象深刻。我的手指开始发痒，因为我打算要更加认真地测试一下这架飞机，最终我得以驾机起飞。在做了几次翻滚、转向和其他战斗机特技后，我冲向了机场，直接瞄准地面上的人群。在低空飞行过程中，我将机头对准地面，直至离地 20 至 30 米的高度才猛然拉起飞机，做出一个翻滚动作。突然，无线电里传来一道严肃的命令："立刻停止飞行! 马上着陆!"我回复"收到"，准备着陆，进入正常着陆航路，放下起落架，最终完成着陆。飞机运转良好。这架飞机操作起来很容易，即便是在着陆过程中也是如此。

1944 年 9 月，戈登·格洛布上校视察 JG 400 联队时所拍摄的照片，他在 1945 年 2 月 11 日试飞了 He 162 战斗机，虽然这位战斗机王牌飞行员支持亨克尔的研发工作，但是他也对亨克尔在研发过程中遭遇的难题感到担忧。

完成滑行并且关闭发动机后，弗兰克带着一脸尴尬的表情迎了上来。"这回你很走运，"他说，"但是你知不知道你做的特技动作——大幅度俯冲然后翻滚——导致我们的试飞员彼得在 1944 年 12 月的试飞中丧生吗?"我对此感到困惑，但是他向我讲述了这场致命意外的细节。

在格洛布上校视察期间，弗兰克和巴德向德国空军的代表团保证，正在进行的测试工作旨在提高 He 162 的飞行稳定性和飞行性能，并且在这期间概述了之前所述的各项改进工作。在对德国空军代表团访问维也纳的总结中，彼得森上校记述道：他与格洛布上校均认为，在亨克尔公司计划的所有改进得以实施，并且能够让 He 162 以全速飞行之前，不考虑进行全面作战测试。关于这一点，弗兰克进一步说明道：最有可能开始作战的时间是 4 月下旬，因此在 5 月中旬之前不太可能参与任何实际的战斗机作战行动，因为第一架采用所有改进措施的测试

飞机要在 3 月中旬才能准备好。

弗兰克进一步表示称，预计最初的 50 ~ 60 架飞机将会配备 BMW 003 E-1 型发动机，这将需要使用 B4 号燃油，而不是使用与 Me 262 和 Ar 234 类似的 J2 号燃油。而从一开始，格洛布上校就要求考虑增加火箭动力助推装置，以便让飞机能够在更短的跑道上起飞执行任务。而在后来弗莱达格与弗兰克的电话交流中，弗兰克证实，由于续航时间被要求增加，飞机搭载的燃油也要相应增加，从而增加了 He 162 的起飞重量。这导致 He 162 需要使用和 Me 262 一样长的跑道才能完成起飞。弗兰克将此事告知了空军的高层军官。"对于负责组织地面作业的将军来说，这是非常重要的消息!"彼得森上校记录道。

格洛布上校认同测试指挥处的意见，即 He 162 需要安装一个弹射座椅，以便在紧急情况下，让飞行员能够在飞机正在以 1000 公里/小时的速度飞行时通过弹射座椅逃生，并且避免其卷入位于驾驶舱后上方喷气式发动机的进气道。此外，还要对座舱盖和风挡的金属加固

条进行研究，要使这些金属碎片在战斗中脱落并且卷入发动机的可能性降到最低。

而在武器装备方面，就作战环境而言，格洛布上校认为将 He 162 机上两门 MK 108 航炮的每门备弹量从 60 发增加至 80 发是可取的。建议亨克尔公司调查增加重量的后果以及对飞机重心的影响。然而，在盟军轰炸莱茵金属的工厂后，MK 108 航炮的供应中断了。这使得安装 MG 151 航炮（该型航炮原本用于 He 162 A-2 型）的替代工作成了亨克尔公司的当务之急。然而，直到 2 月 12 日，身处柏林的格洛布上校仍然支持在飞机上安装 MK 108 航炮，大概是因为他自身有在 Me 262 上使用这种武器的经验，他正在努力确认是否有其他公司能够通过许可授权来制造这种航炮。

与此同时，让人期待已久的 EZ 42 型陀螺瞄准具终于准备好了，根据弗兰克的说法，所有在 1945 年 5 月 1 日以后生产的量产型飞机都会配备这种瞄准具。

在与亨克尔公司的进一步交流中，格洛布上校要求亨克尔维也纳公司研究 He 162 安装 55 毫米 R4M 空对空火箭弹（这款火箭弹源自 Me 262 计划）的可能性，并且在 2 月 20 日向他汇报。

1945 年 2 月 12 日，周一——1945 年 2 月 25 日，周日

新的一周以亨克尔公司在维也纳的安格尔迈尔街（Angermayer Gasse）办公室召开的一场重要会议作为开端，这个会议讨论了 162 项目所面临的越来越严峻的形势。亨克尔教授主持了这场会议，出席会议的有弗兰克、卡尔·施瓦茨勒和好几名 He 162 开发团队的成员，以及凯斯勒派来的代表。

与会的各方意识到，海德菲尔德所面临的持续不断的停电已经不可避免地给试飞计划造成重大困难，停电已经影响到飞机的生产工作，

并且将增加试飞工作所耗费的时间。在 1 月 17 日至 2 月 10 日期间，海德菲尔德停电时长长达 104 小时。与会人员向凯斯勒的代表强调了保持电力供应的重要性。与此同时，亨克尔公司的油料库存即将耗尽，因此他们要求凯斯勒立即为公司提供 1500 升汽油和 4000 升柴油。此外，亨克尔公司还要求立刻提供两辆卡车拖车，以便为应急发电机运输和储存油料。其中一台拖车将用于来回运送油料，而另外一台则会用来储存和供应油料。会议上表明这些方案可以在 3 天之内实行。"龙虾"工厂已经配备了两台汽油发电机和一台柴油发电机，作为工厂的紧急电力供应来源。

由于盟军连绵不断的轰炸，运输也成了一个大问题。整个地区的火车时刻表已经被彻底打乱，因此计划为亨克尔公司的工程管理部门提供一辆能够容纳 10 到 12 人的小客车，以便在紧急情况下运送关键人员。当然，是在这辆小客车没有被炸毁的情况下。库存的食物和饮料将会尽可能转移到比较安全的地方储存，以防万一。

面对接下来可能会愈演愈烈的盟军轰炸，千疮百孔的交通系统，以及被严重打乱的物资供应链，原本估计的生产数据必须要以眼前残酷的现实作为基础重新推算，而不是继续一厢情愿地去遵守 227 号或者 228 号计划。新的量产计划如下表所示：

海德菲尔德工厂	1945 年 3 月 2 日前交付 10 架飞机
罗斯托克工厂	1945 年 3 月 5 日前交付 10 架飞机
（容克斯）贝恩堡工厂	1945 年 3 月 10 日前交付 10 架飞机

尽管面临断电、盟军轰炸和运输系统瘫痪等巨大挑战，亨克尔公司依然继续生产工作，但生产环境却极其恶劣。图为 1945 年的"龙虾"工厂，一群技术工人正在监工的监视下组装飞机零部件，不排除是被强迫劳动的奴隶劳工。工人们在地下工厂内长时间劳作，缺乏食物和光照，当他们离开工厂时，他们要在冰天雪地的奥地利境内顶着盟军战略空军的狂轰滥炸，仰赖已经被炸得千疮百孔的运输系统离开。

其他影响高效生产的问题还包括改装飞机的需求，甚至功能正常的飞机也需要进行改装，以及对奴隶劳工的依赖。这些奴隶劳工缺乏积极性，并且没有掌握生产所需的必要技能。他们要在狭窄、阴暗的地下工厂里轮班工作，甚至还得不到足够的口粮。亨克尔公司海德菲尔德已经从汉莎航空公司找来 25 名工人，另外 20 名住在茨韦尔法克兴（Zwölfaxing）当地亨克尔设施的工人也会转移过来。另有 300 多名来自其他地方的工人会加入亨克尔公司，但这些人仍未到位。

尽管存在着诸多不利因素，亨克尔教授依然要求工厂尽最大努力按照计划目标进行生产。特别是考虑到希特勒先前收到的那份报告，里面称在维也纳当地已经有 30 架飞机可供作战使用——但事实显然并非如此。

根据亨克尔公司的"型号大纲"记录，12日是多架飞机（M7 号、M9 号、M10 号、M19号、M20 号、M25 号原型机）的副翼、翼尖、襟翼、机头和机尾组件等各个改装项目的预定完工日期。实际上，这些项目的完工程度并不清楚。

除了在维也纳进行的试飞外，位于柏林-安道尔舍夫的德国航空研究所也在继续使用风洞

地下工厂的一角，摄于 1945 年初，左边的工人正在为 He 162 的机身安装硬铝蒙皮，而稍微靠右的两位工人则在用电动机械加工木制零件。在远处，另外一位工人正在操作机床，他们头顶上的电灯提供的光照非常有限。

1945 年初，"龙虾"内，一位领班从几位正在处理管线的工人前方走过，考虑到地下工厂的生产条件，这间工厂的产量实在是令人印象深刻。

对翼展为 1.2 米的 He 162 模型进行测试，以评估其高速飞行性能。测试在 2.7 米长的风洞内进行，于 2 月 10 日完成。测试结果基本上再次证实了之前空气动力学家们和工程师们早就知道的事实——这架飞机的横向稳定性存在很大的缺陷。

1945 年 2 月 13 日，在第六场针对当地的空袭中，来自美军第 15 航空军的重型轰炸机群轰炸了维也纳地区的火车站和铁道修理厂。这是盟军第一次针对维也纳市内及周边的铁路货站和炼油厂进行的昼间轰炸。五天前刚刚完工，并且短暂地参与陀螺瞄准具测试的备用原型机 M31 号在这场轰炸中受损。

14 日，两台 Jumo 004 发动机被运送到位于后布吕尔的"龙虾"工厂，这些发动机计划要安装在 M11 号原型机上进行测试。

15 日，报告称 M9 号原型机（工厂编号 200009，机身号 VI+II）——一架无武装的双座型飞机——完成了建造工作。

容克斯的贝恩堡工厂也在铆足了劲地生产 He 162。在 2 月 15 日下午时分，容克斯公司的试飞员赫尔曼·斯特克汉（Hermann Steckhan）驾驶着该工厂生产的第一架量产型飞机——工厂编号 310001——进行了时长为 20 分钟的首次试飞。值得注意的是，这架飞机安装了早期 He 162 原型机的机翼，并没有安装"利皮施之耳"。这次试飞显然没有遭遇任何问题。斯特克汉同时还在容克斯"樹寄生"飞机计划的试飞工作中扮演着重要的角色。

回到维也纳，装有 MK 108 航炮的 M14 号原型机正准备安装亨克尔-赫斯公司的 HeS 011 型发动机。与此同时，弗兰克写了一封信给亨克尔公司建筑维护部门的哈伯勒先生（Haberer），向其抱怨海德菲尔德机场从机库到跑道头的滑行道路况非常糟糕。这条滑行道原来只是草地，现在已经变得非常泥泞，布满轮胎的痕迹。更加糟糕的是，在一次滑行中，M20 号原型机陷进了 50 号机库和跑道之间的泥泞里动弹不得，这很有可能会严重损坏飞机。弗兰克写道："由于你手头上有 100 多号人，所以这段路应该只需要几个小时就能修好。"

同样是在 15 日，先前在 2 日柏林会议上定下由维也纳地区原型机生产部门负责生产和修正量产型飞机的这个决定被推翻了。亨克尔公

几位容克斯公司的工程师正站在这架工厂编号为 310001 的 He 162 战斗机身旁。

司的总经理弗莱达格指示所有主要生产组件都会交给阿梅-卢瑟-塞克公司（Amme-Luther-Seck Werk，ALS Werk，后文简称 ALS 公司）负责，不过在 2 月 28 日之前仍由原型机生产部门继续建造。ALS 公司是一家位于维也纳-阿茨格尔斯多夫（Wien-Atzgersdorf）的公司，他们将会负责"改造"12 架停放在海德菲尔德机场 7 号机库内的飞机，以及从阿茨格尔斯多夫、维也纳新城（Wiener-Neustadt）和特勒辛费尔德等地生产出来的飞机。这 12 架飞机分别是：

飞机编号	工厂编号	机身号
He 162 M21（A-04）	220004	VI+IN
He 162 M22（A-05）	220005	VI+1O
He 162 M23（A-06）	220006	VI+IP
He 162 M24（A-07）	220007	VI+1Q
He 162 M26（A-09）	220009	VI+IS
He 162 M27（A-010）	220010	VI+IT
He 162 M28（A-011）	220011	VI+IU
He 162 M29（A-012）	220012	VI+IV
He 162 M30（A-013）	220013	VI+IW
He 162 M14（A-015）	220015	VI+IY
He 162 M15（A-016）	220016	VI+IZ
He 162 M11（A-017）	220017	—

注：M14 与 M15 两个编号仅在表格上存在，实际上并未有飞机使用。

这些飞机的改造工作开始于 2 月 20 日。与此同时，亨克尔原型机生产部门则负责改造以下 13 架飞机：

飞机编号	工厂编号	机身号
He 162 M2	200002	VI+IB
He 162 M3	200003	VI+IC
He 162 M4	200004	VI+ID
He 162 M8	200008	VI+IH
He 162 M9	200009	VI+II
He 162 M10	200010	VI+1
He 162 M11（A-017）	220017	—
He 162 M12（A-018）	220018	—
He 162 M18（A-01）	220001	VI+IK
He 162 M19（A-02）	220002	VI+IL
He 162 M20（A-03）	220003	VI+IM
He 162 M25（A-08）	220008	VI+IR
编号未知的 He 162		

注：M9 和 M10 号均是教练机。

在亨克尔的原始文件中标记为一架编号为 011 的飞机将会预定在海德菲尔德接受改造，这可能指的是 M11 号原型机，但是 M11 号原型机的编号同时也出现在 ALS 公司负责的飞机改造名单上。

M11 和 M12 安装 Jumo 004 型发动机。

编号未知的 He 162 将会是第二架加长机身的飞机，但是亨克尔的技术部门仍未决定这架飞机的具体原型机编号。

由于 ALS 公司将要负责部分的飞机最终组装工作，双方同意把原本在海德菲尔德 7 号机库内工作的普通德国工人和"囚犯"组装工人转交给亨克尔公司的试飞测试部门。接下来，ALS 公司将会负责发动机、机身和完整机尾组件（包含尾翼和未经平衡的方向舵）的验收和交付工作，这些产品将会从"龙虾"工厂处获得。"不过，"弗莱达格记录道，"发动机将会一直保存在'龙虾'工厂内，直到改造工作需要用到时再运出来，避免因为敌方攻击而遭受损失。"

实际上，当弗莱达格的指示还在预备的时候，第 15 航空军的轰炸机部队就已经连续三次空袭维也纳地区，他们轰炸了一座炼油厂、五个位于不同地点的货场，一个货站以及一个铁路编组站。维也纳新城，格拉茨（Graz）以及克拉根福（Klagenfurt）也成为目标。根据弗兰克的说法，到了 18 日，施韦夏特地区内有 80% 的建筑已经被彻底夷为平地。现在，亨克尔和他的分包商们不仅没有收拾好这款赶工研制的喷气式战斗机的手尾，并且还要面对运输系统彻底停摆的残酷事实。在 2 月 18 日的周报中，弗兰克描述了轰炸所造成的破坏，并且陈述了 He 162 生产工作所面对的断电、运输困难和试飞时间缩短等问题。

从 V1 号到 M30 号，整整 30 架原型机所使用的优秀部件均是由位于海德菲尔德的 47 号机库准备的，这座机库即将转交给 ALS 公司使用。ALS 计划带来 20 名从东线征召而来的外籍工人，所以他们需要翻译人员协助。另外，还要为 ALS 公司的德国工人提供宿舍。

16 日，皇家空军的一架侦察机拍摄到了一架正准备降落在施韦夏特的 He 162，虽然无法精确估算飞机的着陆速度，但是可以确定的是这架飞机在着陆时使用了 1725 码（1577 米）长的跑道减速。

17 日，M25 号和 M26 号原型机在同一天进行首飞测试，其中驾驶 M25 号原型机首飞的是格留维茨上士。第二天，M28 号和 M29 号原型机同样完成了它们的首飞，这两架飞机均使用了海德菲尔德制造的延伸和加强型机身，并安装了 MK 108 型航炮。M29 号原型机被分配为备用飞机，主要负责进行武备试验。

同样是在这一周，安装了用于提高稳定性的扩大型尾翼的 M3 号原型机在福尔的操纵下进行试飞。它在 2500 米的高度上达成了 880 公里/小时的最高飞行速度。截至此时，He 162 一共进行了 134 次试飞，累积试飞时间为 32 小时 19 分钟。在 2 月 13 日至 18 日的一周时间内则进行了 31 次试飞。

新的一周开始了。19 日，最近才被任命为"打击敌人四引擎轰炸机行动负责代表"的约瑟夫·卡姆胡贝尔（Josef Kammhuber）空军上将向弗莱达格表达了他自己的意见，他声称 He 162 根本不适合参与作战。如果觉得这点批评还不够的话，德国空军最高统帅部的总参谋埃克哈德·克里斯蒂安（Eckhard Christian）少将向弗莱达格抱怨称"He 162 很难被驾驭"。针对这项批评，弗兰克仅草草地回应道："我会给克里斯蒂安少将一个答复！"

同日，塔尼维茨试验场的工作人员记录下

1945 年 2 月中旬，被任命为"打击敌人四引擎轰炸机行动负责代表"的约瑟夫·卡姆胡贝尔空军上将（图中左三）提出了自己针对 He 162 项目的批评意见。

了亨克尔罗斯托克和曼瑞纳亨工厂使用 He 162 A-2 型飞机进行 MG 151/20 航炮试射的情况，这些航炮能够正常射击，没有问题。但是他们没有记录下维也纳地区进行 MK 108 航炮试射的情况。塔尼维茨的报告指出："进一步的飞行测试（在 5 天之内进行）是有必要的。"

亨克尔公司似乎在为 He 162 双座滑翔教练机生产项目寻找工人的时候遇上了问题，考虑到弗莱达格在几天前才估计 7 号机库内会有富余的德国工人和"囚犯"，出现这样的问题是非常奇怪的。He 162 滑翔机被指定为 He 162 S 型，S 代表单词 Spatz——德语中的"麻雀"一词。为该项目建造的一架原型机在试飞员哈塞（Hasse）的驾驶下，于 1945 年 3 月 28 日完成了首次试飞，没有出现问题。在此基础上，有人提出了要进一步建造一架可以被拖带上天的原型机的建议。其他的建议还包括在机背上安装一台假的发动机，不过飞机的起落架仍然会保持固定状态。

21 日，再有三架 He 162 原型机——M35 号（工厂编号 220023）、M36 号（工厂编号 220024）和 M37 号（工厂编号 220025）在"龙虾"工厂内进行改造，以便将飞机的油箱和武备更改至最新

配置。同日下午，在位于贝恩堡的容克斯工厂，试飞员斯特克汉驾驶着工厂编号为 310002 的 He 162 战斗机进行了时长约 10 分钟的试飞，这次试飞似乎也没有遇到问题。

斯特克汉接下来将要驾驶 He 162 进行超过 20 次试飞。在回忆录中，他讲述了一个在贝恩堡发生的、令人震惊的故事。当时，他发动了一架飞机准备起飞，在滑行的过程中，他感觉这架飞机的状态"不大对劲"，经常会朝着一边偏移。于是他决定中止试飞，并且操纵飞机滑行返回机库。他把自己遭遇的问题告诉工程师，但是工程师却仅仅对他耸了耸肩。于是乎，斯特克汉立刻抓起一把锯子，二话不说就把这架飞机的翼尖给锯掉了。结果，通过观察机翼的断面，他发现这个机翼所使用的木材规格比原先规定的要厚得多！

在对其机翼配件进行小修小改后，M19 号原型机有望在 2 月 24 日（星期六）的晚上做好试飞准备。而第二架类似的"测试平台（Versuchstrager）"，即 M35 号原型机，也有望很快在"龙虾"工厂准备好。而到了周日，M22 号原型机在完成了对翼根的调整后也会做好准备，同样做好准备的还有作为后备机的 M36 号原型

唯一一架 He 162 S 型双座滑翔教练机，摄于 1945 年 3 月。这款飞机原计划用于训练 NSFK 提拔出来的飞行员，但最终仅完成一架样机。这架样机曾进行过至少一次试飞，但在战争结束前，没有更多的同型号飞机被生产出来。

机。除此之外，亨克尔公司预测 M23 号原型机将会在 27 日准备就绪，它将会接受类似 M19 号原型机的改装，而 M37 号原型机则会作为它的备份机。

第二天，格哈德·格留维茨上士驾驶着 M21 号原型机，在首次试飞中达到了 955 公里/小时的最高时速，这架飞机装有 2 门 MG 151 航炮。而 M22 号原型机也在同日进行了首飞，并且测试了新的翼根整流带。

回到贝恩堡，飞行测试还在继续。斯特克汉驾驶着工厂编号为 310004 的 He 162 战斗机，在一次时长为 20 分钟的试飞中，飞出了 750 公里/小时的最高速度。短短一个小时后，他驾驶着工厂编号为 310008 的 He 162 战斗机，进行了时长为 23 分钟的试飞。而在当天下午，他再次

驾驶工厂编号为 310004 的 He 162 战斗机升空进行试飞。

24 日，M30 号原型机起飞进行首次试飞测试，它将会被用来进行武器测试评估以及测试 EZ 42 型陀螺仪瞄准具。但讽刺的是，弗兰克已经留意到，由于上周盟军针对德累斯顿的轰炸，位于耶拿（Jena）、负责生产 EZ 42 型瞄准具的卡尔·蔡司工厂实际上已经停产。而自 1 月 25 日以来，塔尼维茨试验场就一直在询问何时才能够为 He 162 进行测试安装 EZ 42 型瞄准具的工作。在给凯斯勒的电报中，弗兰克写道："我听说在下个月拿到 EZ 42 型瞄准具是没有问题的，特别是因为所有库存都已经预留给了 Me 262 项目。我急需 20 到 50 套这种瞄准具，来让 He 162 进入投产阶段。如果让只配备 2 门航炮的

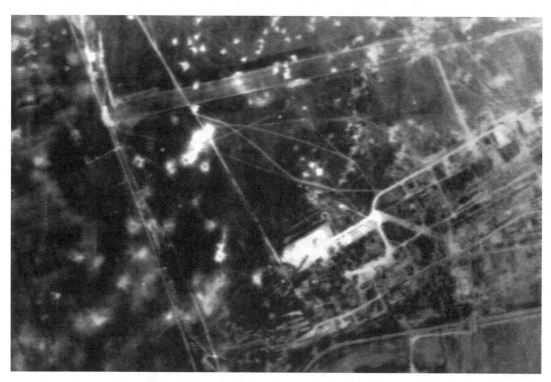

1945 年 2 月，盟军侦察机拍摄的施韦夏特机场，可见机场内布满了弹坑。根据弗兰克的说法，到了 2 月 18 日，施韦夏特地区 80% 的建筑已经沦为废墟，在这种条件下，亨克尔公司依然能够继续生产 He 162，这不得不说是一个奇迹。

He 162 像 Me 262 那样装上 Revi 型瞄准具来投入战斗的话将会是一件坏事，我担心这样做会有风险。"

同样是在 24 日，亨克尔公司下令要在海德菲尔德机场的草坪上进行起飞试验，但是这项试验要等到草坪上盟军轰炸时留下的弹坑全都被填平后才能够进行。弗兰克下令要求把这项工作当作紧急事项处理，最迟在 3 月 3 日之前完成。

在维也纳，尽管当地的 B4 号燃油库存已经耗尽，但有证据显示仍有残余的油料足够让 M31 号原型机完成它的首飞。与此同时，同日进行试飞的还有 M20 号原型机，该机在降落时损伤了它的右翼和方向舵，当天负责操纵 M20 号原型机试飞的是弗兰克。而在贝恩堡，斯特克汉驾驶着工厂编号为 310007 的 He 162 战斗机升空，进行了一场时长为 22 分钟的试飞。

26 日，He 162 项目再度遭受打击。当天下午 2 点 55 分，M3 号原型机坠毁在施韦夏特机场以东 1 公里处，驾驶飞机进行试飞的是试飞员福尔。再一次地，这场悲剧被归咎于飞机的横向稳定性不佳。地面上的一位目击者报告称，福尔曾试图在 215 米高度上跳伞逃生，但是他的降落伞起火了。而在早前的测试中，M3 号原型机曾一度达到 880 公里/小时的最高飞行速度。

同样是在这周，M35、M36、M37 和 M41 号原型机被安排参与加长机身的改装工作。

1945 年 2 月 26 日，周一——1945 年 3 月 11 日，周日

1945 年 2 月下旬，曾经不可一世的第三帝国已经濒临崩溃，但是仍在垂死挣扎。尽管苏军已经在奥得河上取得突破点，但同盟国依然没有完全突破西边的莱茵河和东边的奥得河防线。在 24 日柏林的一次讲话上，希特勒对着他手下的高官们说道："今天，你们可能看到我的手有时候在颤抖，甚至我的头也开始颤抖起来，但是我的内心决不会动摇。"

然而，在遥远的南部城市维也纳内，亨克尔公司已经制订了明确的计划，至少要把他们的技术部门搬迁到罗斯托克去，他们认为那里是更加安全的地方。

容克斯公司报告称，第一架 He 162 已经准备好从贝恩堡转场。与此同时，前来接收飞机的德国空军"接收中队（Auffangsstaffel）"的 10 名飞行员已经在奥古斯特·哈赫特尔（August Hachtel）中尉的带领下抵达海德菲尔德，准备接收从生产线上下线的 He 162，他们均来自 JG 1 联队的第二大队。亨克尔公司的技术人员报告称："这些家伙迫不及待地想要接手技术员们正在准备的 He 162 战斗机。一旦技术员们完成准备工作，他们就立刻接管了飞机。"弗兰克在 3 月 2 日记述道，哈赫特尔中尉的手下"拥有令人难以置信的意志，竭尽全力地完成每一件事情，这些人一心只想着拿到 He 162。必须尽快向这些人提供可飞行的飞机，并且让海德菲尔德当地的人员教导他们如何驾机飞行。He 162 这款飞机是在短得令人难以置信的时间内研发出来的，因此也必须在短得令人难以置信的时间内提供给前线使用"。

作为第一步，M19 号原型机被分配给"接受中队"的飞行员使用，他们的最高飞行时速被限制在 500 公里/小时以内，飞行高度不得超过 3000 米，而飞行时间也不能超过 15 分钟。

26 日，M30 号原型机（另有编号 A-013）被送回车间接受修改，内容包括襟翼和方向舵、机尾组件、机头，以及安装一套暖风加热系统。

在 2 月末，M23 号原型机（该机在 25 日从"龙虾"工厂转移至海德菲尔德）和 M10 号原型机做好了参与常规飞行特性评估试飞的准备。

在 2 月，M22 号原型机曾因为发动机停车而紧急迫降。在着陆时，飞机的仪表显示油箱内还有很多燃油。后来的调查显示，在飞机进行负 G 力机动的时候，油箱内的燃油被抬到油箱的上方，远离油泵管路的入口。这导致供油管路内部出现气阻，使得飞机的发动机无法重新启动。直到战争结束，亨克尔公司依然没有克服这项缺陷。

在 2 月的某些时候，M11 号和 M12 号原型机做好了安装 Jumo 004 发动机进行试飞的准备，这两架原型机分别安装了 MG 151 和 MK 108 型航炮。这两架原型机在 2 月 14 日的时候都停在位于默德灵的"龙虾"工厂。M15 号原型机的机身在 2 月 28 日被留出用于安装亨克尔-赫斯 HeS 011 型发动机，但这架飞机永远没有飞上蓝天。

直到 2 月月底，只有 9 套 FuG 24 型无线电设备可供使用，导致这种情况的原因大概是盟军的轰炸截断了运输系统和供应链。

时间来到了 3 月，在 3 月 1 日，M27 号原型机(另有编号 A-010)进行了首飞，这架飞机的配置与 M25 号原型机类似。M25 号原型机在 2 日的测试飞行中受损 60%，驾驶它的德国空军飞行员格尔德·帕沃尔卡(Gerd Pawolka)设法跳机逃生，并成功逃离了飞机。由于这次事故，有人提议增加另一架加长机身的飞机，这是第三架参与这种改装的飞机。被选中的是 M41 号原型机，它将从"龙虾"工厂的"0"系列生产线上取下。

美军的重型轰炸机在 2 日再度轰炸了奥地利境内的多个目标。停放在维也纳机库内，安装 MG 151 航炮的 M7 号原型机在轰炸中受损。

2 日，参与"0"系列改装的三架飞机已经确定为 M35、M36 和 M37 号原型机，它们将会在 3 日至 4 日间送到海德菲尔德接受改装。这些飞机配备了新型改良机翼和着陆襟翼，并且将会用于高速飞行试验。下一架完成的原型机还没有获得原型机代号，它将会从"龙虾"工厂转移至海德菲尔德，并且在那里接受亨克尔公司和 ALS 公司的修改。

直到此时，弗兰克对这款飞机的信心依然没有动摇。在 3 月 2 日的一份报告中，他认为"当 He 162 最终准备好时，它将成为对于德国现有资源来说最具有经济价值的飞机，并且必将受到追捧。除了我们之外没有人能够做到这一点"。

3 月 4 日，当 He 162 试飞项目累计进行了 191 次、总时长为 48 小时 12 分钟的试飞后，第二批 5 位德国空军飞行员在 JG 1 联队第三大队的卡尔-埃米尔·德穆斯(Karl-Emil Demuth)中尉的指挥下抵达维也纳。他们受命要驾驶国民战斗机保卫罗斯托克的亨克尔工厂。问题是，罗斯托克工厂内根本没有飞机可用。维也纳也差不多，只有 M19 号原型机可供使用，不过这架飞机正被哈赫特尔中尉的组员们占用。别无选择，德穆斯中尉只好带队返回帕尔希姆(Parchim)。

同日，隶属试飞计划的 M22 号原型机由登青上士(Denzin)驾驶进行翼根强度测试飞行中遭受 15% 的损伤。而在贝恩堡，活跃的斯特克汉继续试飞容克斯工厂生产的 He 162 战斗机。他在 3 月 6 日的早上驾驶着工厂编号为 310012 的 He 162 战斗机进行了 23 分钟的试飞。随后又在下午时分驾驶工厂编号为 310014 的 He 162 战斗机进行了 18 分钟的试飞。第二天，斯特克汉四度驾驶 He 162 升空试飞，(四架试飞的飞机工厂编号分别是 310004/310008/310007 和 310012)除此之外甚至还驾驶其他型号的"槲寄生"式飞机进行了一次试飞。8 日上午，他继续驾驶工厂编号为 310013 和 310012 的 He 162 战斗机进行试飞。斯特克汉将继续驾驶多架 He 162 型战斗机进行试飞，直至 3 月 27 日。

3 月 9 日，宝马公司决定要将发动机使用的燃料从 B4 号更换为 J2 号。同日，登青上士在驾驶一架编号不明的原型机试飞时，在 5000 米高度上飞出了 955 公里/小时的最高时速。但当飞机正要着陆的时候，发动机突然熄火了，导致飞机发动机熄火的原因和 2 月下旬 M22 号原型机所遭遇的问题完全一致。

两日后，容克斯公司报告称他们已经完成了 70 个机身，但是没有飞机的起落架可用，于是弗兰克命令他们为飞机安装 Bf 109 的起落架。

截至此时，He 162 一共飞行了 211 架次，总飞行时间为 51 小时 13 分钟。后续试飞中又遭遇了多次发动机停车事故。由于担心飞机和飞行员会遭遇危险，雷希林试验场下令对飞机实施以下速度限制：在 0 至 5000 米高度飞行时，飞行速度不得超过 750 公里/小时；在 5000 至 7000 米高度飞行时，飞行速度不得超过 600 公里/小时；在 9000 至 11000 米高度飞行时，飞行速度不得超过 400 公里/小时。

3 月 11 日，据报 M6、M24、M27 号三架原型机停放在海德菲尔德，而安装 Jumo 004 B 发动机的 M11 和 M12 号原型机则停放在特勒辛费尔德，同样身处当地的还有 M37 号原型机。M27 号原型机在 12 日接受了加固尾翼的改装工作。

1945 年 3 月 12 日，周一——1945 年 3 月 25 日，周日

3 月 12 日是非常糟糕的一天。首先遭殃的是配备 2 门 MG 151 航炮的 M8 号原型机，它在进场着陆时，发动机在 100 米高度上突然熄火。飞机翻滚着撞上了距离跑道头不远约 2 米高的路堤，并且燃烧起来。尽管驾驶舱被撞毁，大部分飞机结构也付之一炬，但是驾驶飞机的飞行员万克（Wanke）上士却奇迹般地从机身上的一个破洞逃了出来，他只遭受轻微的擦伤和烧伤。同日，格留维茨上士在驾驶 M26 号原型机着陆时撞坏了这架飞机，该机遭受 60% 的损失。

从更实际的角度考虑，M27 号原型机在海德菲尔德接受了加强机身和驾驶舱的改装工作。两天后，另外一架飞机在试飞中坠毁。经过一次失败的进场着陆尝试后，M19 号原型机在复飞后进行第二次进场着陆尝试。而在第二次进场着陆中，飞机撞上了跑道不远处的一堆木桶，翻滚着摔在了地面上，燃起了大火。第一次驾驶国民战斗机升空的陶茨（Tautz）在坠机中被甩出驾驶舱身亡。调查认为，飞行员失误是导致这次事故的主要原因。这架飞机本来预期要测试一个 20 度的 V 型尾翼，并且与 M3 号原型机作对比试飞。

14 日，格留维茨上士似乎已经从 M26 号原型机的着陆事故中恢复过来，他驾驶着作为备用的 M33 号原型机（工厂编号 220021）进行了首次试飞。

3 月 16 日，亨克尔公司发布了一份新的详尽机型手册，名为"喷气式战斗机 162（Strahljäger 162）"。这款新机型装备的是 Jumo 004 D/E 型发动机，以及两门备弹为 50 发的 MK 108 型航炮——尽管此时该款航炮已经没有可用的库存。

17 日，来自亨克尔公司飞行测试部门的鲍曼博士与两位试飞员凯姆尼茨少尉和舒克，在海德菲尔德展开了一场关于飞行速度与油耗的讨论。刚刚开始参与飞行测试的 M32 号原型机配备了一台使用 B4 号燃油的 BMW 003 发动机，并且进行了测试来评估相关数值。然而，由于随后生产的飞机使用的是 J2 号燃油，因此测量 B4 号燃油的油耗数据是没有任何价值的。

截至 1945 年 3 月 18 日，He 162 试飞计划已经进行了 255 次试飞，总飞行时间为 55 小时 10 分钟。

在 3 月下旬，亨克尔公司与宝马公司就是否需要安装一台额外的火箭助推器发动机(以及其所使用的燃料)进行了大量的沟通。安装这款发动机的目的是给 He 162 提供额外的推力，使其起飞和爬升速度更快。类似的实验已经在莱希费尔德展开，为计划中的 Me 262 C-2b "祖国守卫者(Heimatschützer)" 型火箭-喷气式复合动力战斗机安装 BMW 003 R 型火箭-喷气式复合发动机。这款复合式发动机由一台 BMWP 3395 型火箭发动机和一台 BMW 003 A 型发动机组成，火箭发动机通过消耗 R 燃料(R-Stoff，一种有机胺混合物)和 SV 燃料(SV-Stoff，一种由 90%～98%浓硝酸和 10%～12%硫酸混合而成的溶液)作为燃料，这两款化学物在相互接触时会燃烧。这个火箭发动机可以在 3 分钟内为 Me 262 提供额外的 1000 公斤推力。火箭发动机的燃料泵通过一个 125 马力的延伸传动轴与喷气式发动机的电力-液压系统耦合。然而，问题出现了，这些燃料不仅容易挥发，而且油箱密封性和耐压性也有问题，电气线路还会出现故障。

而在 He 162 身上，火箭发动机的安装位置则选在了后机身的下方，向左偏移。然而，使用三款不同的燃料存在一定的风险。根据 1945 年 3 月 12 日的一份图纸显示，至少需要装载三款不同的燃料来驱动 BMW 003 发动机和火箭发动机。首先，需要一个储存 470 升航空燃油的油箱负责为喷气式发动机提供燃料，而另一个装有 560 升 S 燃料(S-Stoff)和两个装有 380 升 T 燃料(T-Stoff)的油箱将会装载用于驱动火箭发动机的相应燃料。图纸上有一道注释，称机翼将不得不后移 200 毫米以补偿重量变化。

预计这款装置将会从滑跑起飞的那一刻开始提供 1800 公斤的推力。飞机爬升至 10000 米

Me 262 C-2b "祖国卫士 2 型"，工厂编号 170074，正在测试 BMW 003 R 型火箭-喷气复合动力发动机，摄于 1945 年 3 月 23 日。与此同时，亨克尔公司和宝马公司也在研究为 He 162 安装火箭推进系统的可能性，以此在起飞和爬升阶段为飞机提供其所需的推力。然而，在莱希费尔德使用 Me 262 进行的测试工作暴露出耐压性和电气故障等一系列问题，导致宝马公司为两款机型安装类似系统的计划走进了死胡同。

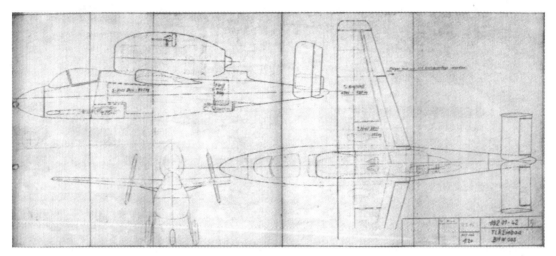

亨克尔公司于 1945 年 3 月 12 日绘制的 162 01-42 复合动力机型草图。

高度所需的时间为 2 分 47 秒，爬升率为 98 米/秒。在 10000 米高度上的飞行时间为 44 分钟。预计在 5000 米高度上的最高飞行速度可达 985 公里/小时，而在大于 10000 米高度上的最高飞行可达 965 公里/小时。

3 月 19 日，弗兰克和宝马公司的布鲁克曼（Bruckmannn）博士在一次通信中谈到了对燃料混合挥发性的担忧。而在 27 日，宝马公司的胡贝尔（Huber）先生和亨克尔公司的赖尼格（Reiniger）先生联合发表了一份报告，这份报告

战争结束后，停放在慕尼黑-里姆一处已被炸弹炸毁的机库内的 M23 号原型机，工厂编号 220006，它的驾驶舱盖和前起落架轮胎已经不翼而飞，机首上的黑色标记"M23"清楚地表明了它的原型机身份。

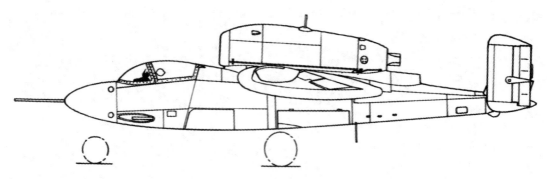

M23 号原型机的侧视图，留意其翼跟安装了改良后的整流罩。

的结论是，让宝马公司研究将 BMW 003 发动机的推力从 800 公斤提高到 1000~1100 公斤的可行性远比在 He 162 身上安装复合动力发动机实际得多。

至少有一份幸存的亨克尔公司文件证实，自 3 月 19 日开始，"火蜥蜴"这个代号开始被更广泛地用于指代 He 162 计划。同样是在 19 日，格哈德·格留维茨上士再度驾机起飞，他驾驶着安装了 M19 号原型机机翼的 M23 号原型机，测试了新的机身和翼根整流罩。

23 日，弗兰克在亨克尔公司设计师卡尔-奥托·巴特（Karl-Otto Butter）的陪同下，飞往贝恩堡的容克斯工厂见证第一架容克斯工厂量产型飞机的交付工作。不久后，这架量产型飞机就会先后到罗斯托克和奥拉宁堡地区进行飞行。

1945 年 3 月 26 日，周一——1945 年 4 月 8 日，周日

尽管亨克尔公司为了完成 He 162 试飞计划投入了大量的精力，但是 He 162 依然未能投入作战使用。在海德菲尔德，哈赫特尔中尉和他手下的 JG 1 联队飞行员们已经失去了耐心。哈赫特尔中尉显然对 He 162 这款飞机提不起兴趣，因为他认为这款飞机的续航时间太短了，至少需要再延长 40 分钟。他想回到柏林去报告，因为承诺交付给他的飞机并没有交付。无论如何，在接下来的一周开始时，哈赫特尔中尉收到了"停止飞行"的命令，这道命令取消了他的小队接下来所有的飞行活动。发出这道命令的原因是德国空军验收部门（Bauabnahme der Luftwaffe）命令所有已完成的 He 162 飞机只能用于测试。

在航程这个问题上，亨克尔公司于 27 日发布了一份题名为"油箱位置"的规范，他们匆忙地把两个刚刚勾勒出来的紧急燃料油箱放入 He 162 的设计中。在机身 470 升主油箱的前方加入一个容量为 160 升的新油箱，并且还可继续增加一个容量为 120 升的油箱。加上这个容量为 160 升的油箱后，飞机的总燃油容量增加至 630 升，后续进一步规划要在机翼上增设容量分别为 280 升、680 升甚至 900 升的油箱。这三款设计对应在 11000 米高度飞行的续航时间分别为 1 小时 32 分、2 小时 16 分和 2 小时 35 分，飞机总重则分别为 2775 公斤、3115 公斤和 3300 公斤。与此同时，所需的起飞距离也分别增加到 900 米、1150 米和 1320 米。

由位于柏林-斯平德勒斯菲尔德（Berlin-Spindlersfeld）的杜科公司（Duco）生产的油箱仍然存在密封问题。3 月 12 日，位于措伊伦罗达-特里贝斯（Zeulenroda-Triebes）、为德国空军航空设备技术部处理材料供应问题的相关部门表示，He 162 油箱的密封问题"关乎到这款飞机能否参与作战行动"。

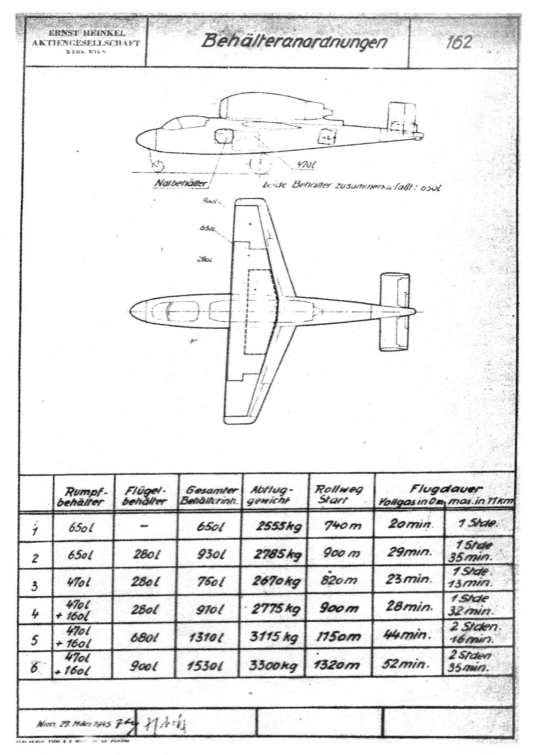

	Rumpf-behälter	Flügel-behälter	Gesamter Behältrinh.	Abflug-gewicht	Rollweg Start	Flugdauer Vollgas in 0 m, max. in 11 km	
1	650 l	–	650 l	2555 kg	740 m	20 min.	1 Stde.
2	650 l	280 l	930 l	2785 kg	900 m	29 min.	1 Stde 35 min.
3	470 l	280 l	750 l	2670 kg	820 m	23 min.	1 Stde 13 min.
4	470 l + 160 l	280 l	910 l	2775 kg	900 m	28 min.	1 Stde 32 min.
5	470 l + 160 l	680 l	1310 l	3115 kg	1150 m	44 min.	2 Stden. 16 min.
6	470 l + 160 l	900 l	1530 l	3300 kg	1320 m	52 min.	2 Stden 35 min.

1945 年 3 月 27 日发布的油箱布局订正文件，其中展示了准备安装在驾驶舱后方的紧急油箱，以及安装在机身后方的 120 升油箱。

该部门强调，在生产油箱时，确保油箱进行了正确和充分的密封是所有相关方的重大责任。油箱使用的所有材料都应该是最优质的，所有区域都需要充分黏合，禁止使用钉子。

由于使用 P600 型黏合胶可以达到最好的密封效果，因此亨克尔公司下令将所有油箱使用的黏合胶从尿素树脂接合剂更换为 P600 型黏合胶。与此同时，密封漆应该用刷子通过手工刷至油箱内的所有区域，包括那些"看不到的角落"，并且要借助放大镜的辅助。油漆和硬化剂要以 9∶1 的比例进行混合，保持比例的准确性是至关重要的。在密封之前，要小心翼翼地清洁需要密封的区域，必要的话使用抽真空机。在燃油管路进出的孔洞处，需要使用一种特殊的粘胶进行填充。作业时的气温不能变冷，整个机翼结构至少要在恒温环境下保存 20 分钟。为了检查密封是否成功，必须要进行压力测试。

自 12 月 6 日以来，盟军侦察机在施韦夏特地区上空总共拍摄了 16 张照片，并且辨识出了 29 架 He 162。"毫无疑问，这款曾被称为'施韦夏特 25'的小飞机就是德国人的新型单引擎喷气式战斗机，也就是 162 型或'国民战斗机'，因此先前的代号不再继续使用。"皇家空军的判读员写道，"大多数时候，被拍摄到的 He 162 都处在跑道上，有的时候是跑道的一端，有的时候则是跑道的另一端。然而，在 1945 年 2 月 16 日，3 至 5 架飞机(连同一架 He 219)出现在中央机库的外面。而在 1945 年 1 月 4 日，一架 162 出现在了机库附近的主滑行道上。"

截至 27 日，亨克尔公司的 He 162 试飞项目已经完成了 259 次试飞，总飞行时间 65 小时 21 分钟。另外，有望在 3 月生产出下列数量的飞机：

贝恩堡	18 架
罗斯托克	10 架
奥拉宁堡	5 架
路德维希卢斯特	10 架
维也纳	15 架

27 日，容克斯公司的试飞员海因里希·奥斯特瓦尔德(Heinrich Osterwald)驾驶工厂编号为 310018 的 He 162 战斗机进行了时长为 14 分钟的飞行。他在自己的飞行日志上把这次飞行标记为"BMW 的'火蜥蜴'"。而同样是在 27 日，斯特克汉在下午 4 点 58 分驾驶着工厂编号为 310001 的 He 162 战斗机从贝恩堡的"工业机场(Industrieflughafen)"起飞进行飞行测试。刚起飞后不久，发动机就出现故障，斯特克汉记录道："27 日 16 时 58 分，我驾驶着'1'号 He 162 进行验收试飞。起飞很顺利，飞机爬升得挺快。正当我飞到机场边缘时，发动机突然开始震动起来。油压缓缓下降。我迅速将起落架从'收起'位降下，解除起落架锁定。我切断了发动机供油并迫使其紧急停车。过了好一会儿，我才从震惊中恢复过来。"

斯特克汉迫降后，他的飞机被判定损毁程度达到 85%，他随后被送到医院接受治疗。

JG 1 联队预定要接收 18 架由贝恩堡生产的飞机和 7 架由维也纳生产的飞机。但在 28 日，哈赫特尔中尉收到了一份电传消息，告知其只有在宝马发动机所使用的油料转换为 J2 号燃油后，才能接收这些 He 162 战斗机。与此同时，在可能的情况下，7 架飞机将会被转送至莱希费尔德进行飞行测试。哈赫特尔中尉此时身处的具体位置不明。

然而，在 3 月 27 日，首批 3 架 He 162(未能确定这些飞机是何处生产的)已经交付给驻扎在巴尔特的第 1 飞机转场联队（Flugzeugüberfüh-rungsgeschwader 1，缩写 F. L. Ü. G 1），其后又在 31 日和 4 月 3 日各交付 1 架飞机。

28 日下午稍早时分，工厂编号为 120082 的 He 162 战斗机在罗斯托克-曼瑞纳亨进行飞行测试。

29 日，M42 号原型机（工厂编号 220030）报告称已经完成了进行发动机试车的准备工作。而在贝恩堡，试飞员奥斯特瓦尔德驾驶着工厂编号为 310015 的 He 162 战斗机进行了时长为 18 分钟的试飞。到了 31 日早上，工厂编号为 120068 的 He 162 战斗机在罗斯托克-曼瑞纳亨进行试飞。而在下午，工厂编号分别 120076 和 120070 的 He 162 战斗机也分别进行了试飞。

然而到了此时，战败已不可避免。在 1945 年 4 月 1 日，希特勒把它的总部从柏林的总理府大楼搬到了后方的"元首地堡"里，这是一个充满失败气息的举动。与此同时，在莫斯科，斯大林则轻蔑地向他手下的指挥官问道："现在，谁将第一个进入柏林，我们还是盟军？"

颇具讽刺意味的是，同日在汉堡，希姆莱对当地的官员称，同盟国之间的分歧，以及即将大量出现的新型喷气式战斗机将会拯救德国。此时，党卫军开始介入与之相关的事项。在德国南部，德国空军的机动运输车辆指挥权被交给希特勒个人指派的喷气式战斗机生产与作战部署全权代表、党卫队副总指挥汉斯·卡姆勒（Hans Kammler）负责。在 3 月底，希特勒命令卡姆勒指挥所有必要的喷气式飞机开发、测试和生产工作，并且协调所有必要的后勤行动，这些工作之前由帝国武器与战争生产部负责。他还负责指挥喷气式飞机的生产工作直至其进入作战部署状态。希特勒的命令如下："卡姆勒听命于我个人，由我全权负责。国防军、纳粹党和帝国相关部门要协助他履行职责，并且执行他所下达的命令。"

回到维也纳，当弗兰克得到绍尔的授权后，决定将亨克尔公司的工厂撤出受到苏军威胁的地区，并且将尽可能多的产能安置在萨尔茨堡（Salzburg）和克拉根福地区匆忙安排的临时设施中。一列载有弗兰克、冈特以及 35 名关键成员的专列从维也纳出发，前往位于哈茨山（Harz Mountains）的甘德尔斯海姆（Gandersheim）。然而，由于美军步步进逼，这列专列不得不改道前往位于延巴赫（Jenbach）的亨克尔公司小分部。在 1945 年 7 月，亨克尔教授和弗莱达格在接受英国情报人员审讯时交代了事件的细节："1945 年 4 月 1 日，我们在位于维也纳的工厂不得不关闭。完工的飞机被运走，原本交由 ALS 公司安装的大块配件被转移至尽可能远的地方。图纸和文件被保护起来，运送到延巴赫，藏在阿亨湖（Achensee）的一个地窖里以免被破坏。与此同时，在罗斯托克，生产工作已经开始了，但是遇到了类似的困难。罗斯托克在 4 月初发回了最后一条消息。紧接着，所有通信都中断了。自 4 月中旬开始，容克斯工厂的通信也中断了。当我们准备离开维也纳时，当地已有 12 架飞机完工，这些飞机被转场至位于林茨（Linz）附近的 Horseburg（可能指赫尔兴，Hörsching），然后又被转移至莱希费尔德，但是我们听说，并不是所有飞机都到了那里。"

实际上，装有 Jumo 004 发动机的 M11 号原型机在"龙虾"工厂内用炸药自毁，而 M9 和 M10 号原型机也进行了自毁以防被苏联人虏获。

截至 3 月底，已有 10 架飞机从施韦夏特和海德菲尔德转场，他们分别途经朗根勒班（Langenlebarn）和赫尔兴。其中一架 He 162 在转场过程中被遗弃在赫尔兴，另一架则在从慕尼黑（München）转场至莱希费尔德途中坠毁在距离朗根勒班不远的地方，驾驶它的飞行员赫尔德赖希·凯姆尼茨少尉在事故中身亡。

盟军的无线电情报单位在 4 月 8 日截获了一条从莱希费尔德机场发给卡姆勒的消息，这条消息称约有 8 架 He 162 留在赫尔兴，并且询问这些飞机的飞行员是否要被派往 Me 262 单位接受再训练，还是在梅明根（Memmingen）地区驾驶 He 162 作战。

埃德加·彼得森上校，德国空军测试中心的指挥官，在亨克尔项目中，他作为德国空军的代表与亨克尔公司有着广泛的交流，他指出了这架飞机的一些弱点，但依然承认亨克尔公司是"以惊人的速度"制造出了这架战斗机。

继续有飞机送到雷希林，可能是由容克斯工厂交付的。负责管理测试中心的彼得森上校在战后接受盟军情报人员审讯时称"首批 10 架 He 162 战斗机以惊人的速度完成了建造"，这些飞机被转移到莱希费尔德，但是飞机显然存在很多问题：

最高飞行速度比之前保证的要慢上 100 公里/小时；

实际的续航时间从未超过 30 分钟；

起飞所需跑道距离在 1000~1200 米左右；

降落速度在 170~180 公里/小时左右；

宝马发动机的高空性能阻止了那些试图测试这架飞机最高升限的飞行员。

除此之外，在测试中，还发现了下列问题：

喷气式发动机无法提供全部推力；

前起落架太过脆弱；

充当油箱的机翼出现漏油情况；

加速度会影响燃油供给；

飞行品质差，特别是在滚转的时候，方向舵太灵敏了。

尽管正在通过修改尾翼、方向舵和飞机主体来纠正这些错误。但是彼得森上校却批评道：因为有部件需要进行改造，但是却又不想影响量产的数量，于是又建立了一座专门进行改造的工厂负责改造工作。

4 月 3 日，纳粹德国宣传部长戈培尔在他的日记中写道："元首与负责改革德国空军的卡姆勒交谈了很长的时间，卡姆勒表现得很出色，人们对他寄予了厚望。在每日的简报会上，德国空军总是受到来自元首的最尖锐的批评。日复一日的，戈林必须在无法表达异议的情况下倾听这些言论。"

4 日，身处容克斯贝恩堡工厂的奥斯特瓦尔德在试飞中先后两度遭遇故障。他试飞的第一架飞机，工厂编号 310079，在升空仅仅 8 分钟后就出现了故障。第二架飞机，工厂编号 310081，更是在升空后仅仅 4 分钟就出现故障。两次飞行都被迫中止，飞机在返航后接受检查。

4 月 5 日，一个由弗兰克、梅施卡特、赖尼格、海伯（Hiber）和霍巴赫（Hohbach）组成的亨克尔公司代表小组被要求前往莱希费尔德，并且在当地与来自莱希费尔德汽车修理厂（Autobedarf Lechfeld）的格哈德·卡罗利（Gerhard Caroli）和凯泽先生（Kaiser）会面，莱希费尔德汽车修理厂实际上是梅赛斯密特设立在当地的 Me 262 组装线的掩盖名，他们正在组装 Me 262 喷气式战斗机。同时到场的还有来自航空设备技术部工程分处的巴德、潘格拉茨（Pangratz），以及来自机身分处的迪特里希（Dietrich）和雅赫曼（Jachmann）。

双方就各自使用 BMW 003 发动机的经验进行了交流，并探讨了在 Me 262 C-2b"祖国守卫者"上使用 BMW 003 R 复合喷气式发动机的实际经验。当卡罗利提供关于 Me 262 的相关技术信息时，亨克尔公司的代表们意识到在 He 162

上安装类似的动力装置是不可能的，因为这种发动机在飞行中的恒定推力温度更高。更重要的是，安装这样一款组合发动机后飞机会超载20%。最终，在莱希费尔德召开的这场会议似乎没有得出任何确定的结果。

在北方的贝恩堡，容克斯公司继续进行飞行测试：奥斯特瓦尔德驾驶着工厂编号为310080 的 He 162 战斗机进行了时长为 17 分钟的试飞。在 4 月 7 日至 9 日间，奥斯特瓦尔德再度进行了 3 次试飞测试：7 日，他驾驶着工厂编号为 310021 的 He 162 战斗机进行了 6 分钟的试飞；8 日，他驾驶着工厂编号为 310010 的 He 162 战斗机进行了时长为 16 分钟的试飞；而在 9 日，他则驾驶工厂编号为 310021 的 He 162 战斗机进行了时长为 6 分钟的试飞。

回到罗斯托克-曼瑞纳亨，工厂编号为120076 的 He 162 在上午进行了飞行测试。然而，到了 4 月初，政府已经下令停止 He 162 的进一步生产活动，转而下令生产 Me 262。所以，从某种程度来说，威利·梅塞施密特已经赢得了胜利。

1945 年 4 月 9 日，周一——1945 年 4 月 22 日，周日

4 月 11 日，哈赫特尔中尉指挥的那支来自 JG 1 联队第二大队的小分队，受命要作为 JG 1 联队的直属中队（Stabsstaffel）转移到莱希费尔德（和/或梅明根），作为莱希费尔德特遣队的一部分参与作战。

4 月 10 日星期二，就 He 162 试飞项目的情况发布了下列报告：

M30 号原型机，现用机身号为 WA+51，这架飞机被分配用作 MG 151 航炮测试，仍然没有配备密封的机翼油箱；没有喷漆的 M11 号原型机，现用机身号为 E2+51（德国空军测试中心编

号），其配备了密封的机翼油箱，这架飞机被用于发动机和起落架测试；M28 号原型机被分配给哈赫特尔中尉的小分队，飞机配备了密封油箱，并且在机身上安装了一个额外的小油箱；M27 号原型机，现用机身号为 E2+52，飞机一直在进行性能测试，正等待它安装一个大型机身油箱；工厂编号为 220022 的 He 162 战斗机，现用机身号为 E3+51，被分配给雷希林试验场进行发动机测试，安装了密封油箱；M31 号原型机，现用机身号为 VH+HC，被分配给哈赫特尔中尉的小分队，但只能使用 B4 号燃油；工厂编号分别为 220018、220103（机身号 E5+E4）以及 220102（机身号 E2+53）的 He 162 战斗机均配备了密封油箱；而 M29 号原型机，现用机身号为 VI+IV，也被分配给哈赫特尔中尉的小分队，但是它的油箱需要进行密封。

在这之后，似乎没有更多来自维也纳的飞机能够交给德国空军处置了。12 日，容克斯公司试飞员奥斯特瓦尔德再度驾驶工厂编号为 310021 的 He 162 战斗机起飞，进行了一趟从贝恩堡飞到路德维希卢斯特的 20 分钟飞行。13 日，工厂编号为 120083 的 He 162 战斗机在罗斯托克-曼瑞纳亨进行了试飞。14 日，另外 2 架工厂编号为 120069 和 120085 的 He 162 战斗机同样在进行了试飞测试。

4 月 16 日，位于柏林的日本大使馆通过电报将 He 162 的详细信息发回日本本土，这些信息包括飞机的尺寸、性能数据、发动机信息、重量和材料。4 天后，他们又传回了更加详细的信息。然而，正如美国陆军部军事情报部门在 1945 年 8 月发布的一份战后报告中所评论的那样，"从现有的证据来看，显而易见，日本人并没有掌握到足够的允许他们在本土制造 He 162 的信息"。

亨克尔北方分公司罗斯托克-曼瑞纳亨工厂的残垣败瓦，亨克尔公司原计划让这座工厂每月产出 1000 架 He 162 战斗机，然而，随着形势急转直下，这座工厂没有获得足够的电力供应，设备也无法正常运转，并没有生产出多少可用的飞机，最终在 1945 年 5 月 2 日，这座工厂被西进的苏军占领。

17 日晚间 7 点 26 分，来自雷希林试验场发动机试验部门的博斯多夫——他是一名前运输机飞行员，并且还是仪表飞行教官——使用工厂编号为 220022 的 He 162 战斗机进行了几次针对发动机的试飞测试，这是其中一架从维也纳疏散到莱希费尔德的飞机。随后，他再度驾驶同一架飞机在 20 日（两度升空，时长分别为 29 和 27 分钟）、21 日（升空一次，时长为 21 分钟）和 22 日（升空一次，时长为 15 分钟）进行试飞。博斯多夫是一支负责测试喷气式飞机和喷气式发动机的小型分遣队成员，这支来自雷希林的分遣队被派遣至莱希费尔德参与测试活动。越来越多的试飞活动开始在飞机生产商的机场上进行，负责测试的人员经常需要经历漫长而又危险的火车旅程才能抵达这些机场进行测试。从地理位置上看，莱希费尔德比起雷希林试验场更接近梅塞施密特、亨克尔、道尼尔等大公司的总部，而且远离正在从东部不断西进的苏军锋芒。博斯多夫一直在彼得森上校的协助下，为两架在莱希费尔德的 He 162 战斗机安

装 Jumo 004 发动机。

与此同时，一支由 3 名检查员和 9 名原型机建造者（Musterbauvorarbeiter）组成的小队，带着来自亨克尔罗斯托克公司的作业图和分解图，搭乘一架 He 111 轰炸机飞往莱希费尔德。

17 日下午，工厂编号为 120092 的 He 162 战斗机在罗斯托克-曼瑞纳亨进行试飞。

到了 4 月末，随着苏军的锋芒不断逼近，除了亨克尔公司罗斯托克-曼瑞纳亨工厂外，其他负责生产 He 162 战斗机的工厂均已停产。

1945 年 4 月 20 日，在希特勒 56 岁生日当天，美军派出 800 余架重型轰炸机对柏林地区的铁路目标发动猛烈空袭，而皇家空军的轰炸机也在当天晚上光顾了柏林。讽刺的是，正是在同一天，为推进 He 162 项目作出巨大贡献的绍尔获颁金质战功十字勋章。

5 月 2 日，罗斯托克被苏军攻陷。根据近年的研究，截至此时，各家生产厂商一共制造了 171 架 He 162 战斗机，根据德国空军的记录，其中 116 架飞机完成交付，仅有 56 架交付给德

国空军部队使用。由于敌军攻势导致所有生产活动停止，最终的产量如下：

亨克尔公司维也纳-施韦夏特工厂	约 8 架飞机
亨克尔公司后布吕尔工厂（"龙虾"地下工厂）	约 20 架飞机
亨克尔公司北方分部罗斯托克-曼瑞纳亨/罗斯托克-特勒辛费尔德工厂	约 55 架飞机
容克斯贝恩堡工厂	约 15 架飞机
诺德豪森中央工厂	约 1 至 5 架飞机
奥拉宁堡工厂	约 1 至 5 架飞机
合计生产飞机数量	约 116 架

交付给德国空军各单位的飞机数量如下：

航空设备技术部	19 架飞机
测试指挥处	3 架飞机
训练单位	5 架飞机
JG 1 联队	29 架飞机
合计交付给德国空军的飞机数量	56 架

　　总体而言，1944 年 11 月到 1945 年 3 月这 5 个月时间内，亨克尔公司运用了一切可行的手段，制造了第一款可投入实战的、配备弹射座椅的单引擎喷气式战斗机，这个成就是不可否认的。

He 162 结构分析

以下描述参考亨克尔维也纳公司的档案，以及盟军在战后检查时编写的文件，时间跨度从 1944 年末开始，直至 1945 年初。

He 162 是一架小型、上单翼结构的单翼机。全木制的机翼前缘平直，后缘向前倾斜，两者通过一个圆形的翼尖融合，呈明显的下反角。

机身

He 162 的机身主要由以下材料构成：

肋板与蒙皮——硬铝

配件——部分为钢制

玻璃——树脂玻璃

检修盖板——硬铝或木制

这款飞机采用半硬壳式机身结构。从锥形的机尾整流罩开始，圆形的机身横截面向前延伸到机翼的后缘，接下来横截面逐渐过渡为平坦底部的梨形，并一直延伸至驾驶舱的位置。从驾驶舱开始，机身过渡为椭圆形胶合板机头。

机身整体由以下几个部分组成：

机首整流罩——机首至 1 号机身隔框

左机身段——1 号至 11 号机身隔框

右机身段——1 号至 11 号机身隔框

下机身段——1 号至 13 号机身隔框

中央机身段——11 至 15 号机身隔框

后机身段——15 至 22 号机身隔框

驾驶舱侧围——1 至 5 号机身隔框

这些机身段之间由交叉的机身隔框以及由硬铝片铆接而成的纵梁连接，机身结构的划分如下：

机首整流罩

驾驶舱隔舱

起落架隔舱

主机身

包括尾翼组件在内的机身尾部以可调的方式与机身结合。所有铆接处均采用埋头铆接技术。

顶点

机身上有 3 处千斤顶顶点，可以使用最小号的千斤顶进行顶升。

吊点

没有安装动力单元和机翼的机身——3 处吊点

发动机——在 3 个位置上有吊环

安装了动力单元的机翼——使用发动机身上的吊环

没有安装动力单元的机翼——使用用于安装发动机的 3 个结合点作为吊点

运输

可以通过使用标准的铁路货运车厢或者卡车进行运输。

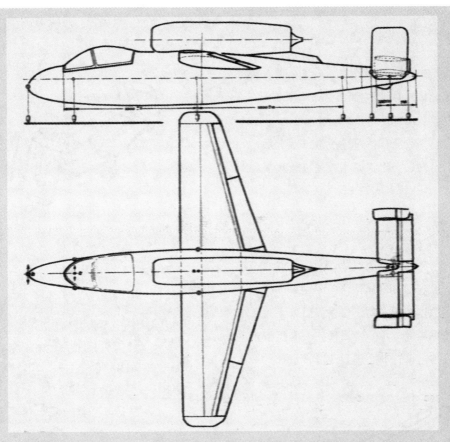

顶视和侧视布局图。

机翼

He 162 的机翼主要由下列材料构成：

机翼主梁——TBu20 胶合板

肋板与蒙皮——桦木胶合板

翼肋——胶合板肋板与松木骨架

配件与连接螺栓——钢制

后盖——铝合金

机翼采用上单翼式设计，呈 3 度上反。主翼梁与辅助翼梁呈 T 形布置。翼肋与主翼梁相连接。蒙皮由 4 毫米厚的胶合板制成。其中，位于 2 到 6 号翼肋之间，主翼梁与辅助翼梁上方的蒙皮加厚了 2 毫米。机翼的蒙皮得到了纵向的纵桁加强。

左右两侧机翼 6 号翼肋以内，主翼梁至辅助翼梁之间的空间被用作飞机的油箱，并且得到了相应的加强。

若需要对机翼进行维修，则要在取下机翼的后盖后，通过使用镜子和特制的设备进行。

飞机的加油口位于机翼的上方，而机翼油箱与机身油箱的连接管路则位于机翼的下方。

机翼通过 4 个垂直的螺栓与机身相连，在机翼的上部有 3 个用于与发动机连接的接口。

每侧机翼的辅助翼梁上都有 4 个用于连接副翼和着陆襟翼的轴承。

翼尖是由金属制成的，用木螺栓固定在机翼上。它与飞机的机翼呈 128 度下反角。这不是一项初始设计，而是为了防止乱流和提高飞机稳定性而进行的改进措施。

副翼

副翼是由木材和/或金属制成的，通过轴承与后翼梁连接，并且保持动平衡与静平衡。这是一款基伦式副翼。副翼的运动幅度为上18度至下18度。固定的副翼调整片位于副翼后沿的中央位置，向后突出5厘米，通过铰接与副翼连接。

着陆襟翼

机翼两侧各有一块着陆襟翼，它们通过轴连接在一起，通过液压降下。与副翼一样，着陆襟翼是由木头制成的，在主翼后梁上有两个用于连接襟翼的轴承。襟翼拥有一套机械止动装置，以防止它们伸展超过45度。

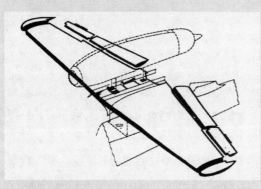

机翼构成示意图。

尾翼组件

双垂尾尾翼呈14度上反角，使用硬铝制成并辅以钢质部件。升降舵也是金属制成的。尾翼配平可以在+3度至−2度之间调整。

木制的垂直尾翼呈长方形，通过3个螺栓连接到尾翼的两端。每个方向舵都有三个轴承，位于中央的轴承是固定的，而位于上下两侧的轴承是可调的。方向舵经过充分的平衡，它们的运动幅度为左右25度。

尾翼组件示意图。

操纵

He 162的操纵系统由以下材料组成：
管材——硬铝和钢制
轴——硬铝和钢制
控制杆——镁铝合金和钢制

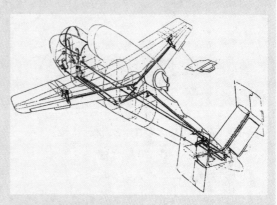

操控示意图。

基本操纵

尽管使用了滑动轴承，但是所需的控制力度非常轻。

操纵升降舵

通过推拉操纵杆完成。

操纵副翼

通过推拉操纵杆完成。

操纵方向舵

通过踏板推拉线缆操纵。

尾翼配平

通过驾驶舱左侧的一个手轮操纵。转 20 圈约等于俯/仰 5 度。在以 1000 公里/小时的速度飞行时，转动手轮所需的力量为 9.5 公斤。

起落架

起落架主要由以下材料构成：

油液空气减震柱——钢制

起落架支柱——钢制

构造

主起落架通过液压收回，然后通过一个弹簧放下，在收回起落架时这根弹簧会被压缩。

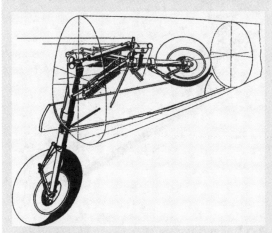

主起落架示意图。

起落架通过一个螺栓锁止在"收起"位上，当要放下起落架时，可以通过操纵索释放这个螺栓。起落架通过肘节锁止在"放下"位上。主起落架所处的位置通过驾驶舱中的机械式指示器显示。而前起落架处在"收起"位置的时候可以通过一扇特制的观察窗观察。

主起落架结构

主体：

每个主起落架由一个拥有刹车功能的机轮、一个油液空气支柱、一个带弹簧的撑杆和一个收放汽缸组成。

机轮：

机轮的规格为 660 毫米×190 毫米，机轮刹车通过方向舵踏板上的脚踏泵进行操作。

油液空气减震柱：

采用与 Bf 109 K 同型号的油液空气减震柱。

主起落架舱门：

飞机的主起落架舱均有舱门遮蔽，当起落架收起或者放下时，舱门会自动开合。

He 162 主起落架照片。

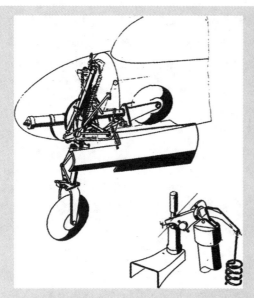

前起落架示意图。

前轮

主体：

前轮主要由机轮、带轮叉的减震柱、收放汽缸以及释放弹簧组成。

机轮：

机轮的规格为 380 毫米×150 毫米，没有刹车功能。轮叉可以左右转动。如果有必要的话，前起落架轮舱可以容纳一个更大的前轮。

减震器：

油液空气减震支柱由德意志联合冶金股份公司生产。

前轮轮舱门：

前轮轮舱有舱门遮蔽，当前轮收起或放下时会自动开合。

液压系统

主要作用：

液压系统主要负责起落架的收放、放下襟翼和控制机轮刹车。

起落架收放机制：

液压系统的组成部分有液压油箱、滤油器、液压泵、自动开关以及泄压阀。

液压油由 BAMAG 公司制造，依靠发动机驱动的泵进行循环，在以每分钟 5300 转的工况运转下，液压油会以每分钟 11.8 公升的流量通过一个过滤器，并且自动回流到液压油箱。当自动开关被按下时，液压油的回路被切断，起落架在无法回流的液压油驱动下收起。当压力达到 80 工程大气压（A. T. U, Atmosphären-Überdruck）的时候，自动开关切断，液压油继续通过回路回流到油箱。如果开关没有切断，并且压力上升到超过 80 工程大气压的情况下，液压油则会通过泄压阀回流到油箱。

在解锁后，起落架会借助自身的重量以及弹簧降至"放下"位。

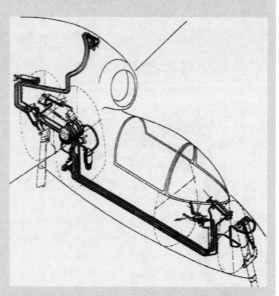

液压系统示意图。

襟翼收放：

襟翼的液压油来自同一个油箱。而襟翼的

液压油压力则是通过一种每分钟下压两次、每次增加 2.27 升压力的手动泵来积累的。襟翼的收起动作主要通过在降下襟翼的同时被压缩的弹簧来完成的。

刹车：

机轮刹车的液压系统并没有与主液压系统连接，刹车要靠安装在方向舵踏板上的脚泵操纵。所使用的液压油储存在脚泵内的小罐里面。

BMW 003 E-1 喷气式发动机

BWM003 E-1 发动机以每分钟 9500 转运转的时候可以提供 800 公斤的海平面静态推力。飞机在 11000 米高度上以 805 公里/小时的速度飞行时，发动机所提供的推力为 265 公斤。实际的燃料消耗很高，每公斤推力的对应油耗为每小时 1.35 公斤。

发动机单元安装在机身上方、机翼的上表面，前部由两个垂直的螺栓连接，后部由一个水平的螺栓连接。前后挡板固定在发动机单元上，并随发动机一同运送；发动机中部的外罩由两片外瓣组成，可以从侧面打开，通常由快拆螺栓固定。如果有必要，这两片外瓣可以拆除。在发动机和机翼之间有一个可拆卸的整流罩。

如果拥有特殊的起重滑车，就可以快速完成发动机更换工作。因为发动机可以通过两个吊点起吊，所有连接发动机的管道和线路之间的距离都离得很近。

安装了下列控制系统：带点火和注油开关的节流阀，节流阀连接夹具，燃油手柄（以上操纵系统均位于左侧机身的内侧），主断路器，启动机开关，发动机主开关，油泵开关。

发动机通过里德尔式二冲程启动机启动，

这部启动机由驾驶舱右侧的一个电开关启动。当按下节流阀上的点火开关后，点火器就会启动。燃油是通过电动喷射油泵泵入的。

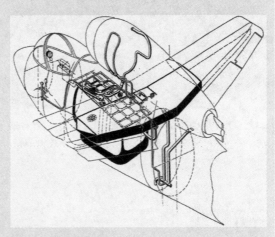

燃料系统示意图。

油箱

在标准配置中，燃油是由一个单一的、灵活的自封闭油箱提供的，它位于飞行员的后方，弹药箱的后面。这个油箱的容量介于 400 至 570 升之间，用于正常飞行。另外还有一个 127 升的油箱，里面的燃油主要用于发动机暖机、起飞以及初始爬升。至于最大燃料负载配置，油箱的容量可扩容至 763 升，（包括 127 升的起始油量），另有 300 至 500 升燃油可经由机翼的密封油舱携带。

主油箱和机翼油箱都是通过机翼上表面的加油口加注。燃油通过机身油箱进入发动机，机翼油箱的燃料会被输送到主油箱，然后通过浸入式电动泵抽入，燃料会流经燃油关断阀门和过滤器。机翼和机身油箱之间以及机身与发动机之间的燃油管路都是带套筒接头的管道。安装了电子式油量计。燃油压力读数通过气动指示计显示在驾驶舱的仪表板上。

未完工的机翼内部油箱细节，He 162 的油箱经常出现渗漏情况，导致燃油渗入驾驶舱，这导致必须使用特定的化合物对油箱进行密封。

驾驶舱

通过打开的座舱盖进出驾驶舱；座舱盖经过双重加固，适用于超高速飞行；座舱盖朝后开启。在紧急情况下，这个座舱盖可以被抛弃。为飞行员配备了弹射座椅，座椅配备了降落伞。弹射座椅安装在铆接到座舱壁的滑轨上，通过解开座椅右侧的安全扣然后拉动手柄来点燃发射弹药。应急供氧设备储存在座椅的内凹处。当飞行员弹射跳伞时，

一个夹在机身上的链条会打开降落伞包内氧气瓶的旋塞阀，让氧气瓶开始供氧。降落伞背带上的一个小夹子会阻止背带松开，直到这个夹子被取下为止。

座椅可以根据飞行员的身高在地面上调节。控制仪表在飞行员面对的仪表板上。左侧是发动机、节流阀、燃油手柄、起落架控制杆、尾翼配平、方向舵配平以及与仪表板处在同一水平面上的襟翼手动泵。位于右侧的则是电气系统以及 FuG 25a 和 FuG 24 无线电控制面板。除此以外，还有混合氧气压力和视觉指示器、氧气节流器以及固定的信号手枪。这支信号手枪通过驾驶舱一侧的主开关盒控制发射。飞行员由位于仪表板上方的装甲板和可移动的遮板保护。

前轮舱的盖板在仪表板的下方，盖板上有一个窗口，可以通过其看到"前轮收回"的指示。额外的指示通过一个红色的指示杆显示，它会向前伸出 7.5 厘米。

He 162 的驾驶舱，飞行员可以从位于驾驶舱中间的小窗户观察前起落架收起的情况。

He 162 安装的弹射座椅，可见位于座椅右侧的安全杆，以及下方的脚蹬。

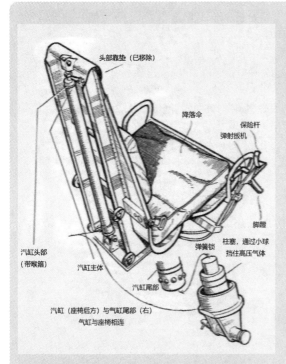

He 162 战斗机使用的气动弹射座椅结构详解。

操作仪表

仪表板由胶合板制成，共有两排仪表。

发动机仪表由燃油压力表、滑油压力表、排气温度指示计、推力指示计和油量指示计组成。飞行仪表包括空速指示计、转向侧滑仪和空速管加热指示器，而导航仪器则是 FK38 型磁罗盘。

操纵杆比较短，有一个与 Bf 109 操纵杆类似的防滑握把。

方向舵踏板悬挂在一根管子上，这根管子铰接在瞄准具前方 12 毫米厚的装甲板的下方。飞机配备了要用脚操纵的刹车，可以调整长度。踏板连接的缆绳向后延伸至驾驶员座位的两侧，不过往后的运动是通过一根连杆进行的。升降舵和副翼均通过操纵杆操纵。

安全装备

在高空飞行时，所使用的氧气设备位于机身的左侧，氧气指示计和压力表位于飞行员的前方。氧气由一个两升氧气瓶供应。氧气瓶的关断阀门可以在飞行的过程中操纵。氧气瓶要在地面上通过一个位于左侧航炮舱内的接头灌满。

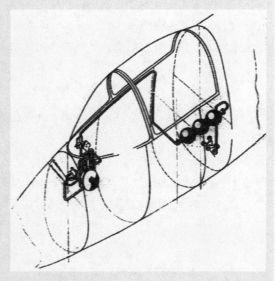

供氧设备示意图。

通信装备

除了无线电外，还可以使用短管信号手枪进行光信号通信。信号手枪是通过靠近驾驶舱右侧机身上的一个开口发射的。

飞机的无线电设备包括 FuG 24 型（收/发与导航）和 FuG 25a 型（敌我识别）无线电。BG 25a 型和 E 24 型接收机以及整套无线电系统的自动开关都位于驾驶舱的右侧面板上。AFN 2 型指示仪位于罗盘上，而"发话"按钮则位于操纵杆上。U15 型变压器和 ZVG5 型制导设备位于飞机油箱上方，无线电导航天线安装在发动机的外罩上。

FuG 25a 型无线电安装在后部机身，S 24 型发射机以及 AAG 24E 型天线匹配单元、接收机天线安装在右侧方向舵内。而 AAG 25A 型天线匹配单元和发射机天线则安装在左侧方向舵内。

武备

武备为 2 门 30 毫米 MK 108 型航炮，或 2 门 20 毫米 MG 151/20 型航炮。航炮安装在机身前部的下方，驾驶舱的两侧。航炮安装位的长度足以容纳 MG 151/20 型航炮的长炮管。如果安装的是 MK 108 型航炮，会在炮口上安装挡焰管。

每门航炮上方的弹药箱装有 120 发为 MG 151/20 型航炮准备的 20 毫米炮弹，或者 50 发为 MK 108 型航炮准备的 30 毫米炮弹。航炮发射后，空的弹壳会被抛出机外。

航炮的安装工作非常简单，可以通过机身侧面的大舱门拆卸航炮。

原定的瞄准具为 Revi 16 G 型，但是后来 Revi 16 B 型瞄准具也被采用。瞄准具安装在挡风玻璃的后方，飞行员的正前方。

He 162 飞行员手册

目录

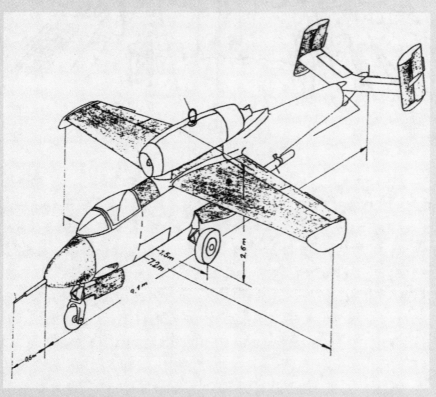

He 162 总体布局及尺寸。

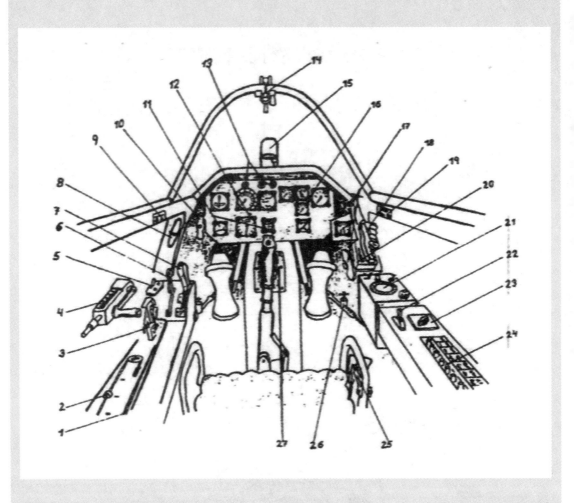

注：1. 起飞助推火箭抛离开关；2. 方向舵配平；3. 起落架选择器；4. 升降舵配平；5. 起飞助推火箭点火开关；6. 燃油手柄；7. 节流阀；8. 起落架操作手柄；9. 左侧起落架状态指示器；10. 襟翼手动液压泵；11. 磁罗盘；12. 基本飞行仪表（转向侧滑仪、空速计、升降率指示计、高度计）；13. 空速管及航炮指示器；14. 座舱盖锁扣；15. 瞄准具；16. 燃油及引擎仪表；17. 氧气阀门及控制仪表；18. 信号手枪；19. 右侧起落架状态指示器；20. FuG 25a 无线电控制盒；21. FuG 24 接收机；22. 启动机开关；23. 喷口调节选择器；24. 电气开关面板；25. 弹射座椅扳机；26. 方向舵踏板调节螺母（右侧）；27. 前起落架轮舱检查窗（用于目视检查起落架收放状态）。

电气开关面板各开关布置(从前到后):电瓶,燃油泵,武器及瞄准具,空速管加温,点火器/计量仪表,转向侧滑仪及起飞助推火箭,喷口,FuG 24 无线电,FuG 25a 无线电,启动机。

Ⅰ. 飞机概述

主要尺寸

翼展:7.2 米

长:9.08 米

高:2.06 米

主起落架轮距:1.5 米

主翼面积:11.16 平方米

翼载:240 公斤/平方米

结构细节

机身:全金属结构(硬壳式构造),驾驶舱带有部分装甲,玻璃座舱盖。

机翼:上单翼,由主梁和后梁支撑,内置油箱经过防渗漏处理。

尾部组件:水平尾翼角度可通过机械方式调节(微调手柄),双方向舵,所有控制面都带有配平片,保持动态平衡。

起落架:由主起落架和前起落架组成,前起落架无刹车功能。

液压系统:控制起落架收放,主起落架刹车,襟翼收放。

发动机

一台 BMW 003 E-2 型轴流式喷气发动机。

两具 R/502 型起飞助推火箭,安装于后机身上。

电气系统

引擎安装有一台 2000 瓦功率发电机,5 号截面后方安装有一块 24NCL10 型电瓶。

无线电设备

FuG 24 型甚高频空对空/空对地通话、导航无线电,FuG 25a 型敌我识别信标无线电。

武备

A-1 型:两门 30 毫米 MK 108 型航炮,电动-气动装填,电子击发。

A-2 型:两门 20 毫米 MG 151 型航炮,电动装填。

应急安全设备

飞行员弹射座椅底部配有 550 型降落伞,配备座舱盖止动器、贝纶绳、氧气面罩、腹带、肩带以及一把信号手枪。

飞机配载数据

飞机的重心值应当保持在平均气动弦长的 19.7% 至 26% 之间,许可以下表规格配置载荷:

配载	A-1 型				表格单位:公斤	A-2 型			
	武备　两门 MK 108 型航炮					武备　两门 MG 151 型航炮			
	备弹量　2×50					备弹量　2×120			
	大机身油箱		小机身油箱			大机身油箱		小机身油箱	
	无机翼油箱	有机翼油箱	有机翼油箱	有机翼油箱箱及后备油箱		无机翼油箱	有机翼油箱	有机翼油箱	有机翼油箱箱及后备油箱
大油箱 650 升	540	540	—	—		540	540	—	—
小油箱 470 升	—	—	390	390		—	—	390	390
后备油箱 170 升	—	—	—	140		—	—	—	140
机翼油箱容量 280 升	—	232	232	232		—	232	232	232
总燃油容量	540	772	622	762		540	772	622	762
弹药重量	58	58	58	58		58	58	58	58
滑出时重量	2657	2889	2772	2886		2634	2866	2749	2850
重心值(%)	—	—	—	—		—	—	—	—
起落架放出	19.9	23.0	23.8	23.0		19.7	22.6	23.5	22.6
起落架收起	22.1	25.1	26	25.1		22.0	24.7	25.7	24.7

最大允许速度

V_a = 700 公里/小时,相对于海平面大气密度(表速显示 750 公里/小时,空速计的指示值比真实空速低约 10%)。

V_a = 700 公里/小时,1000 米高度。

收放起落架时的速度限制:350 公里/小时。

收放襟翼时的速度限制:降落时不超过 300 公里/小时,起飞时不超过 500 公里/小时。

速度限制

V_a = 700 公里/小时,H = 5000 米。

V_a = 600 公里/小时,H = 5000~7000 米。

V_a = 500 公里/小时,H = 7000~9000 米。

V_a = 400 公里/小时,H = 9000~11000 米。

当机身装有大油箱并且机内余油少于 350 升时,飞机的重心值会变得非常极端,并且降低飞机高速飞行时的稳定性。在这种情况下,V_a 必须比限制值低 100 公里/小时,即:

H = 5000 米时,V_a = 600 公里/小时。

H = 5000~7000 米时,V_a = 500 公里/小时。

H = 7000~9000 米时,V_a = 400 公里/小时。

H = 9000~11000 米时,V_a = 300 公里/小时。

油箱容量	使用燃油
1. 航空燃油：机身油箱，大号油箱容量 650 升，小号油箱 470 升，外加后备油箱 170 升；机翼油箱，小号油箱 280 升，中号油箱 700 升	J2 号航空燃油，任何品号的航空燃油混入 5% 的机油可代替 J2 号燃油使用
2. 引擎油箱：引擎油箱位于机翼内，30 升	发动机启动机用燃油
3. 里德尔式启动机油箱：位于引擎上方，容量为 2 升	汽油-滑油混合比 20：1，当温度低于 10 度时，使用启动机燃油
4. 润滑油油箱（加至 16 升）：位于发动机内部，容量 25 升	18 升 U1 号润滑油，如无法取得，将 S3 号航空润滑油以 1：1 混合比混合液压油使用
5. 液压油油箱：位于起落架轮舱，容量 5 升	航空液压油
6. 芯轴油：存于三个减震器内，约 2.5 升	绿色芯轴油

每小时油耗（单位：升/小时）		
高度	以 500 公里/小时飞行时	以 800 公里/小时飞行时
海平面	1400	1670
6000 米	850	1000
11000 米	420	540

加油步骤

1. 加注 J2 号燃油

油箱位于机身和机翼内，加注口位于左翼上翼面。

2. 加注里德尔启动机使用的燃油

油箱位于发动机上方，容量为 2 升，加注口位于油箱的上方。

3. 加注发动机启动机用燃油

油箱位于机翼上，容量为 25 升，加注口位于右翼上翼面。

4. 加注润滑油

油箱位于发动机内，容量为 25 升，但只可加到 16 升！加注口位于油箱的上方。

5. 加注液压油

油箱位于 11 号截面后方的起落架轮舱内，容量为 5 升，加至 3.8 升。加注口位于油箱的上方。

6. 加注高空飞行用氧气

加压至 150 公斤/平方厘米，加注接口位于机身右侧 5 号截面后方的右侧武器舱内。

II. 飞行前准备

1. 将飞机迎风停好，将轮挡挡在主起落架的前方，准备好手持式灭火器。

2. 除下引擎进气道保护罩。

3. 座椅和方向舵踏板微调工作必须在地面上完成。

4. 暂时不要插入起飞助推火箭的点火导线（拔出）。

5. 将降落伞包放入座椅。

6. 登上飞机，关闭并锁紧座舱盖。

7. 戴上飞行帽并插入无线电话机接头。

8. 快速切断开关前推至"旋转"位。

9. 节流阀推至"关车"位。

10. 燃油手柄切至"关闭"位。

11. 系上降落伞。

12. 戴上氧气面罩，检查气密性。

13. 后备降落伞指示器拨至"全"位。

14. 将自动断开的弹簧勾扣到节流阀杆的小孔上。

15. 连接氧气导管到氧气面罩上。

16. 将氧气导管的另一端连接在供氧口上。

17. 检查供氧状态：打开上部阀门，氧气储备指示计应显示"满"。

18. 通过面罩呼吸，检查指示器薄膜是否移动。

19. 系好安全带，绑上飞行帽下方绑带。

Ⅲ．开车

标准启动

1. 机载电瓶选择器设置为自动，喷口调节、点火器/机载仪表、燃油泵通电。

2. 喷口调节设置为"S"位，如半自动控制设备未安装，必须在启动过程中设置"A"位，在发动机点火启动的同时将其设置为"S"位。

3. 将启动机开关拨至"准备"位保持约2秒（若启动机已暖机则只需1秒，若启动机处于冷机启动则需2×3秒）。

4. 将启动机开关向后拨至"启动"位，同时机械师快速连续地拉动里德尔式启动机的启动缆绳数次。当启动机开关拨至后方位置时，使用转速表上的小刻度。

5. 当里德尔式启动机接通时，燃油手柄拨至"开"位。

6. 当转速达到900至1100转/分钟时（使用小刻度）按下节流阀上的按钮并保持2~3秒。然

后，将节流阀从"关车"位前推至"地面慢车"位，等待引擎转速上升。引擎能够在里德尔式启动机的带动下达到1400转/分钟转速。当转速超过1400转/分钟时即表明引擎成功启动。如果在10秒内仍然无法达到这个标准，立刻中止启动并且检查点火器和启动泵。

7. 当转速达到1800至2000转/分钟时，将启动机开关拨至中置位。开始使用转速表的大刻度。发动机应该会在自身的驱动下达到地面慢车转速（3000转/分钟±200转/分）。

8. 待发动机运行2~3分钟后刹车并且进行检查。

在外部电源帮助下启动

1. 将外部电源插头插入外部电源插座，并且打开电源开关。

2. 自动开关设置参考标准启动程序，但不要接通电瓶并且接通启动机。

3. 喷口调节与启动机开关操作参考标准启动程序。

4. 里德尔式启动机开关拨至"启动"位，通过电动机启动。当启动机启动后，后续操作按照标准启动程序操作。

5. 关闭外部电源开关，拔下外部电源插头。

6. 将自动开关上的电瓶开关拨至"开"位。

使用机载电瓶启动

步骤类似使用外部电源启动，但是在一开始就把机载电池开关设为"开"。

启动时发动机排气温度不得超过750度，否则涡轮会过热。

关闭发动机，当发动机的噪音降低至只剩下隆隆声时，把节流阀拉回"地面慢车"位。

在15分钟内启动里德尔式启动机，启动机

最长运转时间不超过 60 秒。

启动过程时长应在 20~30 秒。

发动机启动泵连续运转时间最多不超过 5 分钟。

Ⅳ. 刹停检查

1. 电瓶设置"关闭"位，检查油量表降至"0"位。

2. 缓慢将节流阀往前推，让发动机转速增加至 6500 转/分钟，（发电机耦合）转速表读数在 4500~5000 转/分钟左右。

3. 当转速达到 6500 转/分钟时将喷口调节开关设置为"S"位，节流阀推至"最大推力"位。从慢车转换至最大推力运行所需时间不得小于 10 秒钟。千万不要突然增加发动机的转速。

4. 通过检查下列仪表读数确认发动机工况良好。

转速：9500 转/分钟±100 转/分钟，如是冷车启动，发动机转速会短暂地上升至 9800 转/分钟。

排气管温度最大不超过：620 度。

当转速上升至 9500 转/分钟时的油压：50 公斤/平方厘米。

滑油压力：6~7 公斤/平方厘米。

发动机耦合转速：4500~5000 转/分钟。

Ⅴ. 起飞

飞行操纵准备

检查方向舵活动无卡阻

升降舵配平调至 -1 度

电气系统设置

1. 按压 FuG 24 与 FuG 25 无线电的自动开关，两套设备应该会在一分钟后进入可用状态。

2. 在大气湿度过高并且温度低于 0 度时，按压自动开关对空速管进行加热，通过仪表确认状态。

高空飞行准备

将大小两个高度计的气压参考值分别设置为 QFE（跑道入口参考气压）和 QFF（机场本场测量气压）。

检查氧气面罩，打开氧气止流阀，需要旋转整整两圈。

飞机飞行特性

没有螺旋桨产生的扭矩，进场着陆的方式与后三点式起落架飞机使用的方式相同。舵力与舵效协调一致，后者足以适应所有飞行条件。所有由起落架、襟翼或推力增减引起的姿态变化都是可控的。着陆襟翼放下、收起过程中产生的过载现象是无害的，总过载会导致飞机下沉。襟翼完全展开时的进场角（V_a = 200 公里/小时）1:4。

警告

若飞机正在下沉，进场角将会更加陡峭，并且改出将是不可能的，最终结果：坠毁。

起飞前准备

将飞机襟翼设为"起飞位"（约等于用襟翼泵泵 7 下）。当襟翼设置到位后（通过标线进行检查），将手动襟翼泵把手向右旋转进行锁定。

起飞

1. 喷口调节开关"S"位。

2. 缓缓将发动机转速提升至 9800 转/分钟，2 分钟后减至 9500 转/分钟±100 转/分钟。

3. 将飞机滑行对准起飞方向，踩住刹车。

4. 在无风的情况下，使用混凝土跑道滑跑起飞所需的距离大约为 650 米，使用草地跑道时滑跑距离会增加约 10%。进行短距起飞时，升降舵会在 $V_a = 180$ 公里/小时的时候完全生效。

5. 常规起飞速度为 190 公里/小时。

6. 起飞后，收起起落架，将起落架手柄向后拉至"收起起落架"位，手柄会自动跳回"动作"位。

7. 在起落架收放过程中飞行速度不能超过 $V_a = 350$ 公里/小时。

8. 通过将襟翼手动泵手柄向下推并且向左旋转的方式收起襟翼，在早期型号的飞机上，手柄的旋转方向与上述相反。

火箭助推起飞

1. 通过手势信号示意"准备好"，机械师会连接点火电路。

2. 在滑跑中，将点火面板上的开关切至"启动"位，指示灯会呈白色指示信号。

3. 当飞机滑跑加速至 100 到 150 公里/小时时，按压"点火"按钮，火箭燃烧时长为 6 秒。每枚火箭将会产生 500 公斤的推力，火箭喷射的角度将会帮助飞机起飞。

4. 当火箭燃烧殆尽后，通过缆绳抛离助推火箭（位于左侧控制台后方）。

5. 抛离火箭后，将点火面板上的开关切至"关闭"位，指示灯熄灭。

VI. 爬升

喷口调节：8000 米及以下高度设置"S"位，高于 8000 米设置"H"位。

爬升时发动机转速：9500 转/分钟±100 转/分钟。

使用最大推力时最佳的爬升速度为 $V_a = 380$ 公里/小时。

VII. 巡航及高速飞行

1. 喷口调节

"H"——通常在高于 8000 米高度时使用。

"S"——通常在低于 8000 米高度时使用。

"F"——在 0 至 4000 米高度上高速飞行时使用，最高速度为 650 公里/小时。

若飞机安装有半自动调节系统，"S"位将无效，喷口调节直接与节流阀位置相关联。

警告：若速度低于 650 公里/小时，将喷口调节设置回"S"位。

2. 发动机运转转速

通常为 9500 转/分钟，转速的改变会影响发动机的推力。千万不要让发动机转速低于 6500 转/分钟，否则发动机会停车。

3. 留意发动机运转参数

在海平面高度飞行，且发动机转速为 9500 转/分钟时，油压应为：50 公斤/平方厘米。

排气温度：400 至 600 度。

若排气温度上升超过 600 度，应收回节流阀，若温度继续上升，继续把节流阀往回收，必要时关闭发动机，特别是出现油压上升而发动机转速还在下降的情况时，这是发动机自身的缺陷。

4. 燃油系统

油泵会从机身油箱中汲取燃油供输给发动机的燃油喷射泵，机翼内的燃油会自行流入机身油箱。

5. 降低引擎的推力可以增加飞机的航程，但是也会增加飞行所需的时间。

FuG 24 机载无线电系统

通信（无线电收发）

1. 将接收机切换至"FT"位。

2. 通信信息将会通过预设号的频率接收，通过旋转旋钮调节拨盘照明的亮度。

3. 在接收机盒上选择发射频率"Ⅰ"（作战频率）或"Ⅱ"（备用频率）。

4. 若要发话，按压位于操纵杆前方的按钮。

导航（ZF 收发）

1. 将接收机设置为标记频率。

2. 通过无线电联系地面指挥员，要求启动无线电信标或连续发射无线电信号。地面指挥员启动信标。

3. 将接收机切换至"ZF"位。AFN2 指示器（机载无线电导航指示器）会指示飞机相对信标的偏离量（耳机中可听到指示音），如果指标指向右方，表示飞机应该向右转对准信标，反之亦然。

4. 调整飞机航向，直至指标中置。

5. 确定航向：若指标指向右方则飞机应该往右转向。警告：如果飞机向右转（或者向左）转向，而指针却向左（或向右）偏移，这代表飞机正在背向导航台的方向飞行并且正在远离导航台！AFN2 只是一个指示器并非指向设备！

6. 当接收机设置为"ZF"位时，通过环状天线接收到信号的有效距离只有选择"FT"模式时的三分之二。然而，如果在接收机设置为"ZF"位时，按下操纵杆上的发话按钮，使用机尾天线发报的发射机作用距离不会受到影响。

FuG 25a 型无线电信标

1. 依照当日指令，在 FuG 25a 控制盒上将识别控制选择器设置为"1"或者"2"。

2. 当选中"1"或者"2"号位时，控制盒上的指示灯会在被地面雷达发射的电波照射到时点亮，并且信标会发出识别信号。

3. 如果飞机被雷达信号照射，但是识别控制选择器处于中置的"O"位时，信标不会发射敌我识别信号。

4. 按压测试按钮点亮指示灯，以确认指示灯会在收到照射信号时点亮。（测试按钮只存在于红色系列的 FuG 25a 型无线电上。向你的无线电技师确认情况！）

5. 通过 FuG 24 型无线电进行必要的无线电通信，注意收听特殊命令！

A-1 型武器系统组成

备弹量：每门航炮 50 发炮弹，可进行 6 次时长为 1 秒的短点射。航炮已在地面上上膛。

1. 按压自动开关上的"武器"按钮。

2. 前推武器保险杆。

3. 按压航炮扳机开火。

4. 若航炮卡膛，按压航炮再装填按钮约 2 秒。

5. 继续按压扳机开火射击。

A-2 型武器系统组成

备弹量：每门航炮 120 发炮弹，可进行 10 次时长为 1 秒的短点射。

1. 按压自动开关上的"武器"按钮，航炮通电上膛，指示灯亮起。

2. 前推武器保险杆。

3. 按压航炮扳机开火。

4. 若航炮卡膛，松开航炮扳机，航炮会自动进行再装填。

5. 继续按压扳机开火射击。

VIII. 高空飞行

1. 打开氧气止流阀。

2. 在飞机爬升至4000米高度前戴上氧气面罩，面罩和扣带必须系好。确认座椅下方的降落伞包没有挤压到供氧管！测试快速释放锁扣是否已经扣紧。

3. 检查供氧指示器，指示器会伴随着呼吸节奏亮起。

4. 如感觉呼吸受阻，短时间反复地按压供氧管路上的按钮("释氧阀")。

5. 当飞行高度高于8000米时，将释出旋钮拧至"H"位。

6. 若氧气储量读数下降至四分之一至零之间的区间，下降至4000米以下的高度，在低空短暂飞行的过程中不要移除氧气面罩，否则它会结冻并且变得不再可用。

7. 当不需要使用氧气时，关上氧气止流阀。

IX. 滑翔与着陆

1. 若要进入滑翔状态，将节流阀往后收至"慢车"位(发动机转速降至6500转/分钟)。在进场着陆的过程中，仅有在飞机低于1000米高度时，才能把节流阀往后收至"地面慢车"位。

2. 喷口调节设置为"S"位。

3. 在空速低于250~300公里/小时的情况下，将襟翼降至"起飞"位。一旦襟翼到位，将手动泵把手向右旋转锁定。

4. 在空速低于350公里/小时的情况下，拉动解锁把手放下起落架。快速动作开关应处在"转动"位。

5. 进场速度约为250公里/小时，襟翼保持起飞位置。

6. 当飞机转向对准机场跑道，并且减速至200公里/小时后，继续将襟翼降至"着陆"位。设置完毕后，再一次将手动泵把手向右旋转锁定。

7. 使用配平补偿飞机姿态的变化，升降舵配平下打0.5度左右。

8. 拉平飞机前，飞机的空速不应低于190公里/小时，在引擎停车状态下，拉平前空速不得低于200公里/小时。

9. 飞机必须在接地前完全拉平，只能使用主起落架完成接地动作。

10. 接地后，尽可能长时间地让飞机保持抬起前起落架的姿态。

11. 刹车只能在前起落架接地后启用，千万不要过度使用刹车。

12. 机载武器上保险。

13. 滑行完毕后收起襟翼。

14. 无线电在滑行过程中保持开启。

X. 关车(使用J2号燃油运转情况下)

1. 将引擎转速提升至6500转/分钟以上。

2. 节流阀后拉至"关车"位。

3. 燃油手柄切至"关"位。

4. 关闭电瓶与所有自动开关。

XI. 特殊情况处置

空中开车，仅在高度低于4000米的情况下进行

1. 节流阀移至"关车"位。

2. 降低发动机的空转转速（1500至2000转/分钟，约等于让飞机保持 $V_a = 300$ 公里/小时至400公里/小时的空速飞行）。

3. 将电瓶、燃油泵、喷口调节以及点火器/机载仪表的自动开关设置为"开"位，其余自动开关设置为"关"位。

4. 喷口调节设置为"A"位，若飞机安装半自动系统，设置为"S"位。

5. 燃油手柄设为"开"位。

6. 按压节流阀上的点火按钮，时长视乎所在高度，一般3秒左右，然后将节流阀推至"地面慢车"（3500转/分钟）或"慢车"（6500转/分钟）位。

7. 当发动机成功重启后，松开节流阀上的点火按钮。

8. 前推节流阀，将发动机转速提至6500转/分钟，或设置为合理的转速，但发动机排气温度不得超过750度。

9. 当发动机提升至合理的转速后，将喷口调节设置为"S"位。

降落失败复飞

1. 喷口调节必须调至"S"位。

2. 迅速又平稳地将节流阀推满。

3. 起落架可保持收起状态。

4. 重新建立进场航线再次进场着陆。

紧急迫降

1. 系好安全带。

2. 在做进一步操作之前，展开襟翼。

3. 只有在地形有利的条件下才放下起落架，否则进行机腹着陆。

4. 燃油手柄切换至"关"位。

5. 节流阀后拉至"关车"位。

6. 关闭电瓶的自动开关。

7. 打开座舱盖，仅限于毁机迫降情况下。

8. 遵照普通降落规范步骤，若是毁机着陆，不要在接地前侧滑，尽可能长时间地保持飞机以水平和直线向前的姿态飞行！避免重着陆！通过滑翔避开不平整的地形。

9. 若接地后飞机有撞毁的风险，将双脚放在座椅腿蹬上。

10. 在飞机彻底停稳之前，不要试图解开安全带并且离开驾驶舱。

跳伞逃生（弹射）

1. 可能的情况下，抬高机头爬升减缓空速。

2. 从接口处断开喉部对讲机电缆。

3. 断开所有连接。

4. 将脚放在腿蹬上！

5. 跟平时离开飞机一样打开座舱盖。

6. 将弹射座椅右侧的保险杆向前推。

7. 用双手紧紧抓住座椅的支撑把手，将头紧贴座椅靠背，肘部紧贴座椅两侧，若在超过4000米的高度上弹射，戴上氧气面罩。

8. 用右手手指拉动位于弹射座椅支撑把手的弹射扳机。

9. 成功弹射离机后，解开安全带并且推开座椅。

10. 打开降落伞。

11. 在低于4000米的高度解开氧气面罩。

XII. 工厂试飞

横滚校正

在飞行中松开操纵杆，留意操纵杆的动作以及转弯侧滑仪上小球的位置。

在地面上调整配平片！以转弯侧滑仪上的小球大小为调整参照单位，若在空中小球在侧滑仪上移动了等于1个小球的距离，那么在地面上就要将两侧副翼的配平片各调整1毫米。

方向舵校正

在约1000米高度上以 V_a = 500 公里/小时的空速飞行，方向舵配平应处在+1度和+2度之间，配平上的1个单位对应1度舵面角。

俯仰校正

确认俯仰趋势并且在飞行中调整配平，两侧配平读数不得相同，若配平依然不足，可在地面上调整机尾的弹簧机构。

仅在方向舵纵倾不对称时才能调整方向舵调整片，调整片需向左调整，让飞机保持左偏倾向。

第三章 最后的狂想——He 162 的脉冲式发动机，特殊武器以及槲寄生方案

装备脉冲发动机的 He 162 战斗机

到了 1945 年 3 月，亨克尔公司的技术人员已经非常清楚宝马（BMW 003）、容克斯（Jumo 004）以及亨克尔-赫斯（HeS 011）三家公司生产喷气式发动机时所需的资金、物料以及时间损耗。从节约资源的角度来看，由阿古斯公司生产的 As 014 和 As 044 型脉冲发动机是一个比较低廉的替代动力方案，前者最初被开发用于为 Fi 103（即 V-1）巡航导弹提供动力。

脉冲发动机是一种相对粗糙但是结构简单的动力装置。为了使它工作，必须让一股高压空气通过进气阀门进入燃烧室内部，加压的空气持续与雾化的燃料混合形成油气混合物。当进气阀门关闭后，燃烧室内的油气混合物被火花塞引燃，爆炸燃烧产生的炙热气体从后方的喷口喷出，由此产生推力。气体喷出后产生的负压会导致前部的进气阀门再次打开，继续吸入新鲜空气在燃烧室中与燃料混合，同时喷口处的燃气也开始在负压的作用下逆流。当到一定程度时，阀门再度关闭，逆流的燃气将会点燃新鲜的油气，进而引发爆炸。待膨胀的气体从后方的喷口喷出后，进气阀门再度在负压的作用下打开，重复此前的工作流程，此后的流程中，火花塞不再需要持续工作。尽管脉冲式发动机存在价格低廉、重量轻、生产方便等优点，但是它的缺点也是明显的——油耗高、只能够在低空运作，并且工作时产生的震动会对飞机结构造成严重损害。在 DFS 230 和 Bf 109 飞行测试平台上进行的试验印证了这一点，而后续的 Bf 110 和 Fw 190 测试平台在安装时都会让脉冲式发动机的喷口远离飞机的主翼和尾翼控

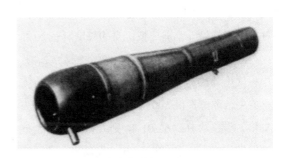

阿古斯 As 014 型脉冲发动机。

阿古斯 As 044 型脉冲发动机。

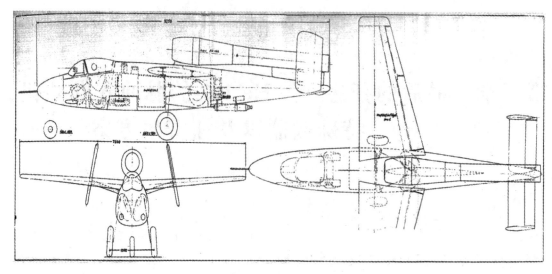

使用 As 044 型脉冲发动机的 He 162 战斗机设计图，绘制于 1945 年 3 月 31 日。

制面，Me 328 以及其他停留在图纸上的项目也突出了这个安装特点。

由于预计 BMW 003 发动机的产能会在 1945 年出现瓶颈，亨克尔公司提出了两款安装脉冲发动机的 He 162 战斗机设计，两款飞机的翼展均为 7.2 米，机翼面积也同样是 11 平方米。同样地，两款设计都需要把机身的长度延长 20 厘米（至全长 9.25 米），以容纳额外的油料。其中一款设计编号 He 162 01-43，在机身上方安装有一台能够提供 500 公斤推力的 As 044 型发动机。另一款 He 162 01-44 则并排安装两台能够提供 335 公斤推力的 As 014 发动机。这两款设计的脉冲发动机喷口均设在尾翼控制面的后方。

由于此前提到的脉冲发动机自身的缺陷，加上这两款飞机均需要使用火箭助推起飞，亨克尔公司更倾向使用单发布局，因为它比起双发布局来说提供了更高的推力，并且让飞行员拥有更好的后向视野。（由于 He 162 机身太小，无法容纳两台 As 044 发动机和驱动其所需的 2200 公斤燃油。）单发和双发的性能对比可见后文的数据表格。

在 1945 年 3 月 30 日的评估报告中，亨克尔公司报告称：

由于动力单元所产生的推力会随着飞行高度上升而降低（因为空气变得稀薄），这款飞机的最高飞行速度将会在海平面高度达成。出于同样的原因，飞机的飞行性能会随着高度变高而变差，所以最佳作战飞行空域也是在低空。

这款飞机需要依靠辅助装置起飞。为了不让助推火箭的烟雾泄露飞机的起飞位置，需要安装一套弹射装置。上述时间所需的燃油完全可以放置在机身和机翼内，无需使用外部油箱。燃油和液压系统所需的辅助动力由飞机上的发电机组提供。

亨克尔公司为两款配备阿古斯 As 014/044 型脉冲发动机的 He 162 战斗机制作了以下的对比表格：

战 斗 机	He 162.01-44	He 162.01-43
发动机	2×As 014	1×As 044
发动机海平面静态推力(公斤)	2×335	1×500
在海平面以 700 公里/小时速度飞行时发动机提供的推力(公斤)	2×355	1×530
在 6000 米高度以 700 公里/小时速度飞行时发动机提供的推力(公斤)	2×160	1×250
在海平面以 700 公里/小时速度飞行时的油耗(公斤/小时)	2×1760	1×2650
在 6000 米高度以 700 公里/小时速度飞行时的油耗(公斤/小时)	2×830	1×1250
重量(公斤)		
机身重量(光洁)	930	930
武备(2 门 MK 108 航炮外加每门炮 70 发备弹)	155	155
防护装甲板	170	170
弹药	80	80
其余装备	85	85
组员(1 人)	100	100
脉冲发动机+油箱	380	280
燃料	1400	1100
起飞重量(不使用火箭助推)	3300	2900
起飞翼载(公斤/平方米)	300.0	263.6
着陆重量，剩余 20%油量	2180	2020
着陆翼载(公斤/平方米)	198.2	183.6
性能		
最高飞行速度(公里/小时，全功率，海平面高度)	810	710
最高飞行速度(公里/小时，全功率，3000 米高度)	780	660
最高飞行速度(公里/小时，全功率，机上 50%余油海平面高度)	710	590
爬升率(米/秒，平均飞行重量，海平面高度)	18.5	12.0
爬升率(米/秒，平均飞行重量，3000 米高度)	11.5	6.5
爬升率(米/秒，平均飞行重量，6000 米高度)	5.0	1.5
续航距离(公里，全功率，海平面高度)	270	250
续航距离(公里，全功率，3000 米高度)	350	320
续航距离(公里，全功率，6000 米高度)	410	380
续航时间(分钟，全功率，海平面高度)	20	21
续航时间(分钟，全功率，3000 米高度)	29	32

续表

战 斗 机	He 162.01-44	He 162.01-43
续航时间(分钟，控制节流阀，海平面高度)	40	45
续航时间(分钟，控制节流阀，3000 米高度)	40	45
续航时间(分钟，控制节流阀，6000 米高度)	40	45
最高升限(米，爬升率 1 米/秒)	8000	6500
起飞滑跑距离(米，装备 1000 公斤火箭助推器)	550	550
可选武器包括 2 门 MK 103 航炮，或 2 套三管 SG 118 发射器		

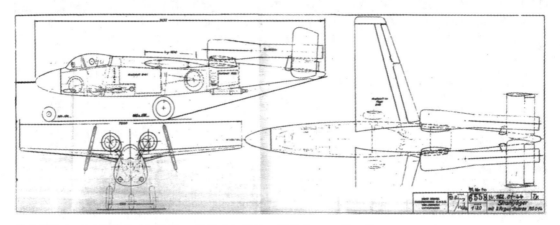

装备两台 As 014 脉冲发动机的 He 162 战斗机图纸，制作于 1945 年 3 月 31 日。

装备 SG 117 发射器的 He 162

1945 年，隶属莱茵金属-博西格下吕斯(Unterlüß)试验场武器研发部门自动武器及弹药处的弹道学专家们进行了一项针对加强 He 162 武备的可行性研究，以使其能够对抗盟军的重型轰炸机。在 1945 年 7 月一份为盟军编写的报告中，来自莱茵金属-博西格公司的弹道学专家约瑟夫·肖茨(Josef Schoetz)博士写道："战斗机针对轰炸机的作战战术主要由迎面攻击和追尾攻击组成。然而，1943—1944 年的经验表明，这些战术显然不能确保让战斗机成功摧毁轰炸机。在迎面攻击和追尾攻击中，轰炸机成了一

个需要小心接近并且仔细瞄准的小目标。除此之外，轰炸机编队的防御火力往往足以摧毁战斗机，这使得目标变得更具有挑战性。新研发的、能够以约 800 公里/小时速度飞行的喷气式战斗机往往体积更小，而续航也更短，例如 He 162。"

肖茨指出，为了让 He 162 这款产量庞大但是航程有限的喷气式战斗机，能够在战术上有效地对抗拥有密集防御火力的重型轰炸机群，它必须能够在最短的时间内倾泻尽可能多的火力。固定的航炮，例如安装在 He 162 机上的 MG 151 或者 MK 108 航炮，需要飞行员在开火前朝着目标直线飞行并且将目标稳定在瞄准镜内几秒钟，以确保最高的命中率和足够的命中

次数。为了减少飞行员和战斗机暴露在防御火力下的时间，德国人正在努力开发能够快速开火，并且可以以扇形发射，或造成类似霰弹枪式效果的武器，比如能够波及一定范围的爆炸式或者燃烧式武器。

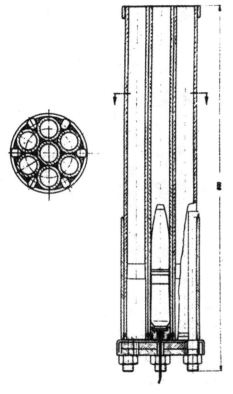

莱茵金属-博西格绘制的 SG 117 原始设计图，制作于 1944 年 11 月 23 日。

117 型发射单元，这个发射单元在莱茵金属-博西格公司位于下吕斯的试验场上组装完成。

在 1944 年秋，下吕斯的工程师们正在研发一款新的武器系统，代号为 SG 117（SG 代表 Sonder Gerät，特殊设备）的 30 毫米多管式发射单元。这款发射单元由 7 根炮管组成，每根炮管装有 1 枚 MK 108 航炮炮弹。这 7 根炮管以圆柱状排列，由金属支架连接在一起。它们的后膛连接着负责击发炮弹的电路。炮膛内的炮弹会在短时间内按照顺序依次击发——这与日后大名鼎鼎的"金属风暴"武器系统的工作原理非常相似。

计划使用三个同款发射单元组成一套旋转式发射器。两套这样的旋转式发射器可以安装在机上用于容纳 MK 108 或 MG 151 的航炮舱内，这意味着飞行员可以在短时间内朝着轰炸机齐射 14 发 30 毫米炮弹。此外，单独的 SG 117 发射单元可以外挂在飞机两侧机翼的下方，提供额外的 14 发炮弹。挂载在机翼下的 SG 117 发射单元将会安装一个整流罩，这个整流罩可以在开火前通过点燃燃烧索的方式抛离。

He 162 的飞行员将会通过操纵杆上的航炮开火按钮操纵 SG 117 开火。而驾驶舱内还会安装一个旋钮，飞行员可以通过这个旋钮选择发射内置的两具发射器，或是挂载在机翼下方的另外两具发射单元，抑或是同时发射四具发射器/发射单元。

组成旋转发射器的三个发射单元安装在一根圆轴上，这根圆轴通过轴承安装到飞机上，可以转动。为了吸收开火时产生的约 2000 公斤后坐力，在圆轴上安装了一个由板型弹簧组成的缓冲弹簧，预计发射器的后座距离约为 22 毫米。后坐力的冲击将通过一个圆盘传递到弹簧上，这个圆盘通过一根销子沿着圆轴运动。缓冲弹簧的另一端与一个管状套筒相抵。这个管状套筒将会通过法兰与后部法兰轴承连接。在轴的末端安装有一个滑动套筒，一个锁止盘和

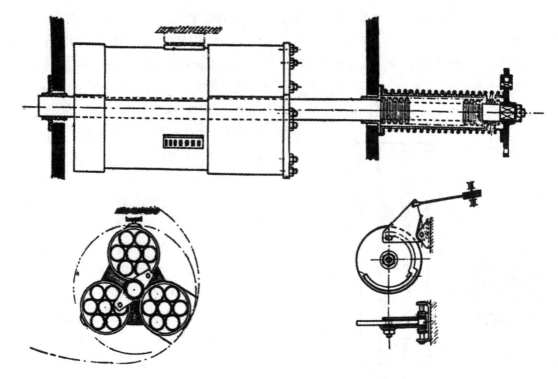

莱茵金属-博西格公司为 He 162 绘制的三联装发射器模块设计图，制作于 1945 年。

一个槽型螺母。这个螺母用来调节板型弹簧的张力，但必须小心，不能让轴沿着自身方向移动。发射器的后坐力会通过套筒、锁止盘和槽型螺母往后压。而板型弹簧则会向前作用，吸收部分后坐能量。

管状套筒上安装了一个预先上紧的强力扭力弹簧，它的一侧连接着管状套筒的法兰，另一侧则连接着锁止盘，这根弹簧会保持让发射器朝着一个方向转动。旋转动作由与锁止盘相扣的锁销控制。固定在金属片上的锁扣会跟随毂进行后坐运动。这个毂会被一根锁销顶住。这根锁销将会通过飞机上的轴承固定住。当第一个发射单元发射后，飞行员将通过一根操纵索释放锁销，让张力弹簧驱动发射器旋转一段距离，直至锁销抵达下一个凹槽。发射第二个发射单元后，飞行员再度拉动锁销，让第三个发射单元旋转到位。如此一般，三个发射单元就可以依次开火。

重新装填发射单元时，要先从第三个发射单元开始。安装完毕后，手动推动发射器转动到第二个发射单元，继续装填。第二个发射单元装填完毕后，再次手动推动发射器旋转，直至锁闩出现，然后装填第一个发射单元。

每个发射单元的击发都是通过一个圆柱形的电开关来实现的。单元内的 7 发炮弹将会以相隔 6 米的距离依次发射出去。第一个发射单元的七根点火电缆将会引向第二个发射单元上的一个接触盒。这个接触盒上装有滑动元件，通过这些滑动元件压紧接触盒的接触弹簧。接触器将会固定在机身上。发射电缆将会从这个接触盒内引到圆柱形开关上。第二个发射单元的电缆则会连接到第三个发射单元的接触盒上，然后再连接到第一个发射单元的接触盒上。

在装填时，第三个发射单元的后盖会被移

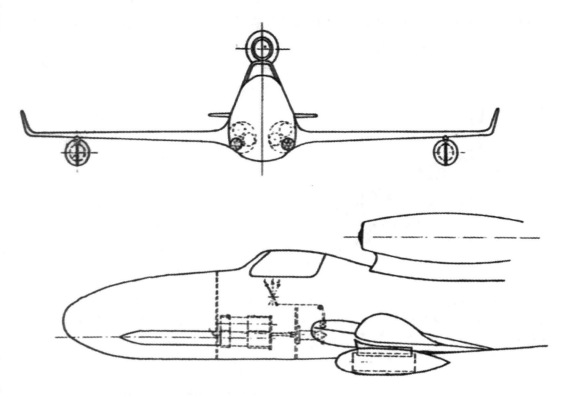

战争结束后，前莱茵金属-博西格公司工程师为盟军情报部门绘制的 SG 117 发射器设计图，显示了单个发射器的结构，以及两种发射器/发射单元在飞机上的安装位置（每侧机身内和翼下均有）。

开，带有接触盒的炮弹被插入发射器中。让发射电缆穿过盖子上相应的孔后，再把盖子拧上。随后点火电缆将要按照对应的数字顺序连接到第二个发射单元的接触盒内。而第二个和第一个发射单元也依照类似的方式装填。

左右两个发射器的操纵索将会连接成一根操纵索，这根操纵索通过飞行员座位附近的一个差动滑轮转动，它的末端连接在一个三向控制杆上。

机身上有一个检修盖用于检修这套设备。发射模块的内部通过肋之间的涂层密封。

装备 R4M 火箭的 He 162 战斗机

1945 年 2 月，在施韦夏特驾驶 He 162 完成第一次体验飞行后，战斗机部队总监格洛布上

校命令亨克尔公司研究在机上安装 55 毫米 R4M 空对空火箭（当时已计划在 Me 262 上安装）的可能性，并且在 2 月 20 日向他报告。而早在 1944 年 10 月 14 日，弗兰克旗下隶属亨克尔维也纳-施韦夏特公司的技术管理部门（Technische Direktion）指派一名名叫特福芬（Töpfer）的专家，研究如何在 He 162 上安装两个 BR50BS 发射器，或者 R4M 火箭。

R4M 型火箭的尾翼收起形态。

1944 年初，德国的弹道工程师们已经意识到，在飞机上安装火箭已是不可避免了。因为

已经很难把射程更远的固定式武器安装到战斗机上，而盟军轰炸机编队的防御火力却变得越来越强。

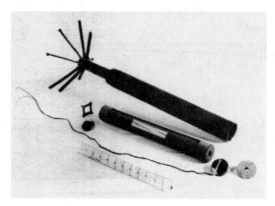

R4M 型火箭的尾翼展开形态，注意火箭弹内部所装载的炸药。莱茵金属-博西格公司提议在 He 162 的每侧机翼下方安装一个紧凑的六边形蜂窝状发射器挂载 30 枚该型火箭，以此对抗盟军轰炸机群。

从 1943 年后半旬至 1944 年间，随着毁誉参半的 WGr 21 型发射器出现，德国的武器专家们认为：攻击轰炸机编队的唯一可行的选择是派出翼下挂载火箭的战斗机组成编队，朝着轰炸机编队同时发射火箭，组成一条轰炸机绝对无法规避的"火链"。在 1944 年 6 月，德国空军技术装备处提出一项需求，要求设计一种通过电点火、配备尾翼稳定的火箭，其战斗部装载的炸药足以在一次攻击中摧毁一架四引擎轰炸机。四个星期后，一个强大的公司联合体成立了，每一个公司均负责不同的部件，这个联合体由位于吕贝克（Lübeck）的德意志武备与弹药研究所（DWM）领导。

这个联合体向技术装备处提交了一款 814 毫米长、55 毫米口径的火箭弹设计，其战斗部装有 520 克奥克托今炸药，通过一枚 AZR 2 型引信点火，全重为 3500 克。火箭的设计目标是从 800 米距离上发射命中空中目标，它配备有 8

片尾翼进行稳定，这些尾翼会在火箭弹射出后在空气阻力的推动下自动打开。

这个火箭弹设计获得好评，并且被命名为"R4M"（Rakete 4kg Minen Geschoß）。1944 年 10 月底，这款火箭分别在布尔诺股份公司（Brünn AG）的威斯汀工厂（Westin）靶场以及奥斯特罗德（Osteroda）的库尔特·希伯靶场（Kurt Heber）进行了试射测试。然而，雷希林试验场（该试验场在 1944 年 12 月负责对火箭进行首次空射测试）和塔尼维茨试验场的测试团队对这款火箭并不满意，这是因为单个部件制造标准不佳所导致的结果。到了 1945 年 1 月，当初始烧毁问题得以解决后，这款火箭接受了全面的改造，包括对空气动力学外形以及战斗部的各种改进。

R4M 最终定型为一款非旋转式，通过发射轨或者发射管发射的单文丘管式、使用固体燃料推进的多翼稳定式火箭弹。它的战斗部被包裹在一个仅有 1 毫米厚的钢制外壳内，这个外壳由两个轧制的钢部件焊接而成，战斗部内装满了高爆炸药。这款火箭战斗部的装药量很高。

1945 年 3 月至 4 月间，来自 JG 7 联队和 JV 44 部队的 Me 262 战斗机首次携带这款火箭弹进行实战，并且在拦截 B-17 的作战中取得了让人惊讶的成绩。于是乎，莱茵金属-博西格公司的弹道学专家们想在 He 162 身上复制这种成功。他们建议在飞机的每侧机翼下安装 30 联装"蜂窝式"发射器，其使用方式和前文提到的翼下挂载式 SG 117 类似。

由莱茵金属-博西格公司撰写的 He 162 安装 R4M 火箭可行性报告中写道：

R4M 火箭会喷出相当大的尾焰，因此它不能安装在其他设备的前方，唯一可能的安装位置就是机翼的下方。

每侧机翼可以容纳 30 枚火箭，这些火箭紧密地安装在一个六边形蜂窝状的火箭巢中。在这种布置条件下，一次只能发射 2 发火箭，每侧的发射器发射一发。每发火箭弹之间必须保持 70 米的间隔，以避免在后面飞行的火箭弹被位于其前方火箭弹干扰。最高射速可达每分钟 1700 发。

可以把 30 发火箭巢分割成更小的 2 个 15 发火箭巢，并且将其挂载在机翼下方，两者相隔约 500 毫米。这使得战机可以在任何时候同时发射 4 发火箭弹，从而将射速提高至每分钟 3400 发。由于 R4M 火箭的口径为 5 厘米，相较于其他武器装备来说，这款武器的性能是一个相当大的改进。

通过一个圆柱形电开关控制 4 发火箭的发射，这款设备已经被定型为 SG119 型。可以控制火箭进行连续射击，但也可以预先选定发射次数。

火箭巢被包裹在一个整流罩内，飞行员可以在发动攻击前通过点燃燃烧索抛弃整流罩。

包括弹药在内，整套武器装置的全重约为 250 公斤。这套装置的优势在于，在发射火箭后，飞机只需要携带 40 公斤的重量，如果有需要的话，这些重量也能抛弃。而如果使用其他型号的武器，这些额外的重量依然会留在飞机上无法抛弃。

尽管莱茵金属-博西格公司进行了相应的研究，但 He 162 从来都没有携带过 R4M 火箭。

槲寄生 5 型

该计划开始于 1944 年 11 月下旬，设想在"槲寄生复合体"上采用 He 162 战斗机，由 He 162 战斗机作为其上层载机。由于 He 162 是

由非战略物资建造而成，耗费的工时相对较少，它被认为是阿拉多 E377a 型槲寄生飞机的理想载机。在最初的设想中，E377 型是一款无动力、消耗品式飞机，实际上就是一个大号空投炸弹。它的机头装有一个 2000 公斤重的空心装药聚能战斗部，或一发 SC1800 炸弹。而改进后的 E377a 型则搭载两台宝马 BMW 003 A-1 型发动机。

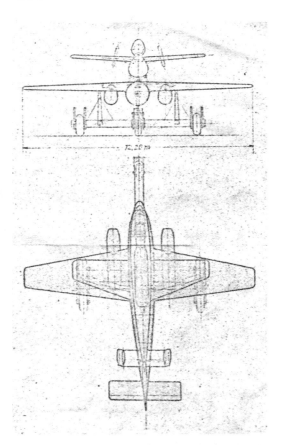

阿拉多公司绘制的 He 162 与 Ar377a 槲寄生式飞机的原始草图，制作于 1944 年 10 月 30 日。

在最终设计中，E377 没有安装任何控制面或者起落架，因为这会增加额外的资源消耗，而这款飞机的设计目的仅仅是瞄准它的目标然后发射。莱茵金属-博西格公司为飞机开发了一款 3.5 吨重的起飞滑车，可以将槲寄生式飞机

吊到滑车上。而 He 162 则会安装在飞机的顶部，并且通过爆炸螺栓与榭寄生式飞机连接。位于底部的五轮起飞滑车将在起飞后抛弃。

1945 年 1 月，帝国航空部将榭寄生 5 型的开发工作移交给容克斯公司，容克斯公司依照 E377a 的理念设计他们自己的榭寄生式飞机，即 Ju 268 型。一年后的 1946 年 1 月，英国皇家空军部情报局的 AI2（g）部门发表的一份关于计划中 Ju 268/He 162 榭寄生式飞机的报告中写道：

这种子母机的上部载机是 He 162 喷气式战斗机。下部是一架代号为 8-268 的容克斯飞机。这是一架用于携带战斗部的双垂尾、中单翼结构双引擎喷气式飞机，由两台宝马 BMW 003 型喷气式发动机提供动力。其配备了一个可抛弃的前三点式起落架。

8-268 型飞机共有 3 款战斗部设计，第一款是在机头靠下的位置安装一颗 SC 2000 型 2000 公斤炸弹，第二款是在靠近机身重心的位置安装一颗 3500 公斤重的钢壳空心装药聚能战斗部，第三款则是在相同的位置上安装一颗重量相似的钢壳实心战斗部。

可以预见的是，下部的飞机还可以作为一架拥有常规飞行控制系统的飞机使用。

两款榭寄生式飞机的性能数据如下表所示。

He 162/E377a 榭寄生方案	He 162 A	Ar E377a	两机合计
发动机	1×BMW 003 E	2×BMW 003 A-1	3×BMW 003
海平面静态推力(公斤)	1×800	2×800	3×800
翼展(米)	7.20	12.20	—
全长(米)	9.05	10.90	—
机翼面积(平方米)	11.00	25.00	36.00
燃油负载(公斤)	870	4500	5360
战斗部重量(公斤)	—	1800~2000	—
起飞重量，不计滑车(公斤)	2900	10400	13300
翼载，不计滑车(公斤/平方米)	263.6	416.0	369.4
起飞重量，计入滑车(公斤)	—	—	17300
翼载，计入滑车(公斤/平方米)	—	—	480.6
飞行重量，在目标区上空，最大渗透航程(公斤)	2900	5900	8800
翼载，目标区上空(公斤/平方米)	263.6	236.0	244.4

He 162/Ju 268 槲寄生方案	He 162 A	Ju268	两机合计
发动机	1×BMW 003 E	2×BMW 003 A-1	3×BMW 003
翼展(米)	7.20	12.20	—
全长(米)	9.05	10.90	—
机翼面积(平方米)	11.00	22.00	33.00
燃油负载(升)	1540	5080	6620
爆炸物装载量(公斤)	—	2000	2000
装备重量(公斤)	1725	4300	6025
起飞重量(公斤)，不计滑车以及火箭助推起飞设备	3100	10500	13600
海平面最高飞行速度(公里/小时)	790	—	780
6000 米高度最高飞行速度(公里/小时)	840	—	820
在 11000 米高度巡航速度(公里/小时)	—	—	800
海平面爬升速度(米/秒)	—	—	16.0
6000 米高度爬升速度(米/秒)	—	—	8.5
起飞滑跑距离(米)使用 6 个助推火箭	—	—	1400

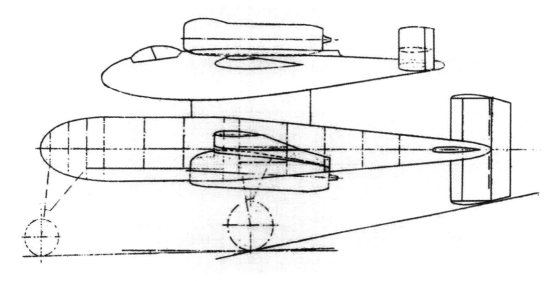

容克斯公司绘制的 He 162/Ju 268 槲寄生式飞机组合体草图，这些草图是在战争结束后的 1945 年 5 月 12 日由容克斯公司员工制作的，当时容克斯工厂早已被苏军占领。

在 1945 年 1 月中旬，容克斯曾计算出这款飞机在 6000 米高度飞行时最远航程可达 1600 公里，而最高飞行速度则为 820 公里/小时。根据报告，槲寄生 5 型计划在 1945 年 3 月进行最终定型工作，并且于 4 月 19 日在容克斯的德绍（Dessau）风洞进行低速风洞测试。然而，没有一架该型号的槲寄生飞机被生产出来。

一张制图日期为 1945 年 5 月 12 日的 Ju 268 结构图纸被保存了下来，在这个时候，容克斯工厂早已处在苏军的控制之下。

除此之外，德国人还为在 Ju 268/He 162 槲寄生式飞机上安装 WVR-1 和 FS-Revi 型目标瞄准装置的方案进行了相应的研究，甚至还研究过让 Me 262 和 He 162 组成槲寄生式飞机的方案，但仅仅停留在纸面上。

第四章　部署到实战——He 162 与 JG 1 战斗机联队

1945 年 2 月，势不可挡的苏军已经突破奥得河（Oder），先头部队距离柏林不到 100 公里。另一方面，盟军继续在第三帝国头上倾泻炸弹。自 1945 年元旦伊始，美第八航空军与英国皇家空军的轰炸机司令部开展合作，有计划地将德国境内的炼油厂列作轰炸目标。由于制空权已经确保，英军轰炸机也开始定期在昼间出动实施空袭。2 月 14 日，当德国空军针对轰炸德国北部和中部工业及燃油生产设施目标的盟军轰炸机群发动拦截作战时，他们在作战中损失了 107 名飞行员，另有 32 人受伤。与此同时，包括坦克制造工厂、飞机制造工厂、化工厂等工业目标，以及铁路编组站、修理厂、道口、桥梁和公路交通要道等交通目标，都遭到了美军前线战术航空兵部队持续不断的袭扰。在西线，冯·伦德施泰特（Von Rundstedt）将军的部队正从阿登地区撤退，仅在 1 月 22 日和 23 日这两天，就有 6000 余辆各式德军车辆被盟军航空兵摧毁。

对于德军战斗机部队来说，由于大量的联队被部署在东线作战，仅有四支联队留下来保卫第三帝国本土的领空。这些部队每次出战的损失率高达 30%，但是所取得的战果却只占盟军出战飞机数量的 0.2%。他们手头上的兵力完全不够，正如 1945 年 2 月 3 日德国空军最高司令部作战参谋人员针对美军 937 架轰炸机空袭滕珀尔霍夫（Tempelhof）编组站作的报告所述：

今日柏林遭遇猛烈空袭的时候，帝国元帅质问作战参谋长，为什么德国空军没有派出战斗机拦截。实际上，由于奥得河方向上的困难处境，德国空军最高司令部命令所有战斗机部队，包括帝国航空军团（Luftflotte Reich）在内，都要到东线参与作战。这些部队开始从事轰炸行动。当敌军开始进攻柏林时，JG 301 联队已经在奥得河地区执行了一次任务，而 JG 300 联队也挂上了炸弹准备执行任务。作战参谋建议帝国元帅等敌人在奥得河上的桥头堡被摧毁后，再将之前参与帝国防空作战的战斗机部队以及加强给第六航空军团的战斗机部队调遣回本土参与帝国防空作战。帝国元帅同意了这个建议。作战参谋长将会通过电话与元首的空军副官沟通这个问题。

到了这个阶段，德国空军已无任何胜算。在 2 月 9 日，美军派出 1200 架轰炸机针对德国中部的铁路和石油工业目标发动轰炸时，德国空军仅仅派出 67 架单引擎战斗机进行拦截。德国空军的作战参谋人员感叹道："派出这么少的飞机进行拦截是没有意义的，只能说是一个错误。"

盟军已经获得了压倒性的空中优势，并且严

重削弱德国内部的基础供应设施。正是在这种严峻的条件下，德国空军列装了他们的第三款，也是最后一款喷气式战机——He 162（Me 262 和 Ar 234 自 1944 年秋季就已经投入使用）。

这一阶段，德国空军正在着手建立一支专门的支队，以便对这款飞机进行实战测试。这支支队的组建细节尚不清楚，据信是在加兰德的命令下于 1944 年末组建的。支队的规模等同于一支战斗机大队，下属三支战斗机中队，每支中队配备 12 架飞机，而大队指挥部则额外配备 4 架直属飞机。这个支队名为"162 测试特遣队（Erprobungskommando 162）"，根据计划，这支部队只会维持 6 个月，在这之后，He 162 将全面投入作战使用。加兰德指示让这支特遣队驻扎在雷希林试验场附近。1945 年 1 月 1 日，组建特遣队的通知下发到雷希林试验场。1 月 9 日，正式的组建命令传达给测试指挥处的彼得森上校。

雷希林试验场命令来自 25 测试特遣队（Erprobungskommando 25）的盖尔上尉监督 162 测试特遣队的组建工作。据信与其一同工作的还有冯·黑尔登（Oberst Von Helden）上校，他在 1 月 14 日接到命令，要组建一支由 26 人组成的小队，在士官的带领下前往位于罗斯托克-曼瑞纳亨的亨克尔公司参与熟悉训练。这支小队于 1 月 15 日抵达罗斯托克，另有 4 人于 18 日抵达当地。

1 月 23 日，戈林正式宣布加兰德被解除职务，格洛布上校成为其继任者。他一上任就撤销了组建测试特遣队的命令，并且给计划中组建的单位分配了一个新名字——I. /JG 200。与此同时，为了彰显其作为大队的建制，还为这支部队分配了一个直属中队（Stabsstaffel），而组成这支大队的 40 架飞机和相应的地勤人员则从原本准备用于组建 II. /JG 7 的人员中抽调出

来——实际上，加兰德本来计划要以此为基础组建一支装备 Me 262 的大队！

短短几天后，I. /JG 200 的组建计划就被放弃了，取而代之的则是另外一支名叫 I. /JG 80 的部队。然而，这个计划也没有持续多久，1 月 29 日，格洛布上校撤销了 I. /JG 80 这个番号，他下令"让 I. /JG 1

霍斯特·盖尔上尉，他曾担任第 25 测试特遣队的指挥官，雷希林试验场指派他监督 He 162 战斗机的早期研发工作。在加兰德被撤职的前几天，他受命组建"162 测试特遣队"，对国民战斗机进行评估。据信他本人曾于 1945 年 2 月在维也纳试驾过 He 162。

改装 He 162。建立新的 He 162 大队计划必须搁置，因为 Fw 190 战斗机的产量严重下滑。因此，要尽可能地让驾驶 Fw 190 战斗机的部队改装 He 162"。

JG 1 联队的队徽。

格洛布上校命令他的参谋人员停止 I. /JG 80 的组建工作，并安排 I. /JG 1 换装 He 162。I. /JG 1 拥有三支配备 12 架飞机的中队，另有 4 架飞机直属大队指挥部，与此同时他们还会配

属与装备 Me 262 的大队类似的信号与技术人员后备。这个单位将会在帕尔希姆集结编成。JG 1 将会归属帝国航空军团的麾下，其具体实施细节将由战斗机部队总监的参谋人员负责。

与许多德国空军的战斗机部队类似，自从经历 1944 年夏天法国上空那场激斗后，隶属 JG 1 联队旗下的三个大队都已经筋疲力尽了。

来自 3. /JG 1 的汉斯·伯杰（Hans Berger）少尉，为我们讲述了 I. /JG 1 大队当时的情况：

1944 年底，我回到 I. /JG 1 大队，我自诺曼底之战开始后就离开了这支大队。此时，一切都改变了。我的大部分战友都不见了，一些人被调往其他部队，但绝大多数人都在战斗中阵亡了。我能感到气氛改变了。自从离开史基浦（Schiphol）后，我们这些军官就开始与基层的士兵疏远起来，也没有加深与中队成员之间的关系，但现在，军官之间的关系也出现了深深的裂痕。在和平时期，成为一名军官需要更高的专业素质，但是在战争时期，一些勇敢的士兵仅仅通过他们的英勇表现，就能被提升到更高的官衔。因此，好几个战斗机大队被交给优秀的战斗机飞行员指挥，但是他们的领导能力却非常糟糕。这些人往往无法在心理上应付极端困难的情况，在这种状况下，我们以巧妙的方式执行他们的命令，最重要的是，帮助他们

隶属 I. /JG 1 大队的 Fw 190 A-8 战斗机，摄于泥泞的格赖夫斯瓦尔德机场，1944 年 11 月。到 1945 年初，JG 1 联队已经经历了漫长的战斗岁月，该部在诺曼底地区执行了大量的作战行动，并且参与了对盟军战略轰炸机群的拦截作战。在经历了那场损失惨重的"底板行动"后，JG 1 联队的作战能力再也没能恢复过来。图中的战机涂有红色的帝国防空作战识别带，位于左侧的战机螺旋桨叶片上涂有不同寻常的标记，而在照片的右下方，一辆半履带式摩托后方正拖着一辆移动式启动车。

的下属避免在行动中遭受不必要的损失。与之相反的是，他们常常追求奖章和晋升，对他们来说，唯一重要的事情就是争取最大限度的战果，即便是以大量损失僚机和那些没有经验的飞行员作为代价。这些战时晋升的军官发现自己无法胜任这个角色后，往往会采取盲目的威权主义，而且几乎所有人都会开始酗酒。我看到他们几乎每天都会到军官俱乐部去喝酒。有些人一天得喝一整瓶白兰地。当一些年轻的中尉——比如我——拒绝像这样的酗酒行为后，不得不因此忍受旁人的奚落。事实上，人们经常听说的德国"王牌飞行员"中，有许多人并没有很强的领导能力。

自 1944 年 5 月以来，JG 1 联队的指挥官就一直由老道的王牌飞行员赫伯特·伊勒费尔德（Herbert Ihlefeld）上校担任。他在西班牙内战时期作为一名军士飞行员第一次参加作战行动。1940 年夏天，当英吉利海峡之战结束时，他已经晋升为 I. /JG 77 的指挥官，并且取得了 25 场空战胜利。此后，他继续累积战果，并且成为第五位战果超过 100 架敌机的飞行员。他先后指挥过数支部队——JG 52、JG 103、JGr 25、JG 11 以及 JG 1。1940 年 9 月，在取得第 21 场空战胜利后，伊勒费尔德上校获颁骑士十字勋章。1941 年 6 月 27 日，为了表彰他取得第 40 次空战胜利，上级授予他橡叶骑士十字勋章。而在 1942 年 4 月 24 日，当他取得第 101 场空战胜利后，他成了第九位宝剑骑士十字勋章获得者。在战争结束前，他执行了 1000 多场战斗任务，取得了 130 场空战胜利，其中 15 个战果为四引擎重型轰炸机。他最初作为一名战斗机师部的参谋人员加入 JG 1 联队。

1945 年 1 月 1 日凌晨，JG 1 联队参与了德国空军针对位于法国、比利时和荷兰的盟军战术空军机场发动的大规模战斗机突袭"底板行动"。在高度保密的情况下，德国空军调集来自 10 支战斗机联队和 1 支对地攻击机联队的 41 支大队参与这场攻击行动。包括 Ar 234 喷气式轰炸机和 Me 262 喷气式战斗机在内，共有 900 多架飞机起飞进行突袭。战争发展到这个阶段，德国空军还在执行如此大胆的作战行动，这无疑是一个里程碑。

赫伯特·伊勒费尔德上校（他于 1945 年 1 月晋升为上校军衔，照片拍摄时他尚为中校）。

行动中，I. /JG 1 遭受沉重打击，损失了 13 架 Fw 190 战斗机以及大队长格奥尔格·哈克巴特（Georg Hackbarth）上尉等 9 名飞行员。

哈克巴特上尉死后，大队长的职务交给了来自 3. /JG 1 中队、经验丰富的中队长卡尔-埃米尔·德穆斯中尉。卡尔-埃米尔·德穆斯生于 1916 年 12 月 22 日，出生地为靠近海尔布隆（Heilbronn）的阿法尔特拉奇（Affaltrach）。他的

卡尔-埃米尔·德穆斯中尉，尽管他只是 3. /JG 1 中队的中队长，但是从战术层面来说，他已经在领导 I. /JG 1 大队。他曾在战斗中取得 16 场空战胜利，并且会作为 I. /JG 1 的大队长带领该部经历换装 He 162 战斗机的短暂历程。

空军生涯开始于 1935 年 10 月 29 日，他在这一天加入了位于新比贝格（Neubiberg）的第 4 飞行员补充分队（4./Flieger Ersatz Abteilung）接受基本训练。随后，他在 1938 年 11 月 1 日至 1939 年 9 月 3 日期间，在位于考夫博伊伦（Kaufbeuren）的第 23 飞行员训练团（Flieger Ausbildungs Regiment 23）接受初级飞行训练。1939 年 11 月底，德穆斯在勃兰登堡-布里斯特（Brandenburg-Briest）的空军飞行训练学校短暂停留后，作为一名飞行教官回到考夫博伊伦任教，直到 1942 年 8 月 18 日。此后的一年时间里，他在位于哈维尔河畔韦尔德（Werder/Havel）的第 2 航空军事学校接受培训。在此期间，他用了六个星期的时间执行飞行补给任务，驾驶容克斯 W34 型飞机从华沙（Warsaw）飞往第聂伯罗彼得罗夫斯克（Dnjepropetrowsk），还执行了为围困在斯大林格勒的德国军队空运补给的任务。他最终加入了 2./JG 102 中队，在这支中队里学会了如何驾驶 Bf 109 战斗机。前往驻扎在法国的西线战斗机补充大队（Ergänzungs-Jagdgruppe West）短暂停留了一段时间后，德穆斯于 1943 年 8 月 19 日加入了 3./JG 1 中队。在该部作战期间，德穆斯一共取得了 16 场空战胜利，这些战果全是在西线空战中取得的，击落的也都是美军的飞机。

然而，在 1 月 3 日，I./JG 1 的指挥权却被转交给前轰炸机飞行员甘特·卡皮托（Major Gunther Capito）少校。卡皮托少校记述道：

1 月 3 日—4 日的晚上，经历了一趟糟糕的火车行程后，我向伊勒费尔德上校报到。他立刻任命我为第一大队的指挥官，但是有一个条件：飞行中的指挥权要交给第 3 中队的德穆斯中尉。这条对我的限制是出于好意，因为我既没有战斗机飞行员的作战经验，也没有领导飞行大队的经验。最初的几天时间里，新的年轻飞行员和新的飞机一起从训练学校被送抵驻地。大约在 1 月 11 日，我们再度恢复了作战能力，虽然队伍的经验非常缺乏。我们在德穆斯中尉的指挥下进行了第一次编队飞行。

I./JG 1 大队的队徽。

3./JG 1 中队的队徽"但泽之狮"，至少有两架隶属该部的 He 162 战斗机涂上了这个队徽。

在东线战场的北部，北方集团军群和其他的一些部队自1944年10月中旬以来一直被围困在库尔兰，这里将成为JG 1联队的新战场。卡皮托少校记述道："12日，当俄国人发动进攻并且在巴拉诺夫（Baranow）建立桥头堡后，我们接到命令要向东转移。联队长当天晚上就离开了，去和上级讨论细节。我们定于14日上午离开。但是当天该地区被大雾笼罩着，让这些'新手飞行员'起飞实在太危险了。这时，传来了一条消息：据称北海上空有一个敌机大型编队在活动。"

在伊勒费尔德上校缺席的情况下，卡皮托少校不得不独自处理这个威胁，然而气象条件对他来说并不利。他命令大队的大部分战机升空参战，但是这道命令却造成了可怕的结果。由于这些年轻的飞行员缺乏经验，并且还要在雾中飞行，一些人在升空后开始寻找敌机，而更多的人却开始进行紧急迫降。升空15分钟后，I. /JG 1大队的飞机就分散着陆在德国北部的各个机场上。更加糟糕的是，一些Fw 190还与喷火式战斗机发生遭遇战，至少两名飞行员在战斗中损失，其中一位驾驶的还是曾被大肆吹嘘的"长鼻子"Fw 190 D-9型战斗机。

刚一回来，伊勒费尔德上校就开始对他手下的军官们大发雷霆。卡皮托少校回忆道："伊勒费尔德上校威胁要把我逮捕并且送上军事法庭审判。由于在三天前已经安排好调职事宜，我避免到柯尼斯堡（Königsberg）机场与他碰面。后来我得知，第一大队的飞行员们于1月15日在韦尔诺伊亨（Werneuchen）重新集结，并且从那里出发前往目的地。"

终于，在1945年1月16日，星期二，两列载着I. /JG 1大队地勤人员和地勤装备的火车离开了荷兰，向着东方驶去。其中一列火车来到了海利根布卢特（Heiligenbeil），早前从尤尔根费尔德（Jurgenfelde）撤离的飞行员们正在那里待命。1月22日16时，火车抵达了海利根布卢特。不久之后，由于苏军持续突破，上级下达了新的转移命令。在海利根布卢特，大批难民正经此地朝西逃去，试图远离正在快速逼近的苏联军队，隶属第一大队的四个野战厨房及时赶到了当地。1月24日，他们计划搭乘火车前往柯尼斯堡，但是在两天后，这个计划就被放弃了。一些人员设法抵达了位于纽库赫伦（Neukuhren）附近的一个机场。此时的气温是零下22度，天气非常冷。

1月30日，最新传来的消息称，苏军已经逼近至距离第一大队的所在地仅20公里外的地方。进一步的转移开始了，在2月4日22时30分，一支由65架马车组成的车队载着I. /JG 1的人员和装备，抵达了位于但泽（Danzig）附近的拉赫梅尔（Rahmel）机场，这里将交给大队指挥部以及飞行人员使用。此时他们还不知道，进一步的转移命令将会在第二天下达。发生在JG 1联队身上的事情只是一个缩影，随着德国控制的领土不断缩小，几乎每一支自西线转移至东线的德军部队都会遇到类似的困难。

向东转移的飞行员们所要担负起的是一项完全不同的任务。他们将会负责在波罗的海上空护送海上船队，这些船队是被困在库尔兰口袋中德军部队和平民的唯一希望。飞行员们知道，他们需要面对的不只是苏军的坦克，还有他们的防空炮。

自从1月中旬那场灾难性的出击后，第一大队能够集结起来的飞行员仅有10人。四天后，前5人在德穆斯中尉的带领下抵达了尤尔根费尔德。而另外5人则在卢普克（Lt. Luepke）少尉的带领下于第二天抵达当地。1月20日，这10名飞行员开始执行作战任务，他们需要"清理"因斯特堡（Insterburg）周边空域。其中2

名飞行员在与苏军战机交战后失踪。随着苏军不断前进，驻扎在尤尔根费尔德的飞行员们被迫后撤，他们在 1 月 23 日撤至古腾费尔德（Gutenfelde），26 日撤至纽库赫伦，并且在当天下午撤至海利根布卢特。他们在 2 月 2 日再度后撤，撤退至但泽。连番的撤退导致他们几乎没有执行多少作战任务，而他们本该要参与掩护对地攻击机和护航运输机的作战任务。在 1 月 30 日，德穆斯中尉取得了他个人的最后一个战绩，击落了一架苏军的 Yak-9 型战斗机。

德穆斯中尉回忆道：

在东线执行任务是困难的，主要是因为气象条件，而不是敌军。茫茫的白雪覆盖了一切，大雾总是那么的浓，几乎不可能在地面上找到能够帮助定位的东西。我的仪表飞行经验——我在两年前斯大林格勒前线时作为运输机部队飞行员执行撤离伤员任务时积累的经验——对于每一个人来说都是宝贵的。由于 1945 年 1 月至 2 月在东线的混乱行动，我差点失去了大队旗下的 8 名机械师。事实上，当我们的大部分地面人员开始通过卡车向西撤离时，我的八名飞行员和我们最好的地勤人员留在了海利根布卢特，以确保我们最后 8 架 Fw 190 能够继续战斗。我们已经能够听到外围战斗的声音——爆炸声、俄国坦克接近的声音等。这时候，我们通过无线电获悉 Ju 52 运输机已经不能在海利根布卢特机场着陆接走我们的机械师。2 月 2 日，在接到向但泽撤退的命令后不久，我命令从所有 Fw 190 机身上拆下无线电和急救箱，以便在每架飞机的后面装载一名机械师。我命令我的飞行员避免卷入战斗，然后我们就起飞了。经过短暂的飞行，我们顺利着陆在但泽的冰面跑道上。通过这种方式，我们的地勤人员成功地

逃出了苏联人的手掌心。

2 月 6 日，星期二，当德穆斯中尉和他那疲惫的下属还逗留在乌瑟多姆岛（Usedom）上的加尔茨（Garz）时，在柏林，戈林元帅命令第六航空军团将 I. /JG 1 转移至德国中部、位于罗斯托克以南 70 公里的帕尔希姆，以便"进行 He 162 的换装训练工作"。与此同时，该大队的 23 架 Fw 190 A-8 型、A-9 型以及一小部分的 F-3 型飞机将会作为"盈余物资"补充给 II. /JG 1 使用。II. /JG 1 将会继续参与针对苏军的作战行动。第一大队将会从加尔茨出发，途径安克拉姆（Anklam）和新勃兰登堡（Neubrandenburg）前往目的地，并且要尽快安排行程。

第二天，上级下达了另一道命令，要求德穆斯中尉前往当地与来自亨克尔罗斯托克公司的工程师及技术人员进行会面。8 日当天，I. /JG 1 大队的成员们将他们手头上的飞机交给了第二大队，然后搭乘一列由 65 辆车辆组成的车队前往帕尔希姆。他们设法躲开了路上遭遇的轰炸袭击，并且在 9 日凌晨 2 点抵达当地。

在接下来的两个月时间里，帕尔希姆将会是 I. /JG 1 大队的驻地，在没有任何一架 He 162 生产出来的情况下，他们将接受来自亨克尔北方公司的技术人员与试飞员组织的飞行理论培训。最后，大队指挥部与大队的其他部分会合，与此同时，处于格哈德·汉夫（Leutnant Gerhard Hanf）少尉指挥下的 4. /JG 1 中队被解散，这支中队的人员被分散分配给大队的另外三支中队。

2 月 11 日，新的战斗机部队总监格洛布上校在施韦夏特驾驶一架 He 162 进行试飞后。他的前任加兰德中将也曾在两年前的 1943 年 5 月体验过 Me 262 的操纵感受。与之形成对比的

是，当加兰德完成试驾后，他对梅塞施密特喷气式战斗机感到欣喜若狂，而格洛布上校仅对这款小型廉价的喷气式战斗机保持谨慎乐观的态度。随后，格洛布上校宣布了他的国民战斗机部署计划：

1945 年 3 月，在雷希林进行一系列实验。

1945 年 4 月中旬，开始提供第一架可供作战的飞机。

1945 年 5 月中旬，第一个拥有作战能力的大队准备就绪，该大队的飞行员与地勤人员将在 1945 年 3 月开始接受训练。

此外，两支"接收中队（Auffangstaffeln）"将会负责接收和运送从维也纳、曼瑞纳亨和贝恩堡工厂生产出来的飞机。其中，2. /JG 1 中队将会转移到维也纳，而 3. /JG 1 中队则会转移到曼瑞纳亨和贝恩堡。另外，格洛布上校还想将其中一支来自 II. /JG 1 的中队转移至维也纳。在接到新飞机之前，来自工厂的技术人员将会使用原型机对两支接收中队的人员进行培训，让他们在新飞机交付时能够完成接收工作。格洛布上校认为，最重要的是，应该让整支大队的人员参与测试方案，以便使他们能够提前了解好这架飞机，从而加速 He 162 大规模换装的过程。2 月 12 日，在来自雷希林试验场的里希特（Richter）少校和 3 名工程师的监督下，1. /JG 1 的飞行员和地勤人员开始进行 He 162 的地面训练。

1945 年 2 月 14 日，负责测试 Me 163 的 16 测试特遣队（Erprobungskommando 16）在布兰迪斯（Brandis）解散。少部分来自该部的飞行员，包括经验丰富的哈赫特尔中尉和弗里德里希·奥尔特延（Friedrich Oeltjen）军士长，受命前往位于维也纳-海德菲尔德的亨克尔工厂。他们负责指挥第一支接收中队，并且开始学习驾驶

He 162。

1. /JG 1 中队的队徽：俯冲的鹰。

派遣哈赫特尔中尉和奥尔特延军士长到维也纳的决定可能与格洛布上校在 2 月初下达的一道命令有关，这道命令要求装备 Me 163 的 I. /JG 400 和 II. /JG 400"随后"要换装 He 162 战斗机。这道命令似乎是针对他在 1 月 30 日发布的另一条命令的修正，即 JG 400 联队将继续装备 Me 163，并且向计划中的 Me 263 过渡。

哈赫特尔中尉带着他的飞行员小组在 2 月 27 日抵达了海德菲尔德，他们预期会在当地接收第一架 He 162。然而，现实却让他们大失所望。尽管德国空军的人员"已经失去耐心，迫不及待地想要接收他们的 He 162"，而亨克尔公司也在努力地推进原型机的开发进度，但是事情的进展依然非常缓慢。

最终，只有一架飞机被移交给哈赫特尔中尉，也就是 He 162 M19 号原型机（工厂编号 220002，机身编号 VI+IL）。但是接收中队的人

奥古斯特·哈赫特尔中尉是一名拥有丰富经验的作战飞行员，他受命转移至维也纳参与 He 162 的评估工作，随后发生的一切将会使他陷入深深的失望和沮丧之中。

员被告知，该机的飞行时速被限制在 500 公里以下，最高飞行高度不得超过 3000 米，最长飞行时间不得超过 15 分钟。

与此同时，由于罗斯托克工厂仍然没有交付任何一架飞机，德穆斯中尉离开了帕尔希姆，前往南面的维也纳。与他同行的还有五位来自 2. /JG 1 中队和 3. /JG 1 中队的飞行员。德穆斯中尉带领的小队在 3 月 4 日抵达当地，然而前来迎接他的却是令人沮丧的消息。尽管亨克尔公司曾承诺会交给他们更多的飞机，但实际上，他们不得不与当地接收中队的成员共用性能严重受限的 M19 号原型机。

三天后，哈赫特尔中尉给格洛布上校发去一份电传电报，告知他有 8 位飞行员已经完成换装课程，但还没有地勤人员前来接受训练。尽管哈赫特尔中尉尽了最大的努力，但接收中队还是逃脱不了正面袭来的厄运：正如前文所述，在 3 月 12 日，由万克上士驾驶的 M8 号原型机在距离跑道不远的地方突然遭遇引擎停车事故。尽管飞机翻滚着炸成了一团火球，但是驾驶飞机的万克上士却奇迹般地成功逃脱，几乎毫发无损。也是在同一天，格留维茨上士在着陆事故中严重损毁了 M26 原型机。

对于德穆斯中尉来说，继续留在维也纳是毫无意义的。也许是冥冥中注定，在出发返回帕尔希姆之前，德穆斯中尉小队的成员不走运

地目睹了另外一名飞行员在飞行事故中死亡。3 月 14 日，来自 2. /JG 1 的陶茨驾驶着 M19 号原型机狠狠地摔在跑道上，失去控制的飞机不断翻滚并且燃烧起来。陶茨在飞机坠毁时被甩出驾驶舱，当场身亡。

与此同时，按照计划，另一组来自 3. /JG 1 的飞行员被派往罗斯托克-曼瑞纳亨，计划到这里熟悉 He 162。这批飞行员获得了一个罕见的特权：在等候飞机交付的时候，他们入住了一家位于瓦尔内明德，滨临波罗的海沿岸的豪华饭店。在 3 月底，部分飞行员在 He 162 上完成了时长 10 至 20 分钟的首次飞行。首尝国民战斗机滋味的人中包括来自 3. /JG 1 的伯杰少尉，他回忆道：

我们带着些许怀疑的态度来审视这架飞机，它的木质机翼和巨大的涡轮引擎位于驾驶舱的后方。由于习惯了被 Fw 190 前方那具巨大的引擎保护，当我们坐进位于树脂玻璃机头后方的驾驶舱内时，没有人能够感觉到哪怕一丝的安全感。更重要的是，这架飞机有几个弱点让我们感到非常担忧，比如说机翼和机身之间的连接很脆弱。在飞行中，你必须以一种难以置信的力度来驾驶它，因为飞机会对任何从操纵杆输入的细微操作作出反应，它就是那么灵敏。特别是在低速的时候，飞机会变得非常危险，非常容易失控。短短几天内，包括弗里德里希·恩德勒（Friedrich Enderle）上士在内的三名飞行员在驾机起飞后不久就坠机身亡。罗尔夫·阿克曼（Rolf Ackermann）上士在着陆过程中殉职。新飞行员缺乏训练的恶果再一次凸显出来，而且还比以前更加严重——因为在驾驶如此灵敏的飞机时，飞行员的直觉至关重要。

如果要启动引擎，必须按下一个红色的按钮，让电动启动机带动涡轮转动。发动机启动

的时候会发出一声巨响，往往还会从后方喷射出一股小火焰。尽管机外的噪音很大，但是驾驶舱内能够听见的噪音却很小，起飞后甚至听不见噪音了。

与奥古斯特·哈赫特尔中尉一同抵达维也纳的还有弗里德里希·奥尔特延军士长。

毫无疑问，最令人印象深刻的是它的飞行速度，能够达到 750、800、850 甚至是 900 公里/小时。我还记得好几次激动人心的飞行，在阿姆鲁姆岛（Amrum）的沙滩上空，我驾驶着飞机在低空飞出了接近 1000 公里/小时的绝尘之速。唯一的问题是续航较短，它可以在高空飞行 30 至 40 分钟，如果你非常节约油料的话，可以把飞行时间延长至 50 分钟。如果你与敌人遭遇，交战的规则是要从更高的位置上发动进攻。令人感到遗憾的是，我们并没有获得让新飞机与敌军战斗机一决高下的机会。①

1945 年 3 月 20 日，德国空军最高统帅部发布了 JG 1 联队换装 He 162 A-2 型战斗机的计划，内容如下：

直属中队（Stabsstaffel）：编有 16 架 He 162。

I. /JG 1：编有 52 架 He 162。

II. /JG 1：从现有的 Fw 190 A-8/9 型战斗机换装为 He 162，编有 52 架 He 162。

III. /JG 1：自 1945 年 4 月和 5 月起，从现有的 Bf 109 G-10/G-14 换装为 He 162，编有 52 架 He 162。

直至此时，由保罗-海因里希·达内（Paul-Heinrich Dähne）上尉指挥的 II. /JG 1 仍然留在加尔茨，达内上尉在 2 月底取代赫尔曼·斯泰格（Hermann Staiger）少校担当该大队的大队长。他曾在隶属东线的 2. /JG 52 中队和隶属本土防空单位的 12. /JG 11 中队服役。1944 年 4 月 6 日，达内上尉在取得第 74 个战绩后，获颁骑士十字勋章。到战争末期时，他已经获得了 98 场空战胜利的军方认证，并且执行了约 600 场作战任务。

回到维也纳，在 3 月 21 日，对 He 162 提不起任何兴趣的哈赫特尔中尉——他一直认为飞机的续航时间至少要延长 40 分钟——已经对缺乏进展的现状感到不耐烦，并且威胁要回到柏林向高层反映他的意见。然而，弗兰克显然

保罗-海因里希·达内上尉。

成功地说服了他，并且劝他再多等待一下。弗兰克很有可能已经将新的交付计划向哈赫特尔中尉全盘托出。也就是说，前 5 架量产型飞机将会交付给接收中队，接下来的 8 架飞机将分配给位于莱希费尔德的一支测试特遣队，而另外 7 架飞机则分配给位于雷希林-罗根廷（Rechlin-Roggentin）的另一支测试特遣队。

---

① 原文称 BMW 003 用电动起动机启动，实际上除去现代飞机所用的辅助动力系统外，大多数喷气引擎都是靠气源带动发动机到达启动转速，仅有波音 787 客机使用电起动机。

然而，在 3 月 26 日，德国空军验收部门的一纸命令却让这项计划再生变数，这项命令要求所有生产出来的 He 162 都只能用来进行试飞测试，已经等得不耐烦的哈赫特尔中尉只好耐心地继续等下去。同日，德国空军最高统帅部命令隶属 JG 1 的大队再次转移驻地，以便接收从容克斯贝恩堡工厂（交付日期为 3 月 23 日）、亨克尔奥拉宁堡以及罗斯托克工厂（交付日期分别为 3 月 24 日和 3 月 25 日）生产出来的首架 He 162 战斗机，细节如下：联队直属中队与 I. /JG 1 转移至克滕（Köthen），II. /JG 1 转移至维也纳-施韦夏特，而 III. /JG 1 则转移至吕讷堡（Lüneburg）。

根据这道命令，15 名飞行员在来自 3. /JG 1 的沃尔夫冈·沃伦韦伯（Wolfgang Wollenweber）中尉带领下转移到贝恩堡，到那里接收 He 162 后转场至莱希费尔德。这 15 人中包括了：巴特纳（Büttner）少尉、多布拉特（Dobrath）下士、哈同（Hartung）下士、史特劳斯（Strauss）上士、弗朗茨·曼见（Franz Mann）习军官和约瑟夫·里德尔（Josef Rieder）下士，与他们同行的还有芬纳（Finner）少尉、斯滕施克（Stenschke）准尉、科特根（Köttgen）准尉、泽林（Seeling）上士和豪斯勒（Häusle）。在抵达莱希费尔德后，沃伦韦伯中尉将会向新成立的"He 162 实战测试指挥部（Einsatzerprobungskommando He 162）"报到，这个单位是由海因茨·巴尔（Heinz Bär）中校负责组织和指挥的。作为战斗机部队内拥有丰富经验和战绩的飞行员，巴尔中校在 2 月份被任命为 III. /EJG2 的指挥官，该部负责 Me 262 战斗机的训练工作。他实际上已经成了莱希费尔德的负责人，全面管理当地一系列的战术和技术训练。实际上，关于 Me 262 的事项才是他的头等大事，而 He 162 则不是。He 162 并不会让巴尔中校提起多少兴趣，最多只会让他感到好奇。

然而，沃伦韦伯中尉似乎并没有顺利抵达莱希费尔德，他在贝恩堡一直逗留到 4 月 11 日。不过，一小部分同行的飞行员的确在 3 月 31 日设法搭上一架经停下施劳尔斯巴赫（Unterschlauersbach）的飞机抵达莱希费尔德。

3 月 27 日，德国空军最高统帅部和战斗机部队总监乐观地认为 2. /JG 1 将会接收 18 架 He 162，这个观点是基于容克斯此前预期的交付数量，另有 7 架飞机会由"龙虾"工厂交付。第二日，哈赫特尔中尉收到一份电传电报，通知他只有在 BMW 发动机改装为使用 J2 燃油的情况下，才能够接收亨克尔公司交付的飞机。这道命令同时还要求哈赫特尔中尉准备让 7 架飞机——当它们确认处在可用状态后——转场至莱希费尔德进行飞行测试，这些测试大概会交由沃伦韦伯中尉的那支小支队完成。

然而，直到 30 日为止，仍然没有哪怕一架飞机送到莱希费尔德以及同样在等待飞机的雷希林试验场。当日，哈赫特尔中尉向格洛布上校表示，他将在几天内开始从施韦夏特向莱希费尔德转移飞机。根据哈赫特尔中尉的说法："在此之前，飞行员需要多做几次起飞练习，飞行员必须驾驶飞机返回……我要求立刻提交报告。"

然而，当 He 162 第一次交到位于南方的德国空军部队手里时，哈赫特尔中尉根本不满意它的性能表现，因为它的实际性能远远低于之前广泛宣传的预期性能。哈赫特尔中尉在 4 月 11 日离开维也纳，后续不再涉足国民战斗机项目的相关工作。

到了这个阶段，争夺德国制空权的战斗已经发展到异常残酷，乃至令人绝望的阶段。尽管在数量上不占优势，但是德国空军的战斗机部队依然在尽可能地继续保卫德国的领空，并继续与美国陆军航空军以及英国轰炸机司令部

由容克斯贝恩堡工厂生产的一架 He 162 战斗机,工厂编号 WNr. 310003。这张照片可能拍摄于飞机刚刚交付给 JG 1 联队的时候,因为此时飞机还未涂上战术编号。

战斗下去。3 月 30 日,德国北部的各大港口遭到轰炸。在 852 架战斗机的掩护下,1320 架美军轰炸机针对位于汉堡、不来梅(Bremen)、威廉港(Wilhelmshaven)和法尔格港(Farge)内的 U 艇洞库以及储油罐实施轰炸。根据当时的实际情况,帝国航空军团发布命令,要求维持 Me 262 部队的作战能力:"无人员调动。不进行任何关于地面战斗或者其他事项的训练。不雇佣妇女人员。"

3 月 31 日,I. /JG 1 接到命令,准备从克滕转移至位于德国北方、靠近丹麦边境的莱克机场(Leck)。而就在当天,盟军的战略轰炸力量又实施了一次大规模轰炸行动。美第八航空军轰炸了位于蔡茨(Zeitz)和巴特贝尔卡(Bad Berka)的炼油设施以及位于勃兰登堡(Brandenburg)、哥达、施滕达尔(Stendal)、萨尔茨韦德尔(Salzwedel)、不伦瑞克和哈雷(Halle)的一些其他类型目标。而皇家空军轰炸机司令部的轰炸目标则是位于汉堡的布洛姆与沃斯造船厂。当由 469 架兰开斯特、哈利法克斯以及蚊式轰炸机组成的编队抵达目标区上空时,厚厚的云层将目标区完全笼罩在它的下方。尽管有云层干扰,但是英军轰炸机依然完成轰炸,给这座港口城市的南部城区造成了大规模破坏。

尽管遭到轰炸,但是容克斯工厂依然设法开始为这支大队交付 He 162 战斗机,德国空军的飞行员们终于可以驾驶这架战斗机升空飞行。在贝恩堡,沃伦韦伯中尉驾驶着工厂编号为 310006 的 He 162 战斗机进行了一场时长约为 15 分钟的飞行。而在当天晚上,帕尔希姆机场上也有飞行活动,伯杰少尉驾驶着 He 162 "白 1" 号在 18 时 23 分至 18 时 35 分期间升空飞行了约 12 分钟。前运输机飞行员兼 1. /JG 1 中队名义

I. /JG 1 大队的一架 He 162，照片摄于战争结束后。

上的中队长海因茨·昆内克（Heinz Künnecke）上尉，则驾驶着一架编号不明的 He 162 在稍晚时分完成了两次分别为 15 分钟和 6 分钟的环场飞行。昆内克上尉自驾驶运输机的 4. /TG 30 调遣至战斗机部队服役，他曾先后加入 I. /JG 103 以及 15. /EJG 1，之后才加入 JG 1 联队。

当晚，汉夫少尉也驾驶了一架编号不明的 He 162 战斗机升空飞行。自从 9. /JG 77 在 1944 年 8 月被改编为 4. /JG 1 以来，汉夫少尉就一直在 JG 1 联队内服役。汉夫生于 1924 年 5 月 16 日，他在 1941 年 12 月加入德国空军，自位于布雷斯劳的第 5 航空军事学校，并且作为战斗机飞行员在 1942 至 1943 年间先后进入 2. /JG 102、第 2 战斗机飞行员学校以及东线战斗机补充大队受训。在 1943 年 6 月，他被提拔为准尉军衔并被分配至 III. /JG 77。跟随该部在意大利和罗马尼亚作战期间，驾驶 Bf 109 G-6 战斗机的汉夫少尉取得了两场空战胜利。在 1944 年 8 月，他晋升为一名中队长，并且在 9 月获颁银质前线飞行勋章（Front Flug-Spange in Silver）。在诺曼底登陆期间，隶属 JG 1 联队的他驾驶 Fw 190 战斗机击落了 2 架 P-47 战斗机，并且还在 8 月上旬取得了一个击毁敌军坦克的战果。

汉夫少尉记录下了他第一次驾驶国民战斗机升空的感受："1945 年 3 月 31 日，我在 18 时 30 分驾机升空，这是我第一次从帕尔希姆机场起飞。在起飞前，我被告知飞行速度不得超过 600 公里/小时，因为飞机会有凌空解体的危险。这并不奇怪，对于这架飞机来说，这种建议是正常的。在起飞前，我对飞机发动机的具体性能一无所知。满载的飞机得花很长一段时间才能离地，当飞机加速到 180 公里/小时的时候，它升空了。飞机的起飞距离至少是 Fw 190 的两倍。在飞行中，该机表现出良好的性能，方向舵的反应非常

格哈德·汉夫少尉，一位经验丰富的战斗机飞行员，参与了 He 162 的改装训练。他认为国民战斗机的操纵性尚可接受。

精确，控制起来非常简单。短短半个小时后，我的第一次飞行顺利结束了。"

1945 年 4 月 1 日，星期日，由于苏军自东方逼近，亨克尔公司位于维也纳的工厂和公司办公室被迫进行疏散。JG 1 的接收人员转移至萨尔茨堡和克拉根福，以策安全，已有 4 架He 162 战斗机交付给 2. /JG 1 中队。到了 4 月 7日，另外 2 架飞机也交给了该单位。然而，这几架飞机中，只有 2 到 3 架处于可用状态。而直到 4 月中旬为止，II. /JG 1 大队仍然没有收到哪怕一架 He 162。

2. /JG 1 中队的"狼头"机徽，该机徽来源于 III. /JG 77 大队。

同样是在 4 月 1 日，3 名来自沃伦韦伯中尉的贝恩堡支队飞行员设法找到 3 架飞机，并且从容克斯工厂起飞，经由下施劳尔斯巴赫前往莱希费尔德。其中，巴特纳少尉驾驶工厂编号为 310006 的 He 162 战斗机，史特劳斯上士驾驶工厂编号为 310002 的 He 162 战斗机，而多布拉特下士则驾驶工厂编号为 310018 的 He 162 战斗机。这段飞行的成败仍然未知，但已知的是多布拉特下士并未在下施劳尔斯巴赫机场着陆，

因为这个机场已经被美军占领了。他被迫在纽伦堡(Nürnberg)以东的区域内紧急迫降，随后设法返回贝恩堡。

同日，汉夫少尉在帕尔希姆驾驶着一架编号不明的 He 162 完成了时长为 10 分钟的测试飞行。

4 月 3 日，来自 1. /JG 1 的鲁道夫·施米特(Rudolf Schmitt)少尉在清晨时分驾驶着 He 162"白 1"号自帕尔希姆机场升空，进行了约 20 分钟的训练飞行。施米特少尉在 JG 1 联队内部有一个外号叫"托尼-托尼"(Toni-Toni)，因为他的名字里面有两个字母 T。1943 年 8 月，18 岁的他作为一名候补军官加入德国空军，进入位于柏林的第 2 航空军事学校学习。随后他转移至位于科尔贝格(Kolberg)的航空飞行员学校C6(Flugzeugführerschule C 6)，并且在这所学校内一直受训直至 1944 年 5 月。随后，他先后被调遣至驻扎在匈牙利的 2. /JG 107，以及驻扎在维也纳新城的 5. /JG 108 和 6. /JG 108。最终在 1945 年 2 月 16 日，他被分配至 1. /JG 1中队。

与 He 162 那微不足道的数量相比，由工厂交付的 Me 262 数量已经非常可观：在 3 月期间，共有 120 架飞机交付给各个喷气式战机作战单位，其中 89 架飞机交给了 JG 7 联队，这支联队在德国北部和中部作战，负责保卫通往柏林的航线，但与盟军的绝对资源优势相比，这几十架飞机根本就微不足道。与此同时，战斗精神衰败的种子正在种下。指挥系统已经支离破碎，内部争吵非常激烈。在一季度，第九航空军的指挥官、前轰炸机部队指挥官迪特里希·佩尔茨(Dietrich Peltz)少将正在巩固他作为所有已解散轰炸机部队的指挥官的地位，这些单位现在正在拼命熟悉 Me 262 这款战斗机。第九航空军同时负责指挥荷兰、丹麦、奥地利以及波西

1945 年 4 月，路德维希卢斯特机场上，一队地勤人员正站在一架 He 162 战斗机驾驶舱的两旁，这架战斗机的机头两侧涂有红色的箭头，并且涂上 JG 1 联队标志性的黑白色机头涂装。与此同时，透过透明的座舱盖，可见飞机的进气道护罩并没有取下。

米亚-摩拉维亚地区的防空作战工作。佩尔茨少将此时的态度可以从 4 月 3 日截获的一份无线电电报中看出：

佩尔茨少将报告称，许多机场的工作没有足够的精力去完成。由于盟军的空袭，工作日里的一半时间，也就是 12 个小时被浪费掉了。工作必须在黎明前开始，在遭到空袭期间暂停，并且在晚上继续工作。如果这种安排不切实际，或者跑道和滑行道所需的修理时间过长，部门的指挥官必须上报。如果本站负责人下达的工作安排不是在这道命令精神的指示下执行的，单位指挥官可以向部门或者佩尔茨本人报告。

在接下来的 3 天时间里，JG 1 联队的飞行员们——基本上只有一小股——继续在帕尔希姆熟悉他们的新飞机。JG 1 联队拥有的 He 162 数量继续在缓慢增长，在 4 月 12 日，I. /JG 1 大队报告称他们的实际兵力只有不到 16 架 He 162。一些飞行员仍忙于从亨克尔工厂转场新

飞机，而另外一些飞行员则在进行练习和评估飞行，有的时候会执行小规模的编队。尽管在早期遇上一些问题，但是他们逐渐开始了解这架新飞机，并且学会去欣赏它。在 4 月 4 日，昆内克上尉凌晨 6 时 55 分驾驶着"白 1"号升空飞行了 8 分钟，而伯杰少尉则在 7 时 25 分钟驾驶着"白 2"号飞行了 8 分钟。在下午时分，来自 2. /JG 1 中队的赫尔穆特·里尔（Helmut Riehl）下士驾驶着"白 1"号在帕尔希姆机场进行了两次时长为 8 分钟训练飞行。里尔下士自 1944 年初起就在第 2 中队驾驶 Fw 190 作战。他曾在战斗中负伤，并且有过弃机跳伞的死里逃生经验。他拥有击落 2 架 B-17 轰炸机的宣称战绩。

同样是在下午时分，来自 2. /JG 1 的施米特少尉驾驶着工厂编号为 120013 的 He 162 战斗机从路德维希卢斯特（起飞时间 17 时 45 分）——这个机场被 He 162 飞行员称为"露露"（Lulu）——转场至帕尔希姆（落地时间 17 时 55 分）。

京特·基什内尔（Günther Kirchner）见习军

1944 年 11 月，格赖夫斯瓦尔德，一群来自 JG 1 联队的飞行员正在合影，来自 4. /JG 1 中队的阿达尔伯特·施拉布少尉（照片中前排左一）将会参与 He 162 战斗机的换装培训，并且多次驾机升空飞行。他最终将会在 4 月 30 日遭遇一起迫降事故。位于前排左三，来自 2. /JG 1 中队的赫尔穆特·雷兴巴赫下士，与位于后排中央，来自 I. /JG 1 大队的安东·里默下士都将会遭遇 He 162 战斗机坠机事故。而雷兴巴赫下士将会在事故中丧生。

官开始了他在亨克尔战斗机上的第一次飞行，他驾驶着"白 3"号在 19 时 36 分至 19 时 43 分、19 时 48 分至 19 时 55 分、20 时整至 20 时 04 分这三个时间段内分别进行了 3 次练习飞行。基什内尔见习军官是 5. /JG 1 中队的老兵，但是他在 1944 年 1 月 11 日拦截攻击德国中部的美军轰炸机群时，在击落 2 架 B-17 轰炸机后其座机被击中，不幸负伤。休养康复后，他先是到西线战斗机补充大队（Ergänzungs-Jagdgruppe West）担当教官，随后在 1945 年 2 月转入 I. /JG 1。

4 月 5 日凌晨 4 时 49 分，伯杰少尉驾驶着"白 5"号在帕尔希姆机场上空进行了 12 分钟的飞行。18 时 18 分开始，他两度驾驶"白 3"号升空，两次飞行的时间均为 6 分钟。同日，昆内克上尉在 7 时 04 分驾驶"白 2"号升空 11 分钟，而基什内尔见习军官则在当晚 18 时 40 分驾驶着一架新完工的 He 162（工厂编号为 120028）从路德维希卢斯特转场至帕尔希姆，落地时间为 18

时 50 分。

4 月 6 日早上，伯杰少尉在早上 7 时 04 分驾驶"白 2"号从帕尔希姆机场起飞，进行了两次合计时长为 14 分钟的飞行。而阿达尔伯特·施拉布（Adalbert Schlarb）少尉则打破了只在清晨和黄昏进行飞行的惯例，他在 12 时 25 分驾驶着 He 162"2"号（可能是"白 2"号）在帕尔希姆机场上空进行了三次短时间飞行。伯杰少尉在 17 时 59 分至 18 时 22 分之间进行了他当天的第二次飞行。紧随其后的是沃伦韦伯中尉，他驾驶着工厂编号为 310078 的 He 162 战斗机于 18 时 25 分从贝恩堡机场起飞，进行了 10 分钟的飞行。

来自 1. /JG 1 的阿尔沃·冯·阿尔文斯莱本（Alvo von Alvensleben）下士当时也在学习驾驶国民战斗机，他记录道：

发动机启动时，涡轮会发出非常大的噪声。飞机体积很小，重量很轻，背后有一个巨大的发动机，在跑道滑跑时会发出巨大的轰鸣，直到飞机起飞后轰鸣声才会消失。轮子离地时的时速为 220 公里。飞机的加速度很好，正常的跑道足以起降。在飞行中，飞机非常平稳，很安静。它操纵起来很容易。总的来说，训练时的飞行速度介于 500 至 700 公里/小时之间。根据工厂提供的信息，飞机的俯冲的时候，可以达到声速。而我在实际飞行中则曾达到 1000 公里/小时的速度。我们没有机会驾驶它来尝试特技飞行。我之前并未有过驾驶这款飞机的经验，并且对飞机起落架的牢固程度存在疑问，所以我着陆的时候总是让飞机尽可能轻地接地。在天上飞行很短一段时间后，飞机就要落地了，再一次地传出那可怕的噪音。我驾驶这架飞机飞行了 10 次。

来自 2. /JG 1 中队的赫尔穆特·雷兴巴赫下士，他在驾驶 He 162 战斗机执行转场任务时坠机丧生。

同样是在 4 月 6 日，来自 JG 1 联队的芬纳少尉、泽林上士、豪塞尔（Häusel）下士和多布拉特下士在前往莱希费尔德的转场任务过程中失踪，四人均下落不明。

4 月 7 日，昆内克上尉驾驶着"白 1"号在上午 10 点左右升空飞行了约 40 分钟，这比平时飞行的持续时间要长很多。这场飞行不得不说是非常及时的，因为

就在当天，美军第八航空军派出了 1261 架重型轰炸机组成编队，轰炸位于德国北部和中部的喷气式战斗机机场和编组站，其中一个目标正是帕尔希姆机场。美军的轰炸机在机场上留下了大量的坑洞，导致跑道无法使用。当天晚上所有人都在努力对机场进行修理，以便让飞机尽快转移至路德维希卢斯特继续进行训练。

施米特少尉似乎幸运地躲过了这场空袭，因为有记录显示他在 15 时至 15 时 30 分期间驾驶着工厂编号为 120068 的 He 162 战斗机从亨克尔罗斯托克-曼瑞纳亨工厂转场至路德维希卢斯特。

4 月 7 日的晚上，德国空军最高统帅部发出一条秘密电报，修改了此前在 3 月 26 日发布的命令，并以"转换"为由发布了新命令，命令如下：

JG 1 联队直属中队从加尔茨转移至路德维希卢斯特。

I. /JG 1 大队从帕尔希姆转移至路德维希卢斯特。

II. /JG 1 大队从加尔茨转移至瓦尔内明德。

1945 年 4 月上旬，当盟军针对帕尔希姆机场实施轰炸后，I. /JG 1 暂时转移至路德维希卢斯特机场，这座机场的条件更差，甚至没有混凝土跑道。在一片平和的光景中，飞行员和地勤人员们正在 3 架隶属该单位的 He 162 战斗机旁边稍作休息。其中一架 He 162 战斗机涂有"白 21"号标号。

站在一座被炸毁机库残骸前的 3. /JG 1 中队飞行员。照片左起第二位是罗尔夫·阿克曼上士，他驾驶着 He 162 战斗机在一场飞行事故中丧生。

来自 3. /JG 1 中队，曾取得击落一架 B-17 轰炸机和一架 P-51 战斗机战绩，并且两度驾驶 Fw 190 紧急迫降的格哈德·西默（Gerhard Siemer）少尉记述道：

1945 年 4 月 8 日，科特根少尉（原文如此）和我驾驶着 2 架 He 162 从曼瑞纳亨起飞。在起飞前，我们获悉帕尔希姆遭到猛烈轰炸，由于跑道受损，不可能在机场上着陆。我们加上了足够的燃料，但只足够让飞机飞行 30 分钟，我们下午时分飞往路德维希卢斯特。飞过帕尔希姆上空时，我们看到机场和跑道已经被毁。我们在晚上搭乘一辆卡车回到帕尔希姆。

事实上，II. /JG 1 已经开始开始准备转移至瓦尔内明德，他们将在当地接收罗斯托克-曼瑞纳亨工厂生产的 He 162 战斗机。4 月 5 日，8. /JG 1 中队解散，这支中队所属的飞行员和 Fw 190 A-8 战斗机被转交给一支对地攻击联队。

8. /JG 1 的中队长沃尔夫冈·路德维希

（Wolfgang Ludewig）上尉，被重新任命为 7. /JG 1 的中队长，而 7. /JG 1 的中队长冈瑟·赫克曼（Günther Heckmann）少尉已在 3 月被调遣至 10. /JG 7。II. /JG 1 大队在转移时的指挥架构如下：

大队长：保罗-海因里希·达内上尉；

第 5 中队：无指挥官，上任中队长休伯特·斯沃博达（Hubert Swoboda）少尉已在 1945 年 3 月 11 日阵亡；

第 6 中队：无指挥官，上任中队长弗里茨·韦格纳（Fritz Wegener）中尉在 3 月被调遣至 JG 7 联队；

第 7 中队：沃尔夫冈·路德维希上尉。

数位隶属 II. /JG 1 的飞行员，包括费尔特（Feldt）准尉、威利·格莱恩（Willi Gehrlein）上士、约瑟夫·戈尔德（Josef Gold）上士、欧文·斯蒂布（Erwin Steeb）上士、"塞普"克鲁茨（'Sepp' Kreutz）上士、克里斯利布·芬格（Christlieb Fenger）上士、布吕克（Brück）下士、埃梅尔（Emmel）下士、康拉德·奥格纳（Konrad Augner）下士、威洛·威德曼（Willo Widnmann）下士以及威廉·哈德（Wilhelm Harder）下士在内，将会搭乘火车转移至瓦尔内明德。

当 II. /JG 1 大队的人员于 1945 年 4 月 11 日抵达罗斯托克-曼瑞纳亨时，以弗兰克为首的亨克尔公司技术人员、设计师和工程师为他们召开了一场简短的欢迎仪式。

其中一位到瓦尔内明德参与 He 162 战斗机换装训练的 II. /JG 1 大队飞行员克里斯利布·芬格下士。

来自 8. /JG 1 的奥格纳下士记录下了第二大队飞行员们对 He 162 战斗机的最初感受：

军官们住在瓦尔内明德城内的酒店，其他在机场工作的飞行员也住在这座酒店里。每天早上，当工人们去上班时，一辆公交车或者货车会把我们运到曼瑞纳亨机场。这是一个不同寻常的地方，机场的三条跑道呈三角形排列在一座沼泽地内。最初，我们在飞机上接受了理论培训。然后我们学会了如何启动发动机，逐渐增大节流阀，然后开上跑道。我们坐在这架飞机里，就像坐在一架滑翔机里面似的。启动发动机的程序跟 Bf 109 战斗机完全不同。发动机的转速必须慢慢增加，同时借助刹车让飞机停在原地，直到飞机有足够动力起飞的那一刻。松开刹车，当加速至 180 公里/小时的时候即可升空。收起起落架的同时，也要收起襟翼。我们以 450~500 公里/小时的速度爬升。这架飞机有着致命的缺陷：当时速低于 300 公里条件下，你在执行急转向动作的时候必须非常小心。这时候，副翼会扰乱发动机区域的空气流动，飞机会失速并且会像叶子一样坠落，没有任何办法能改出这种动作。我们通常只会在相当低的高度飞行约 35 分钟。然而，我们也曾在 8000 米的高空进行了几次飞行，并且在空中飞行了一个多小时。这架飞机的机动性很好。着陆时，我们以 250 至 260 公里/小时的速度接近跑道，并以 200 公里/小时的速度着陆。这是一种全新的飞行体验。

另一位首次驾驶 He 162 飞行的飞行员是哈德下士，他在 1944 年 12 月从 15. /EJG 1 分配至 II. /JG 1。哈德下士在 4 月 24 日完成了首次飞行，他记录了在曼瑞纳亨飞行时的体验：

这条跑道只有 1000 米长，其东侧与布赖特灵（Breitling，瓦尔诺河的河口区域）接壤，而西侧则与罗斯托克-瓦尔内明德铁路线接壤。当然，对于这款飞机来说，在这么短的跑道上起飞是非常困难的，尤其是因为铁路线方向上还有电报电缆。

He 162 的起飞位置非常靠近布赖特灵的河岸，弗兰克先生设法解决了这个问题。最初飞机加速得非常缓慢。这玩意就像一只被点着的玩具老鼠一样沿着跑道滑行，几乎用尽了整条跑道。到了最后，为了避开电报电缆，他不得不猛地拉起机头，飞机就像一只成熟了的李子一样挂在了空中。

弗兰克非常冷静地完成了着陆，就好像是在驾驶一架克莱姆 KL35 型运动飞机，而不是一架喷气式战斗机。但在着陆的过程中，他把跑道用到只剩下最后一米。

在接下来的几天里，我们又进行了技术方面的进一步培训。除了飞机的基础知识外，还涉及了维修以及飞行控制等方面，最终我们终于可以启动发动机了。

所有这些练习都耗费了大量的时间，在每一次启动之后，发动机都需要一段时间冷却。在此期间，我们不断地接受进一步的培训和建议。再一次地，这"喷灯"又点不亮了。如果发动机无法启动，我们在重新启动之前就要清理所有管路。我们必须把尾部往下推，以便排出燃料的"残渣"，然后必须用抹布擦干净里面并且冲洗干净，然后这只大鸟就可以再度起飞了。

大概在 1945 年 4 月 20 日，训练开始实施。我们每人都要驾驶飞机飞行 20 分钟。我记得我的第一次飞行是在 1945 年 4 月 24 日，因为我当时只是一名下士，所以我被排到了很后面。

来自 15. /EJG 1 中队的威廉·哈德下士于 1944 年 12 月末加入 II. /JG 1 大队，他发现驾驭 He 162 这架战斗机是一项大挑战。

来自 3. /JG 1 中队的格哈德·施蒂默少尉，他曾驾驶国民战斗机多次升空飞行，并在 1945 年 4 月 9 日遭遇坠机事故。

自 4 月 8 日至 11 日，I. /JG 1 报告其兵力为 13 至 16 架 He 162，其中 10 至 12 架处在可飞行状态。同时旗下还有 40 名飞行员正在接受换装训练。这支大队每日最多会进行 10 次飞行。II. /JG 1 大队依然在等待接收属于他们的 He 162 战斗机，该部旗下仅有 19 名飞行员。

4 月 9 日，来自 3. /JG 1 中队的格哈德·施蒂默 (Gerhard Stiemer) 少尉在驾驶 He 162 战斗机从帕尔希姆起飞时遭遇液压故障，飞机坠毁。他回忆道：

在夜里，跑道被修复了。我们单位可以转移至路德维希卢斯特了（那里没有跑道，只有一片草地）。下午时分，我驾驶一架 He 162 前往路德维希卢斯特。由于襟翼的液压系统出现故障，跑道的长度不足以让飞机起飞。结果，我连人带飞机一起底朝天地翻倒在了跑道尽头的水沟里。

4 月 10 日，沃伦韦伯中尉驾驶工厂编号为 210011 的 He 162 战斗机在下午时分进行了一次时长为 35 分钟的"侦察飞行"。他在自己的日志上写道："经过诺德豪森，米赫尔豪森 (Mühlhausen)。在朗根萨尔察 (Langensalza) 机场上空遭遇高射炮射击。"

同日，基什内尔见习军官在 13 时 50 分驾驶着工厂编号为 120072 的 He 162 战斗机从曼瑞纳亨转场至路德维希卢斯特机场，他在 14 时 15 分抵达当地，飞行时长为 25 分钟。

截至此时，德国空军应该已经接收了约 60 架 He 162 战斗机。

4 月 11 日，来自 2. /JG 1、此时仍然留在海德菲尔德的哈赫特尔中尉支队受命作为 JG 1 联队的直属中队转移至莱希费尔德（和/或梅明根），作为莱希费尔德测试特遣队 (Erprobungskommando Lechfeld) 的一部分继续运作。此刻，维也纳地区的形势已经发展到了令人绝望的地步。此时，盟军的无线电情报部门拦截了巴德发给雷希林的每周报告，主要内容如下：

在没有备件的情况下着手进行测试是困难的。维也纳地区的准备工作已经完全无法恢复。性能测量、发动机测试、空中射击测试依然在进行，仍然没有结果。由于这是喷气式飞机，发动机在启动和飞行中会出现问题。在 12 架飞机中，其中的 10 架已经装配了防漏机翼油箱。（省略无法识别的内容）气候仍然未对木制部件造成影响。缺少无线电设备。由于敌情，空域的安全受到威胁。罗斯托克已向我们申请支援交付工作。总起飞次数：25 次。总飞行时间：7 小时 40 分钟。完成改装训练的飞行员人数：9 人。

当天下午，在北方，沃伦韦伯中尉驾驶着工厂编号为 310023 的 He 162 战斗机，带领一支

1945 年 4 月，路德维希卢斯特机场上，一辆哈诺玛格牵引车正牵引着一架崭新出厂的 JG 1 联队 He 162 战斗机，这可能是分配给第三中队奥斯卡·克勒上士的飞机，在飞机和牵引车之间还加挂了一辆启动车，该机的机尾还挂着伪装网。

编队在 17 时 55 分从贝恩堡起飞，经过 40 分钟的飞行后抵达了路德维希卢斯特。编队内的其他飞行员包括了斯滕施克准尉、科特根准尉、哈同下士、里默下士以及来自 3./JG 1 的弗朗茨·曼见习军官。然而，曼见习军官的飞机最后一次出现的地方却是马格德堡（Magdeburg），当时他的飞机正冒着白烟，并且大角度地倾向一侧。他被迫进行紧急迫降，但最终结果未知。

4 月 12 日，在

来自 3./JG 1 中队的弗朗茨·曼见习军官。1945 年 4 月 11 日，他的飞机消失在马格德堡空域，其本人下落不明。

路德维希卢斯特，德穆斯中尉受命要教导一名自信心过剩的年轻军校生如何驾驶 He 162 战斗机。这名军校生是德国空军医护部门一位高官的儿子，教导他飞行的人正是著名的女飞行员汉娜·莱切（Hannah Reitsch）。

在沃伦韦伯中尉的回忆录中，他描述德穆斯中尉在教导这名年轻人时感觉非常不自在，于是沃伦韦伯中尉接过了德穆斯中尉的教学任务。在让这名急不可耐的军校生驾驶国民战斗机升空进行第一次飞行前，沃伦韦伯中尉试图确保他真的领会了自己教导的要领。而这名军校生则向他保证的确记住了这些要领。沃伦韦伯中尉描述了接下来发生的一切："他加速得不够快。德穆斯中尉和我都能预见到接下来发生的一切。我们俩跳上了一辆车，开始沿着跑道狂奔。"

这架无法升空的 He 162 战斗机"缓慢"地滑

过跑道，它一头撞上了位于机场边缘的矮路堤，上下颠倒地翻了过来，机身压在了发动机上。在这过程中，飞机的右翼脱落，喷溅而出的燃油将驾驶飞机的军校生淋成了落汤鸡，他被倒挂在飞机的驾驶舱内。幸运的是，飞机并没有起火燃烧，最终这名军校生得以逃出飞机。根据沃伦韦伯中尉的描述："臭熏熏的航空燃油浇了他一身，他默默地站在我们面前，举着他那根被折断的食指。德穆斯中尉被迫带着他沿着跑道走回去，他实在无法忍受这臭熏熏的航空燃油味道。"当天下午，沃伦韦伯中尉再度驾机升空，这一次他驾驶着工厂编号为 120078 的 He 162 战斗机在中午时分自路德维希卢斯特升空进行了约 20 分钟的测试飞行。

4 月 13 日，其余滞留在帕尔希姆机场上的 He 162 战斗机也纷纷转场至路德维希卢斯特。当日，昆内克上尉驾驶着"白 5"号自路德维希卢斯特升空进行飞行训练。而来自 2. /JG 1 的里尔下士则驾驶着"白 6"号从曼瑞纳亨转场至路德维希卢斯特。

4 月 14 日，第一大队再度见证一场悲剧。来自第 3 中队、拥有丰富经验并曾经取得击落 3 架 B-17 轰炸机战绩的恩德勒上士，在驾驶一架 He 162 战斗机从路德维希卢斯特起飞时当场坠毁。施蒂默少尉在他的日记里记录道："这架 He 162 并没有爬升，而是坠毁在机场的边界爆炸了。（我们认为是飞机的襟翼自己收了起来导致的。）"

来自 3. /JG 1 中队的弗里德里希·恩德勒上士正坐在一架 He 162 战斗机的座舱内准备起飞。摄于路德维希卢斯特，1945 年 4 月 14 日，照片拍摄完之后他便坠机丧生，不少德国空军的空勤人员都相信，在执行任务前夕留影只会为自己带来厄运。

此时德国面临的军事形势已近乎绝望。在鲁尔地区，由陆军元帅瓦尔特·莫德尔（Walter Model）指挥的 B 集团军群已经支离破碎。虽然手下的参谋向处境艰难的莫德尔元帅提议投降，以免让更多军民惨遭涂炭，但是莫德尔元帅却拒绝了这个提议。然而，到了 4 月 15 日，库存的弹药均已耗尽，而旗下的部队也开始成建制地向英军投降。在 4 月 11 日下午，一支美军装

1945 年 4 月 14 日，弗里德里希·恩德勒上士驾驶的 He 162 战斗机坠毁后，从远处拍摄的坠机现场，可见一根烟柱直冲云霄。

甲单位在一天之内推进了近百公里，抵达了易北河沿岸。他们在马格德堡东南方的舍讷贝克（Schönebeck）遭遇战斗，并且在数小时后在易北河上架起了一座便桥。

随着盟军步步逼近，I. /JG 1 在卡尔-埃米尔·德穆斯中尉的指挥下于 4 月 15 日开始向北转移。他们要设法避开英军第 21 集团军的锋芒，从路德维希卢斯特转移至靠近丹麦边境的莱克，在当地驾驶 He 162 开始执行作战行动。由于国民战斗机航程有限，他们路上要在胡苏姆（Husum）着陆并且加油。该大队的飞行员们被告知，无论如何也要避免战斗，一旦卷入战斗要利用自身的速度优势快速脱离。

I. /JG 1 的军需官路德维格·西格弗里德（Ludwig Siegfried）上尉记录道：

自 1945 年 1 月以来，我们可以把这场战争视为一系列的公路和铁路旅行。在 4 月初，我们驻扎在路德维希卢斯特。然后我们接到命令，要转移到胡苏姆去。天黑之后，我们出发了。我们四名军官坐在一辆车里，另外三人分别是威廉·克雷布斯（Wilhelm Krebs, I. /JG 1 的技术军官）中尉，伯尔尼·加洛维奇（Bern Gallowitsch，奥地利籍铁十字勋章获得者，曾取得 64 场空战胜利，他原本隶属 JG 51，在不久之前被战斗机部队总监调到该联队）少校，汉斯·布莱泽（Hans Bleser，连部指挥官）上尉和我自己。我们在路上开了一个小时左右，然后迎面与另外一辆车相撞。由于前车灯的灯光不足以照亮黑夜，这种情况时有发生。只有克雷布斯中尉和加洛维奇少校受了点轻伤，这与其说是判断及时，倒不如说是走了大运。最终我们抵达了胡苏姆，这里挤满了从北方撤下来的德军部队。我们只在这里呆了一晚上。在第二天中午，我们终于抵达了莱克，大队重新在当地组织起来。

奥地利籍铁十字勋章获得者，伯尔尼·加洛维奇少校于 1945 年 2 月加入 I. /JG 1 大队。在纸面上，他是 4. /JG 1 中队的中队长，但实际上，他更多地负责行政层面上的职责，其本人甚至从未驾驶过 He 162 战斗机升空飞行。

JG 1 的联队长伊勒费尔德上校直到 5 月 2 日才与部队会合。

一架接着一架地，隶属 JG 1 联队的 He 162 战斗机向着北方飞去：沃伦韦伯中尉驾驶着工厂编号为 120074 的 He 162 战斗机"红 22"号在 17 时 55 分离开路德维希卢斯特，于 18 时 35 分在胡苏姆着陆。他会在 16 日驾驶"红 22"号从胡苏姆出发前往莱克。汉夫少尉驾驶着"白 1"号在 15 时离开路德维希卢斯特，并且于 40 分钟后在胡苏姆着陆。伯杰少尉设法驾机直飞莱克，他驾驶着"黄 5"号于 17 时 50 分在莱克着陆。施拉布少尉驾驶着"7"号 He 162 战斗机在 16 时 50 分离开路德维希卢斯特前往胡苏姆。他 16 日驾驶着同一架飞机飞往莱克，于 16 时 45 分在当地着陆。基什内尔见习军官肯定是通过其他交通途径抵达莱克，在他的飞行日志中，并没有在 15 日驾驶 He 162 的记录。但他当天却在莱克驾驶着"黄 2"号于 11 时 50 分出发，执行一趟气象侦察任务，并且在 12 时 16 分返回莱克。

这趟任务应该是为了给大队的其他成员提供气象情报。无论如何，他在当天肯定有返回胡苏姆，因为他的飞行日志显示，他在16日的早上驾驶着"黄2"号从胡苏姆起飞。这或许是他在结束气象侦察任务后记录了错误的着陆机场，或者是因为有其他人驾驶着"黄2"号返回胡苏姆。

海因茨·昆内克上尉直到17日才离开路德维希卢斯特，他驾驶着"白4"号在当日18时35分抵达胡苏姆。他在第二天16时左右驾驶着同一架飞机在莱克着陆。

来自3./JG 1中队的格哈德·施蒂默少尉回忆道：

在4月15日，我准备起飞前往莱克。为了完成这趟旅程，我的飞机装上了1300升容量的油箱。对于我那携带额外油料的飞机来说，这条跑道实在是太短了。就在机轮终于离地的那一刻，我的左翼撞上了无线电天线。我耗尽了全身的力气来控制住受损的飞机，并且通过一个U形转弯掉头返回机场着陆。4月16日，我再度起飞前往莱克。这一次，里德尔下士和我同行。我们在汉堡地区遭到了高射炮的"热烈欢迎"。在穿越高炮弹幕的过程中，我们消耗了过多的燃料，只好到位于胡苏姆的混凝土跑道着陆。

4月15日，来自2./JG 1的施米特少尉驾驶着"白7"号于15点40分从路德维希卢斯特飞往胡苏姆。他与一架喷火式战斗机遭遇，但是

施米特少尉谨遵命令，没有与其交战。

4月17日，施蒂默少尉和里德尔下士再度尝试飞往莱克。施蒂默少尉完成了这趟飞行，但是里德尔下士却在起飞时因遭遇襟翼故障，导致飞机坠毁，他在事故中伤到了脊椎，被送到医院接受治疗。

4月18日，伤亡名单上再添一人。来自2./JG 1的沃尔夫冈·哈同（Wolfgang Hartung）下士在驾机转场至莱克时坠机身亡。当日中午时分，里尔下士驾驶"白5"号从路德维希卢斯特转场至胡苏姆，然后又从胡苏姆飞往莱克。在经历15分钟的短暂飞行后，他于18时30分在莱克着陆。在路上，他曾与6架喷火式战斗机

停在莱克机场上的"黄3"号，该机由格哈德·施蒂默少尉驾驶，其驾驶舱的一侧涂有3./JG 1中队的"但泽之狮（Lion of Danzig）"队徽，飞行员使用的降落伞被放置在机首上。

相遇，但均没有发生交战。

4月19日，He 162战斗机终于开始执行作战行动。I./JG 1受命巡逻石勒苏益格-荷尔斯泰因（Schlewig-Holstein）空域并反制在该区域内作战的皇家空军战斗机和战斗轰炸机。这些皇家空军的飞机正在执行低空侵入作战，并且肆无忌惮地攻击区域内的德军地面部队。然而，大队可用的飞机数量本就不多，而这其中，可

进行日常作战的飞机数量更是少之又少。实际上，I. /JG 1 最多只能够执行双机编队规模的作战行动。

1945 年 4 月 19 日，来自第 222 中队的杰弗里·沃克顿中尉（照片右侧）宣称在胡苏姆击落了一架"明显是双垂尾、单引擎"的敌机，沃克顿中尉一直被认为是击落京特·基什内尔见习军官的人，但是他上报的击落地点与实际战斗发生的地点有出入。

当日 12 时 22 分，由隶属 3. /JG 1 的施蒂默少尉和基什内尔见习军官组成的双机编队受命从莱克紧急起飞，前去拦截位于附近的敌军战斗机。施蒂默少尉带队起飞，而基什内尔见习军官则紧跟在他后方 30 米的位置上。当两架飞机刚刚离地数米时，两架"P-47 雷电"战斗机突然从后方出现。当施蒂默少尉回过头时，他刚好看见基什内尔见习军官启动弹射座椅弹射逃

生的一幕。施蒂默少尉记录道：

> 4 月 19 日，我带领京特·基什内尔见习军官起飞前去拦截一些 P-47 战斗机。当我们艰难地爬升至 50 米高度时，我们遭到来自后方的袭击。尽管基什内尔见习军官成功启动弹射座椅逃生，但由于高度过低，他的降落伞无法及时打开，我亲眼看着这位同伴活活摔死。我比较幸运，设法逃过了一劫，但是在这之后我却无法放下飞机的起落架。我以极低的飞行高度返回机场，并且尽可能快地着陆。

在地面上，沃伦韦伯中尉同样目睹了基什内尔见习军官坠机的这一幕。然而，他的描述与带队起飞的施蒂默少尉有些许出入。沃伦韦伯中尉回忆道：

> 在中午时分，我们收到警报，一群低空飞行的敌机正从尼比尔（Niebüll）方向逼近，这是位于机场以西的一座小镇。待命的两架飞机在施蒂默少尉和基什内尔见习军官的操纵下紧急升空。就在基什内尔见习军官座机离地开始爬升的时候，他们遭到了英军暴风式战斗机的攻击。他不仅没有尝试逃跑，反而犯了一个天大的错误——在仅仅 50 米的高度上试图与敌机狗斗。

He 162 战斗机完全不适合在低空执行急转弯机动。它最大的优势是可以爬升至更高的高度，并且利用速度优势自高处向下攻击敌人。有好几个目击者声称基什内尔见习军官击落了这架"暴风"。但事实并非如此。实际上，他试图使用方向舵进行一个 180 度的急转弯。这是 He 162 根本无法完成的动作。飞机瞬间上下翻倒了过来，像一片落叶朝着地面坠落。接下来，基什内尔见习军官做了第二件、也是他人生中

最后一件错事。他立刻抛弃座舱盖，并且启动弹射座椅弹射逃生。但是由于飞机此时已经陷入上下颠倒的姿态，弹射座椅并没有带他一飞冲天，而是一头栽进了地里。

这架"暴风"的飞行员朝着正在翻滚下坠的亨克尔战斗机开火射击，他的照相枪应该能够为他提供证据证明是他击落了这架奇怪的飞机。但是他没有办法将这个照相枪记录完整地带回基地了，因为这架敌机随后便被莱克地面上的防空火力击落。

这是首次有 He 162 战斗机飞行员使用弹射座椅逃生的记录。然而，就像沃伦韦伯中尉所记述的那样，弹射逃生的基什内尔见习军官在逃生前没有留意到飞机的姿态已是上下颠倒，结果连人带弹射座椅一头撞上地面。而基什内尔见习军官的座机"黄 2"号则坠毁在位于机场以南 4 公里克林图姆村（Klintum）。

尽管沃伦韦伯中尉声称袭击基什内尔见习军官的英军暴风式战斗机已经被地面炮火击落。

但他似乎是在混乱中错判了事态，因为就在当天，正好有一位英军的暴风式战斗机飞行员宣称在该区域内取得了一个奇怪的击落记录。当日的同一时间，在这片区域内作战的是来自英军第二战术航空军，第 135 联队，第 222 中队的暴风 5 型战斗机编队，他们的任务是扫荡区域内

杰弗里·沃克顿中尉在 1945 年 4 月 19 日取得的战果，来自 3./JG 1 中队的京特·基什内尔见习军官。

的德军机场。这支编队此前曾扫射胡苏姆等机场，宣称摧毁一架敌机并损伤另外 8 架。12 时20 分，这支在 304 米高度飞行的暴风式战斗机编队抵达下一个目标的上空。就在此时，"暴风"编队里的其中一位飞行员，杰弗里·沃克顿（Geoffrey Walkington）中尉发现有飞机正从机场起飞。在事后的战斗报告中，沃克顿中尉记录道：

当我正作为蓝 1 号扫射胡苏姆机场。我看见有飞机从机场起飞，朝着大致向北的方向。于是我立刻停止扫射机场，并且开始追逐这些飞机。这种飞机的机身上方涂着绿色的迷彩，而机腹则涂成黄色。它拥有两个垂尾和升降舵，以及一具引擎。它的机头往下垂，机翼的平面形状跟 Me 109 很相似。由于要转向，我损失了一些速度，于是我与敌机的距离拉开至大约1500 码（1370 米）。通过迷彩，我判定这是一架敌机，我开始了追击，但是无法拉近距离，此时我的表速已经达到了 360 英里/小时（579 公里/小时）。敌机向右做了一个 360 度转向，我紧跟着它，切入它的航线。在我转向的时候，我设法将距离拉近至 1000 码（914 米）。由于无法继续拉近距离，我小心地调整我的飞机，将瞄准环内的四分之三区域置于敌机之上。我打出了一个短点射。敌机开始爬升穿过云层，当时的云层位于 3000 英尺（914 米），云量为 8/10，我穿过一个云洞，在 3500 英尺（1066 米）的高度掠过失去控制、正在旋转下坠的敌机。然后，我目睹敌机在胡苏姆机场附近的地面上爆炸。

沃克顿中尉通过发射 150 发半穿甲弹和 150发高爆弹取得了这个"未识别机型"宣称战绩。

沃克顿中尉很可能就是击落基什内尔见习军官的人，因为基什内尔见习军官受命紧急起飞的时间是 12 时 22 分，而沃克顿中尉的战斗报告上开始的时间是 12 时 20 分。就如研究第二战术航空军战史的历史学家克里斯托弗·肖尔斯（Christopher Shores）和克里斯·托马斯（Chris Thomas）指出的那样：“起飞时间是 12 时 22 分。而暴风式战斗机那钝型机头以及半椭圆形的机翼使其被误认为‘雷电’。毫无疑问，沃克顿中尉击落的是一架 He 162 战斗机。（最明显的证据是一架拥有双垂尾的飞机却能够在低空与‘暴风’拉开距离）双方的时间和飞行高度记录都十分吻合。这些证据都是非常有说服力的。不过，唯一的不合之处是双方记录指向了两座不同的机场，胡苏姆和莱克，这两座机场都位于石勒苏益格-荷尔斯泰因区域内，相距约 24 公里。尽管如此，由于没有其他吻合的记录，所以我们认为这两个记录都代表着同一件事情——亨克尔公司生产的小型喷气式战斗机第一次遭到战斗损失。”

然而，这场战斗还有其他的谜团尚待考证。根据施蒂默少尉的记录，基什内尔见习军官是在莱克机场跑道的上空遭到“P-47”的攻击，并且他们是在 12 时 22 分进行紧急起飞。而根据沃克顿中尉的说法，他们的中队是在 12 时 20 分攻击了位于胡苏姆的机场。这两座机场实际相距约 35 公里。就算考虑到 He 162 和“暴风”5 型那惊人的飞行速度，如此远的一段距离也是不可能被忽略的。而驾驶长机的施蒂默少尉宣称他们遭到了 P-47“雷电”的攻击这件事，通过比对当天盟军的出动记录可以确定，在此区域活动的美军战斗机只有 P-51 这一种型号。美军的第八航空军根本没有派出“雷电”前往德国执行任务，而拥有“雷电”的第九航空军，他们的活动区域则在更加往南的地方。与此同时，在沃伦韦伯中尉的口述中，他准确地识别出了英军的暴风式战斗机。因此，可以确定的是，施蒂默少尉并未与 P-47“雷电”遭遇，袭击他们的实际上是隶属英军的暴风式战斗机。

再者，沃克顿中尉还记录下敌机穿过 3000 英尺（914）米云层，而他则透过一个云洞尾随敌机，并且声称在 3500 英尺（1066 米）越过失控旋转下坠的敌机。但是，根据施蒂默少尉和沃伦韦伯中尉的描述，两架飞机才刚刚从机场起飞，根本不在沃克顿中尉所提到的高度。另外一种可能是基什内尔见习军官被来自第二战术航空军其他中队的飞行员击落了，因为在肖尔斯和托马斯二人撰写的第二战术航空军详史书中，有这么一段记录：“当天进行了大量的机场扫射任务，主要是由暴风式战斗机联队执行的。”

尽管细节上有一定出入，但沃克顿中尉依然是最有可能击落基什内尔见习军官的人。结合德军长机、地面目击者和英军暴风式战斗机飞行员的描述，我们可以推测出这场战斗可能的大致经过：当施蒂默少尉带领僚机基什内尔见习军官从莱克机场跑道起飞时，驾驶暴风式战斗机的沃克顿中尉正好看见了这一幕，于是他立马朝着机场俯冲，对这个 He 162 双机编队发动掠袭。在慌乱中，驾驶僚机的基什内尔见习军官试图操纵飞机急转，在低空与英军的暴风式战斗机进行狗斗，但是却因为失误导致飞机陷入失控状态。他急忙抛弃座舱盖，启动弹射座椅试图逃生。但是却因为没有留意到飞机所处的姿态，结果一头栽到了地里命丧黄泉。失去操纵的 He 162 战斗机在惯性的驱动下继续爬升了一段距离，而沃克顿中尉则继续驾驶暴风式战斗机尾随其后倾泻炮弹，直至穿云后在 1066 米高度越过这架失控下坠的亨克尔战斗机。不管真相如何，有一件事情是绝对肯定的——He 162 在参与作战行动的第一天就迎来了首个战斗损失。

在遭受第一次战损的同时，改装 He 162 的

1945 年 5 月，停放在莱克机场上的 He 162 A-2 "白 6" 号，工厂编号 120231。它的机身前部和下部裸露着零件的原色，没有油漆涂装，在面板的连接处只涂上了底漆。它的机头整流罩涂上了 JG 1 联队的红色箭头标记。留意该机机翼上还涂有不同寻常的条纹。

飞行训练活动继续进行。4 月 19 日，在 I. /JG 1 的新驻地和罗斯托克-曼瑞纳亨都进行了飞行训练活动。沃伦韦伯中尉驾驶着 "黄 11" 号自莱克机场起飞进行训练。而在曼瑞纳亨，自西线战

来自 5. /JG 1 中队的赫伯特·多施下士（照片中央），他曾多次驾驶 He 162 升空飞行，其中一次甚至与 6 架敌机相遇，但并未发生交战。

斗机补充大队分配至 5. /JG 1 的赫伯特·多施（Herbert Dosch）下士，在 9 时 10 分至 9 时 25 分这段时间里驾驶着 He 162 战斗机升空进行首次飞行。他随后又在 10 时 12 分至 10 时 26 分之间进行了第二次飞行。与多施下士相似，来自 II. /JG 1，绰号为 "斯佩（Spee）" 的斯蒂布下士驾驶着 "5" 号 He 162 战斗机在 10 时 58 分至 11 时 10 分完成了一次训练飞行。

同日，德国空军最高司令部发信给多个指挥部，称 I. 和 II. /JG 1 以及 III. /JG 301 将归属帝国航空司令部（Luftflotte Kommando Reich）负责，这些部队将会在 "北部区域" 作战，装备 He 162 和 Ta 152 战斗机。而 JG 1 和 JG 301 的直属中队将会立刻交由空军西线指挥部指挥。实际上，在 1945 年 4 月期间，战斗机部队的作战行动仅限于几次成功对西线德军地面单位的支援行动。JG 4、JG 26、JG 27、JG 53 和 JG 300 联队执行针对盟军部队集结点、车队以及桥梁进行轰炸和扫射的对地攻击任务。有的时候能够结成由 20 余架飞机组成的编队。他们的任务区域位于吕讷堡、马格德堡、班伯格（Bamberg）以及拉施塔特（Rastatt）。然而，执行任务的次

隶属 JG 1 联队的 He 162 "黄 1" 号，工厂编号 120223，正停放在莱克机场的草坪上，1945 年 4 月末。该机的航炮显然曾多次开火射击，航炮射击孔附近的机身已被炮火熏黑。留意其下反式翼尖上涂有不同寻常的环状标记。

数已经越来越少。

　　4 月 20 日，苏军已经推进到距离柏林只有 16 公里的地方，这座城市遭到了持续不断的炮击。与此同时，I. /JG 1 继续进行手头上的工作，而 II. /JG 1 据信将会在 4 月末收到 10 架 He 162 战斗机。当天，施拉布少尉于 10 时 12 分驾驶着"7"号 He 162 战斗机从莱克起飞，进行一次飞行高度为 8400 米的"高空飞行（Höhenflug）"。

　　中午 11 时 30 分，JG 1 派出 3 架飞机迎战正在莱克区域内攻击地面目标的英军台风式战斗机。与往常一样，飞行员们坐在机场边缘，靠近他们座机的草坪上，而他们的座机也已经接上地面启动车。当"启动"命令传来，3 架 He 162 战斗机同时进行战斗准备，但是沃伦韦伯中尉驾驶的"黄 3"号在启动时出现问题。在回忆录中，沃伦韦伯中尉写道：

隶属 3. /JG 1 的沃尔夫冈·沃伦韦伯中尉，这张照片拍摄于他在 13. (Z)/JG 5 中队服役期间。

　　我驾驶的 He 162 战斗机工厂编号为 120098，它的引擎怎么也发动不起来。与其让编队中的其他成员等待我发动引擎，我干脆让伯杰少尉先带着他的僚机起飞升空。他们两架飞机在 11 时 35 分起飞，而我则留在地面上继续"哄"着飞机的引擎，试图让它发动起来。[1]

――――――――――――――

　　[1] 口述出自沃伦伟伯自传，与其 1993 年接受采访时的描述有出入，1993 年时他称 20 日当天出动的飞机有黄 1、黄 3、黄 7、黄 11，其中黄 1 和黄 3 在启动发动机时遭遇故障，而自传中他只能确认自己驾驶的是黄 3。另根据其他书中的说法，伯格（Berger）当天驾驶"红 1"在 11 时 15 分升空，但沃伦伟伯自传中称伯格是自己 3 机编队中的一员，若属实则伯格驾驶红 1 升空的记录有误。

技师们花了整整20分钟的时间，才让里德尔式启动机恢复正常工作。此时，伯杰少尉和他的僚机已经在返航的路上。我通过无线电和他们两人联系，并且获知他们两人并未与敌机遭遇。

12时05分，我终于可以起飞了。在爬升的过程中，我启动了机上的武器系统。"黄3"号上的Revi 16 G型瞄准具并没有亮起，我以为这只是因为瞄准具的灯泡烧坏了。爬升到600米高度后，我往飞机下方望去，发现在去往胡苏姆的道路上横七竖八地停着几辆被击中起火的车辆。显然，这附近肯定有正在活动的敌机。不久后，在胡苏姆机场附近，我发现了一架落单的暴风式战斗机。它正在低空飞行，驾驶这架战机的飞行员肯定是在攻击地面目标，或者其他一些被他盯上的目标。

"我马上就会打断你的兴致。"我喃喃自语道。我操纵着飞机逼近到他的后上方约100米的位置上，然后翻开操纵杆上的航炮保险盖，摁下两门 MG 151 航炮的开火按钮。他还没察觉——但是他也没法察觉了，因为机上的航炮统统都哑火了！此时，我几乎就要撞上他的机尾。当我越过他的时候，我猛拉He 162 的操纵杆，将飞机带入大仰角爬升的姿态中。他终于发现我了！这位英国佬立刻操纵他的暴风式俯冲，下降到更低的高度，并且以绝尘之速逃走了。

在1100米高度上，我看见第二架暴风式战斗机，于是我朝着它飞去。但是这位英国佬没有开小差，也许是他的同伴已经警告过他，有德国人的"秘密兵器"在附近活动。当我接近他时，他立刻做了一个急转向机动，然后俯冲消失在低空中。由于飞机的航炮全部哑火，继续追击下去是没有意义的。我掉头返回莱克，我几乎抑制不住自己的怒火，因为我错失了两个击落敌机的机会。我很想大叫一声发泄一下。如果那个导致武器哑火的蠢货军械技师此刻在我面前的话，我肯定会毫不犹豫地亲手掐死他！

由于某个笨蛋的疏忽，我错失了一场，甚至两场可以轻松取得的空战胜利。我本来能被捧成英雄人物，但是此刻却是一名彻底的失败者。我知道，肯定会有人，不管在汇报情况时，还是在事后的混乱中，对我遭遇的"厄运"产生怀疑。原本我可以得意地返回基地，摇摆着机翼表示自己取得了两次击落战果。但是我现在却怕那两架被我掠袭的"暴风"正尾随在我的后方，并且等待我进入降落状态后扑上来将我撕成碎片。

幸运的是，被他掠袭过的英军暴风式战斗机似乎并没有尾随报复的意愿，沃伦韦伯中尉最终驾驶着"黄3"号有惊无险地在莱克机场着陆。

当日下午，上级下达了进行另外一趟巡逻

停放在莱克机场上的"红1"号，由2. /JG 1 中队的格哈德·汉夫少尉驾驶，可见驾驶舱一旁上的 III. /JG 77 大队队徽。

任务的命令。从莱克出发的双机编队中，其中一架飞机是由汉夫少尉驾驶着工厂编号为120077的"红1"号He 162战斗机。这架飞机经常出现在照片中，因为它的机身上涂有独特的个人标记，所以这架飞机变得非常著名。汉夫少尉解释道："我驾驶的是'红1'号，外号是'吵闹之爪（Nervenklau）'。有一天，这个不同寻常的机徽突然出现在我的He 162左侧机身上，这是我们的地勤人员的杰作。我经常用我的摩托车打扰他们的休息，并且还不断鸣笛。我不想扫了他们的兴，于是我微笑着接受了这个机徽。"

同日下午，施米特少尉使用弹射座椅在莱克附近跳伞逃生。当时他正在进行训练飞行，但是他的飞机却出现技术故障。与此同时，来自2./JG 1的格哈德·芬德勒（Gerhard Fendler）下士在驾驶一架He 162进行转场飞行的时候坠机，他的具体坠毁地点未知。短短一个下午，两架宝贵的He 162战斗机就这样损失了。

汉夫少尉在16时17分进行了他当天的第二次巡逻任务，并且在16时37分返回基地，这两次巡逻任务都没有与敌机遭遇。

同日，在罗斯托克-曼瑞纳亨，斯蒂布下士在下午时分驾驶着He 162"5"号进行另一次训练

隶属II./JG 1大队的欧文·斯蒂布下士，照片摄于1944年。

飞行。第二天，"塞普"克鲁茨下士驾驶着"5"号在15时52分升空进行训练。然而，由于飞机出现故障，他被迫在迪尔科夫（Dierkow）附近跳机逃生，仍未知其在逃生过程中是否使用弹射座椅。

4月21日，多施下士驾驶着一架编号不明的He 162战斗机两度从罗斯托克-曼瑞纳亨起飞进行训练飞行，其中一趟持续了7分钟，而另外一趟则持续了6分钟。

战争末期，德国空军著名王牌飞行员阿道夫·迪克菲尔德（Adolf Dickfeld）受命在梅泽堡（Merseburg）设法组织一支He 162部队。他曾经率领一个He 162双机分队升空巡逻，并且宣称击落一架"P-47战斗机"。在他的回忆录《猎手的足迹》中，迪克菲尔德描述道：

令人敬畏的红色信号弹在机场上空升起。我内心非常紧张，当我们开始滑行时，操纵杆两侧的大腿在不停地颤抖。我非常小心地向前推动节流阀，以免在起飞时损坏飞机的发动机。国民战斗机开始滑行，这架飞机简直就是一只该死的瘸了腿的鸟！但是没有时间容我们思考了。经过一段漫长的时间后，我终于能够拉起机头起飞，此时飞机离跑道尽头已经非常近。巴茨（Bartz，迪克菲尔德的僚机飞行员）也安全地起飞了，他熟练地保持在我左翼翼尖以外的位置。美国佬活动的时间似乎提前了。我们的指挥中心通报称："敌机编队正在接近汉诺威-不伦瑞克（Hannover-Braunschweig）区域。"我快速转向北方。我们很快爬升到5000米高度，因为我想避免被美军战斗机突袭，于是我戴上氧气面罩，继续爬升。在爬升到5500米高度时飞机开始拖带出凝结尾。而当我们爬升至7000米的高空时，我们已经抵达了敌军轰炸机编队的上方。

"你有看见敌军的战斗机吗?"我问巴茨。还没等到他的回复,闪烁的曳光弹便在我驾驶舱两旁划过。我身后出现了一架肥硕的"雷电"。我紧盯着他的枪口,这样我便能计算出他的下一轮射击能否将我置于死地。就像此前那样,我操纵飞机执行右转爬升机动。我将亨克尔战斗机倒转过来,然后紧拉操纵杆,最终绕到了美军战斗机的身后,此时我的速度超过了800公里/小时。当我解除航炮保险的时候它发出了"噗"的一声。我不认为敌机的飞行员意识到我的存在。我快速逼近敌机:300米、200米、100米、50米。这架 P-47 看起来就像是近在眼前一般。我能感受到敌机尾流的扰动,它机翼上的白星填满了我的瞄准具。我扣下了扳机,一连串20毫米炮弹脱膛而出。整整3秒钟时间里,航炮炮弹不断敲打着这架美国佬飞机。飞落的残片打在我的机身上噼啪作响。它先是开始冒烟,然后引擎开始窜出火苗。更多的残片打在了我的机翼上,而这架 P-47 变成了一个大火球,炸成了碎片。敌军飞行员没有逃出残骸,我看见他的遗体倒在了驾驶舱里。一片白色的降落伞残片从这个燃烧的炼狱中掉了出来。

尽管在自传中,迪克菲尔德的描述非常详细,但是没有注明相应的日期。近年出版的《德国空军王牌——传记和宣称战果第一卷(Luftwaffe Aces - Biographies and Victory Claims Volume 1)》中记录这场战斗发生在 4 月 21 日,然而这个战果没有得到军方确认,更没有其他资料能够佐证迪克菲尔德取得过这个"P-47"击落战绩。

4 月 22 日,更多的警报传来。当日上午 9 时 55 分,昆内克上尉驾驶着"白 7"号带领着小编队从莱克起飞。他的僚机里尔下士驾驶着"白 4"号紧随其后,在一分钟后起飞。在里尔下士身后,汉夫少尉驾驶着"红 1"号以一分钟之隔起飞升空。汉夫少尉是第一个返回基地的人,他在 10 时 22 分着陆,而昆内克上尉和里尔下士则分别在 10 时 28 分和 10 时 29 分安全着陆。

当天下午,汉夫少尉驾驶着"+1"号在 14 时 45 分升空进行另一趟巡逻任务,陪同他的是伯杰少尉,他驾驶着"白 4"号在 5 分钟后起飞升空。两位飞行员均安全返回,着陆时间分别是 15 时 10 分和 15 时 11 分。

同日,沃伦韦伯中尉驾驶工厂编号为 120223 的"黄 1"号 He 162 战斗机升空拦截一架正在高速接近莱克的身份不明飞机,结果却发现这是一架 Ar 234 型喷气式轰炸机。沃伦韦伯中尉描述道:

当时我正好处在待命状态,并且立刻被派往拦截这架从南方高速接近的"不明飞机",当时我们推测这是一架蚊式。由于我的"黄 3"号还在车间里接受检修,于是我驾驶工厂编号为 120223 的"黄 1"号起飞升空,以全推力爬升至 5000 米高度。

当我抵达指定高度时,我能够看见这架飞机留下的尾凝,但是飞机本身已经飞离了机场上空。我开始追踪,但是当我追上它的时候我震惊了。我知道蚊式的最高飞行速度约在 600 公里/小时左右,但是这架飞机却在以 700 公里/小时的速度飞行!当我靠近后,我才从翼下悬挂的两具引擎以及自机头玻璃罩突出的潜望镜识别出这其实是一架阿拉多 Ar 234 闪电型喷气式轰炸机。这也许是驻扎在挪威斯塔万格(Stavanger)的 1.(F)/33 侦察大队派出的远程侦察机。

我追踪的路程足足跨过了整个丹麦,斯卡格拉克海峡(Skagerrak)的水道已清晰可见。尽管 He 162 在 5000 米高度飞行的时候油耗会有所降低，而最长滞空时间可以超过 40 分钟，但是时候回头了。在返航之前，我情不自禁地驾驶飞机越过这架 Ar 234，并且愉快地向驾驶飞机的飞行员挥手示意。在返回基地的路上，我将引擎保持为更加经济的"巡航转速"。

4 月 23 日，由于盟军已经逼近，最后一位留在哈赫特尔支队的飞行员受命要炸毁那些停在梅明根并且无法飞行的 He 162 战斗机。然而，并没有证据证明梅明根存在符合这种条件的飞机。这支支队随后受命要转移到"位于慕尼黑区域的机场"。

在北方，汉夫少尉接连收到两次紧急起飞命令，并且驾驶着"+1"号分别在 9 时 12 分至 9 时 40 分、10 时 20 分至 10 时 47 分这两段时间中从莱克起飞升空。但是这两次飞行都没有遭遇敌机。

来自 5./JG 1 中队的多施下士驾驶一架编号未知的 He 162 战斗机于 15 时 03 分至 15 时 18 分之间从罗斯托克-曼瑞纳亨转场至瓦尔内明德。然而，又一条噩耗传来，来自 3./JG 1 中队的阿克曼上士在 14 时 03 分驾驶一架 He 162 战斗机起飞转场至莱克，但是他却在路上坠机身亡。沃伦韦伯中尉描述了阿克曼上士身亡的细节：

4 月 23 日，罗尔夫·阿克曼上士驾驶着工厂编号为 120021 的 He 162 战斗机飞行。但不知怎么地，他驾驶着飞机做了一个毫无必要的机动，以危险的极近距离飞越机场的管制塔。这之后，他开始操纵飞机爬升。他可能是想做一个向上的滚转机动。但是，他却犯下了致命错误，同时使用方向舵和副翼操纵飞机执行这个机动。亨克尔战斗机可受不起这番折腾。飞机立刻失控，往一侧栽下去，一侧的机翼首先撞上地面，飞机在撞地时炸成了火球。

直至此时依然居高不下的事故率足以证明：要么是这些驾驶飞机的飞行员仍然没有接受足够的训练，要么是 He 162 确实是一架难以操纵的飞机——抑或二者皆是。

一群 JG 1 联队飞行员的合照，左起第三位便是在 4 月 23 日事故中丧生的罗尔夫·阿克曼上士，而右起第二位则是在 4 月 19 日被英军暴风战斗机击落的京特·基什内尔见习军官。

23 日晚上，昆内克上尉驾驶着"白 5"号从莱克起飞进行一次飞行。与此同时，由于苏军已经逼近罗斯托克，德穆斯中尉下令让沃伦韦伯中尉亲自挑选 10 名飞行员组成小队，连夜赶往亨克尔曼瑞纳亨工厂。他们负责接收由该工厂生产的最后一批 He 162 战斗机，并且将其转场至莱克机场。在回忆录中，沃伦韦伯中尉详细描述了这趟异常危险的旅途：

我开始寻找合适的交通工具搭载我们前往罗斯托克。到了这种时候，"合适"一词形容的是那些还没被扔进垃圾场里等着生锈腐坏的破车，最后我只找到一辆破旧的哈诺玛格拖车，这是一款四轮牵引车。

由于低飞敌军战斗机的威胁——在昼间时，这些战斗机控制着德国的每一寸国土——我们直至午夜时分才出发前往目的地。其他飞行员往车上装了一些稻草，他们把这些稻草当做被子盖在身上保暖。施拉布少尉、施蒂默少尉和我坐在牵引车的驾驶室里，这辆牵引车的驾驶席后方还有一排座位。

我们摇摇晃晃地在路上走着，司机跟我们解释说，就算要停车，他也不敢关掉引擎，因为引擎的启动机出了毛病。一旦关掉引擎，要再次让它运转起来简直是一件要命的活。为了最大限度地降低被在夜间巡逻的敌军战斗机发现的危险，我们没有打开车灯。幸运的是，在满月的照耀下，我们还能看清楚路面。但当月亮被云层挡住时，司机的额头就开始冒汗了。

由于敌军昼间战斗机的威胁，所有路面交通要到晚上才会恢复。这也就意味着一到晚上，路上就会挤满各种部队运输车辆、补给车辆和满载难民的民间车辆。与此同时，路两旁还堆积着各种被击毁的、被火烧毁的车辆残骸，这使得路况变得更加糟糕。不可避免地，我们常常与两旁驶过的车辆发生刮擦。

突然间，其中一名坐在后方的飞行员突然朝我们大喊："停下！马上停下来！"我叫司机停车并且立刻跳下牵引车。这时候，这名飞行员站在路中间，手指指着天空。"敌军轰炸机！"他大喊一声后立刻跳入路边隐蔽。我拽着司机到附近一栋房子的后院里。敌军飞机轰鸣着低空飞过道路。我们听到炸弹在100米外爆炸的响声，就在刚才我们停车寻找隐蔽的地方。结果，一辆巴士被命中了，但是没有造成伤亡，因为这是一辆早就被击毁的车辆。10分钟后，一切归于平静，我们再度踏上旅途。

这辆老哈诺玛格牵引车不断发出震动，意味着我们根本无法好好休息，而司机也已经累到了极限。当我们快到吕贝克的时候，我决定让大家休息一下。我们将哈诺玛格停在一堵高耸的石墙后方。然而，这辆牵引车那低沉的引擎声惹来了宪兵，短短5分钟后，其中一名宪兵拿着他的冲锋枪出现在车旁，他用枪托敲打

我们驾驶室的门。"你们是谁负责的?"他大吼道。当司机指向我时，宪兵随即朝着我吼道："你立刻跟我过来！"

我跟随宪兵进入一处混凝土碉堡，这座碉堡被伪装成一座普通房子的外形。我们往下走了几步，进入到一间房间，里面的办公桌坐着一名党卫军的二级突击队大队长(Sturmbannführer)——这个官衔约等于德国空军的少校官衔。"交出你的文件！"他叫道，然后把台灯转过来，让强光照在我的脸上。我从外套的口袋里拿出我的行程命令，并且将其与德穆斯大队长交给我的元首命令一同展示在桌上。这名党卫军匆匆看过我的文件，然后开始了一段显然是经过精心排练过的咒骂。

由亨克尔工厂签发给沃伦韦伯中尉携带的"特别任务"通行证，尽管苏军就快杀到工厂门口，亨克尔公司依然将签发证件的有效期定为"1945年7月1日"。

"你们是一群逃兵，简直就是懦夫，是祖国的叛徒！"他声嘶力竭地大吼道，"我敢打赌，你们肯定是在逃命！但我会对你们采取措施！卫兵！解除他的武装！"

那名 SS 军士将自己的冲锋枪放在桌面上，然后朝我走来。他现在手里没有武器，但我根本没有意愿交出自己的武器。我从枪套里掏出手枪，对他大吼道："不许再靠近我！而你，大队长！立刻大声读出桌子上元首命令上的内容！"这名党卫军军官立刻将手伸往一旁的抽屉，里面显然藏着一把武器。"想都别想！"我大吼道，"这荒唐事已经耽误我够久了，我已经快失去耐心了！"

当这名党卫军军官拿起元首命令时，我把台灯转了回去，照在他的眼睛上。顾名思义，这些命令之所以被称为元首命令，是因为它们是由元首本人或者其全权代表签署的。它们给携带这些命令的信使绝对的优先权，并且让所有的政府官员和其他部门官员、军事人员或纳粹党员为其提供一切可行的帮助。这在命令上写得非常清楚。然而，在离开房间前，我再次向这两位党卫军强调这道元首命令的最后一句话："任何不遵守或拒绝帮助者将会受到军事法庭的审判！""明白了。"这名党卫军军官低声回应道。

尽管成功脱险，但是这件事却让我感到非常恶心。当我走上地堡的台阶时，我能感觉到全身都起了鸡皮疙瘩。这些危险的疯子被民众们戏称为"英雄捕手"，因为他们会不顾一切地追捕逃兵。他们有权逮捕任何没有携带正确文件的人，并且在不经审判的情况下就把他们吊死在树下或者路灯下。

逃过路上劫难的沃伦韦伯中尉小队最终成功抵达了亨克尔曼瑞纳亨工厂。然而，他们却发现当地仅有 2 架已经完工的 He 162 战斗机。他们只好无奈地继续等待工厂交付更多的飞机。

回到莱克，在 4 月 24 日，噩耗再临，II. / JG 1 的大队长保罗-海因里希·达内上尉在 He 162 坠机事故中不幸丧生。来自 8. /JG 1 中队的康拉德·奥格纳下士目睹了事情的经过：

4 月 24 日，我正在机场上仰望天空，结果刚好目睹了灾难降临的一刻。我们的大队长达内上尉似乎对这款飞机没有多少信心，而且我认为他忽视了之前的训练事项。当天 16 时左右，他驾机起飞。我们看着他的动作——他并没有爬升至高于 500 米的高度。他开始转弯，而飞机则开始失控。我看见他的飞机陷入了筋斗。小片的玻璃碎片在阳光的照耀下闪闪发光，而飞机的发动机则拖着一条白色的烟迹。这架 He 162 开始往下坠。飞机就像一片落叶坠毁在沃恩河（Warne River）河口的沼泽地里。我们的大队长可能是在弹射跳伞前忘记抛离他的座舱盖，结果他的脑袋直接撞在座舱盖上。这就能解释为什么我们会看到闪闪发光的玻璃碎片。我们立刻跳上船想把他救回来，但是无法找到他的踪迹。

威廉·哈德下士回忆说：

He 162 战斗机有一个很坏的飞行特性，当你朝一侧转向时，从发动机喷射出来的气流会导致方向舵卡住，这也就意味着你无法控制这架飞机。接下来飞机会朝下冲，就像一片从树上坠落的树叶。一旦 He 162 陷入这种动作，你能做的只有一件事——抛离座舱盖，收紧你的腿，用弹射座椅逃生。在他的第一次飞行中，我们的大队长达内上尉就是因为这个特性而坠机丧命的。这之后，此前从雷希林分配至我们联队的佐伯少校被任命为 II. /JG 1 的大队长。

维尔纳·佐伯（Werner Zober）少校此前是一名轰炸机飞行员，他曾是"秃鹰军团"的成员并曾荣获钻石金质西班牙十字勋章。佐伯少校曾在战斗中身受重伤，并有一条腿被截肢。后来，他进入雷希林试验场工作，并成了乌德特费尔德（Udetfeld）试验场的第一任指挥官。他在几天前加入 JG 1 联队，但是不确定他在 JG 1 联队任职期间是否驾驶过 He 162 战斗机。

另一位在数天前加入 JG 1 联队的军官是加洛维奇少校（正如西格弗里德上尉所提及的那样）。他是一位奥地利人，1918 年 2 月生于维也纳，在 1936 年加入奥地利飞行员学校，但是却在 1939 年转入德国空军，作为一名轰炸机飞行员加入 KG 100 联队，执行所谓的"探路者任务"。他在 1940 年 6 月转为战斗机飞行员，加入 IV. /JG 51 大队并在英吉利海峡上空作战，在这期间他取得了第一场空战胜利。后来，他随 12. /JG 51 中队前往东线作战，但是却在作战中身受重伤。在离开前线之前，他已经执行了 840 场战斗任务，取得 64 个击落敌机战绩并且还击毁了 23 辆敌军坦克。在此期间，他曾五度被敌军击落。1942 年 1 月 24 日，在取得第 42 场空战胜利后，他被授予骑士十字勋章。当年的晚些时候，他作为参谋人员被调遣至德国空军最高指挥部，着手组织在莱希费尔德进行的 Me 262 喷气式战斗机的训练工作。最终在 1945 年 2 月，他被调遣至 I. /JG 1 大队。

从这一天起直至战争结束，I. /Einsatzgruppe JG 1（Einsatzgruppe 意为"突击队"）将受德国空军最高统帅部之命进行"自由作战"，执行对地攻击任务。但实际上该部仅执行了几次这样的任务，试图扫射位于莱克-胡苏姆或海德-石勒苏益格-弗伦斯堡-莱克区域（Heide-Schleswig-Flensburg-Leck）内的敌军车队。

4 月 25 日，来自 1. /JG 1 的施米特少尉驾驶着"白 5"号带领着一个双机编队于 11 时 20 分从莱克起飞升空，执行巡逻任务。他在飞行日志上写道："自由狩猎蚊式。"这 2 架飞机受命前去拦截在弗伦斯堡（Flensburg）区域附近低空飞行的英军蚊式飞机，但却没有发生战斗。

3. /KG1 中队的中队长，卡尔-埃米尔·德穆斯中尉，他在 4 月 25 日的飞行事故中救了格哈德·施蒂默少尉一命。这张照片中，在他身旁的是来自 I. /JG 1 大队的戈特弗里德少尉，戈特弗里德在 1944 年 12 月 27 日的一场任务中阵亡。

当天下午，伯杰少尉最后一次驾机升空。13 时 15 分，当"紧急起飞"命令传来后，他驾驶着"黄 3"号与施蒂默少尉一同升空，前去拦截 P-47。施蒂默少尉记录道：

当我们看见 P-47 后，我与伯杰少尉一同升空。由于缺乏足够的燃料，在降落的时候，我被迫选择一个很差的角度飞向跑道。我的 He 162 战斗机坠毁了，强大的冲击力导致我当场失去了知觉。德穆斯中尉是第一个抵达坠机现场的人，他用一把斧头劈开了座舱盖。一阵扑面而来的新鲜空气使我恢复了知觉。我的腿受伤了，我被送往莱克的医院，在那里我遇到了我的朋友里德尔下士。我随后在病床上得知投降的消息。

由于国民战斗机的航程有限，伯杰少尉和 P-47 之间并未发生战斗。伯杰少尉在起飞 43 分钟后在机场上着陆，他座机的油箱几乎干涸。

4 月 26 日，I. /JG 1 派出少量的 He 162 战斗机前去迎击在石勒苏益格-荷尔斯泰因区域执行对地攻击任务的皇家空军对地攻击机。汉夫少尉驾驶着"+1"号在中午时分两度受命从莱克紧急起飞，而后又在 16 时 25 分至 16 时 35 分之间带领一支双机编队起飞。

同日，来自 2. /JG 1 的赫尔穆特·雷兴巴赫（Helmut Rechenbach）下士和埃米尔·哈尔梅尔（Emil Halmel）见习军官，在进行转场任务时不幸双双坠毁在莱克附近区域，具体的坠毁原因未知。与此同时，有消息来源指出，雷兴巴赫下士在当天宣称取得 He 162 战斗机的首个空战胜利，西格弗里德上尉和德穆斯中尉都有为

另一架在帕尔希姆机场迫降后损毁的 He 162，该机由罗斯托克工厂生产，工厂编号 120029。这架飞机的机身已无回收价值，但是较为完好的 BMW 003 发动机依然可以回收交给其他飞机使用。

这个空战胜利作证。不过，该战果缺乏进一步的详细信息，而盟军对应的航空军部队，例如英军第二战术航空军等缺乏任何对应的损失记录。

4月27日，在收到紧急起飞命令后，汉夫少尉再度驾驶着"+1"号于9时10分从莱克升空，飞行了约25分钟。第二天，他又驾驶同一架飞机在15时55分升空，飞行了25分钟。

4月28日，来自 II. /JG 1 的阿尔弗雷德·杜尔(Leutnant Alfred Dürr)少尉驾驶着工厂编号为120108的 He 162 战斗机从罗斯托克-曼瑞纳亨升空进行训练飞行，这趟飞行持续了17分钟。当天，一支来自 II. /JG 1 大队、由8至12架 He 162 战斗机组成的编队经由卡尔滕基兴(Kaltenkirchen)转场至莱克。然而，那些没有飞机的飞行员只能经由陆路前往莱克。

4月29日，汉夫少尉在收到紧急起飞命令后驾驶"+1"号于10点从莱克起飞，进行25分钟的飞行。这将是他的最后一次飞行，但依然没有发生交战。

4月30日，经由陆路前往莱克的部分 II. /JG 1 成员报告称他们已经抵达梅克伦堡(Mecklenburg)，但是他们现在要在"被敌军追击"的情况下继续向目的地移动。

同日，驾机前往莱克的飞行员也遭到了敌机的追击。II. /JG 1 的飞行员汉斯·雷兴伯格(Hans Rechenberg)少尉在驾驶 He 162 战斗机从罗斯托克转场至莱克的路上被英军喷火式战斗机击落，他的飞机坠毁在维斯马(Wismar)附近，但是雷兴伯格少尉毫发无损地逃离了飞机。当天同样飞往莱克的还有来自 II. /JG 1 的欧文·斯蒂布下士，他最终被迫驾机在卡尔滕基兴附近迫降，而同队的卡尔·贝克(Karl Beck)军士长则没那么幸运，他的飞机坠毁在克林图姆村，两人坠机的原因都是一样的——耗尽燃料。同

日上午11点，施拉布少尉驾驶着工厂编号为120099的 He 162 从罗斯托克转场至莱克，但是在15分钟后坠毁在位于基尔(Kiel)以东。施拉布少尉成功逃出了飞机，只受了轻伤。

同样是在4月30日，杜尔少尉驾驶着工厂编号为120086的 He 162 战斗机从罗斯托克-曼瑞纳亨转场至莱克，然而由于燃油耗尽，他被迫在靠近吕贝克，丹麦城堡(Dänischburg)以北的一段高速公路上迫降。在迫降时，他已经升空飞行了30分钟。5月1日的13时15分，他再次驾机从这段高速公路起飞，并且在15分钟后降落在布兰肯塞(Blankensee)。当天傍晚，他又从当地起飞，进行了一场时长为10分钟的测试飞行。5月2日，他再度驾机起飞，经由胡苏姆飞往莱克，在当日18时45分抵达了他的最终目的地，这也是杜尔少尉的最后一次飞行。

5月1日，由蒙哥马利元帅指挥的英军部队继续穿过德国北部，从易北河方向向着柏林挺进，路上几乎没有遭遇任何抵抗。纳粹德国元首希特勒早在前一天就已经自杀身亡，但柏林城内的残酷巷战仍在继续。在希特勒死前，身处德国南部的德国空军最高统帅戈林曾尝试篡夺第三帝国的大权，结果却被希特勒下令剥夺所有权力并且监禁起来。而在空中，德军战斗机部队仍在最后一搏，间歇性地进行东线和西线的对空防御作战。希特勒自杀身亡的消息迅速地传到莱克当地，隶属 2. /JG 1 的康拉德·奥格纳下士回忆道：

我们的指挥官伊勒费尔德上校告知我们希特勒的死讯，并且让我们待在一起，直到盟军占领我们的机场。这样做的话，就没有人能伤到我们。他还告诉我们，他再也没有权利留住我们，每个人都可以决定是否离开。但是没有一个人离开这里。

　　与此同时，苏军已经逼近到距离亨克尔罗斯托克-曼瑞纳亨工厂不到 10 公里的地方，在混乱中，沃伦韦伯中尉开始组织人员将工厂交付的最后一批 He 162 战斗机转移至莱克，而他本人也在寻找撤离工厂的交通工具。在沃伦韦伯中尉的回忆录中，他记录下了曼瑞纳亨工厂被苏军攻占前的最后一幕：

　　5 月 1 日凌晨 5 点，隆隆的炮火声催我从睡梦中醒来。当我往窗外望去，天空已经被纷飞的炮弹和地面上的火光染成了血红色。俄国佬已经打到距离工厂大门不到 10 公里的地方，是时候行动了。7 点 15 分，安东·里默（Anton Riemer）下士驾驶着工厂编号为 120100 的 He 162 战斗机率先起飞前往莱克。15 分钟后，赫尔穆特·里尔下士驾驶着工厂编号为 120104 的 He 162 战斗机——亨克尔罗斯托克工厂生产的最后一架 He 162 战斗机——升空，同样是飞往莱克。但看起来这架飞机不太靠谱，刚从机场升空，它就开始上下摇摆起来。

　　里尔下士设法驾驶着这架飞机返回机场，他勉强控制住这架飞机的过山车式运动。每当飞机朝地面下降时，他就将节流阀往前推，而当飞机开始爬升他就将节流阀往后收。当他操纵飞机朝着跑道飞来时，这架 He 162 似乎受够了他的控制，一头朝着机场边缘外的一处灌木丛栽下去。幸运的是，里尔下士毫发无损地从飞机残骸中逃了出来。然而，成功起飞前往莱克的里默下士也在路上遭遇坠机事故，他的手臂和腿受了重伤。

　　与此同时，炮火已经朝机场方向延伸，而我正在为一架鹳式飞机寻找燃料。我背着一把冲锋枪，并且在里尔下士的陪同下开车前往一处燃油储藏处，一位高炮部队的少校正带领着几名空军人员在这里设置炸药。当我问这名少校哪里还有航空燃油可供我使用时，他指向一辆正准备驶出大门的加油车。

　　“你最好动作快点，”少校大声对我喊道，“这处机场，包括它的跑道在内，很有可能会在几分钟内就被炸上天。我们不能让机场落入俄国人的手里。”我们追到加油车的后面，大声地吆喝它停下。然而加油车的司机继续踩油门加速，当做看不到我们似的。直到我拿起冲锋枪，摆出要朝加油车的车胎开枪的姿势时，他才猛踩刹车并且掉头回来。

　　“我没有注意到你在后面，中尉先生。我的儿子也在军队里，你知道吗？”他含糊地说道，这人显然是喝醉了。“你能拿走一些燃料，但是要用烈酒来换。”他耍拽道。我将冲锋枪口顶住他的鼻子，大声命令道：“你马上把车开到那边的机库去，给里面的鹳式加满油！”

　　尽管这名司机已经烂醉如泥，但是他似乎已经清楚地明白我下达的命令。在我的指示下，他把加油车开进机库，这辆加油车距离鹳式是如此之近，以至于车辆与机翼之间的间距还不到 1 毫米。他先是递给我一根加油软管，然后摇摇晃晃地走回驾驶室里，打开油泵的马达。当飞机的油箱就要加满时，我大声喊道：“关掉油泵！”但是油泵并没有关掉。加油车的油泵一直在运转，航空燃油不断地从软管中流出。溢出油箱的燃油先是漫过飞机的机翼，然后滴落在机库的地板上，在机库的一角形成了一滩高度易燃的水塘。

　　我放开加油软管，跑去加油车的前方找加油车司机，但是他人却不知道上哪去了。这名司机连一点踪迹都没有留下，简直就像是突然从地球表面消失了一样。由于我不知道油泵的开关在哪，我只好拔掉加油车的点火电路。我被电了一下，但是油泵好歹是停下来了。幸运

沃伦韦伯中尉的逃生载具——鹳式轻型侦察/联络机。

的是，在这过程中我并没有变成一个火人。

正当我和里尔下士把东西往鹳式飞机上搬的时候，一辆四条轮胎都瘪掉的吉普车带着哗啦哗啦的声音开进了机库。驾驶这辆吉普的是 He 162 战斗机的开发工程师威廉·冈德曼（Wilhelm Gundermann），与他同行的还有一位试飞员。他问我们两人能否带他们一起走，因为这辆车胎全都瘪掉的吉普车显然开不了多远。"当然，"我回应道，"快上来吧，否则你们很快就会被抓去西伯利亚。机上行李有点多，你们得想办法挤一挤。"

我知道机上增加两人的话，将意味着滑跑起飞的过程会变得很困难，而且需要使用整条跑道来完成起飞。然而，在从机库滑出之前，我没有注意到这架鹳式的其中一个轮胎已经完全瘪了，而另一个轮胎也没打多少气。然而，我已经无计可施了，于是我将襟翼放到最大挡位，以老头骑自行车般的速度沿着跑道滑跑。这架鹳式不停地想向左转或者向右转。我想，要是瘪掉的轮胎能够被磨坏掉出去的话阻力就不会这么大了。在整个滑跑的过程中，我都死死地将操纵杆拉到顶着肚皮的位置上。当飞机滑行至跑道一半的长度时，两条瘪掉的轮胎都被磨坏了，转眼间就飞了出去。

鹳式立刻开始提速，那光秃秃的轮圈发出隆隆声，以 60 公里/小时的速度前进着。然而，由于飞机实在是太重了，在这个速度下依然飞不起来。突然间，就像是有一只无形的巨手将我们往上推似的，飞机飞了起来。原来，是那位少校引爆了炸药，爆炸产生了一股强大的冲击波，将我们硬生生地从地面托了起来，抛向空中！在我们身后，大块的混凝土、机库门的碎片、飞机残件等碎片被冲击波抛了起来，如同天女散花般朝着地面坠落，整座工厂被爆炸产生的烟尘彻底笼罩。

我原本打算沿着海岸线向西飞行，这样一来如果遭遇敌军战斗机的话我们还能赶快找地方降落躲避。但是现在不行了，因为两个起落架的轮胎都报废了。如果在这种情况下试图将鹳式降落在沙滩上的话，轮圈会立刻陷进沙子里，让整架飞机摔个倒栽葱。所以我的飞行路线稍微往内陆方向偏离，跟随挤满难民的海岸公路飞行。这会让我变成能够引起敌机注意的目标。但是我安慰自己说，我们很快就能飞到吕贝克湾，那里的一些德国军舰会为我们提供掩护。

我简直是太天真了——正当我们准备飞进海湾时，附近所有的船只都对着我们开火了！就连大型军舰都在开火射击，他们的大口径炮弹激起的水柱足足有 50 米高！就算是摇动机翼也无法向他们表明我是"友军飞机"。在北冰洋时期的经历让我明白了一件事，一旦德国海军开始朝你开火，他们就不会停火，直到你摔进海里或者逃出他们的视界。

也许是想路上的难民更加难受，英军战斗机开始攻击附近海岸公路上来往的交通。但对于我们来说，这也许是幸运的，因为港湾里的船立刻把火力集中在新目标身上。或许是因为看到我们也遭到了船只的射击，这些敌军战斗机把我们误认为是友军的侦察机，所以他们没有对我们发动攻击。当双方正打得不可开交的时候，我悄悄地把鹅式飞进一片积云里躲起来。我们一直呆在云层里，直到彻底逃离身后这场噩梦般的交火为止。

II. /JG 1 的参谋部终于抵达了莱克，但是没有带来多少装备，因为从梅克伦堡出发后他们一直"被敌军追击"。这个参谋部被划归伊勒费尔德上校管理，而第二大队则交由佐伯少校指挥。此时，该联队已经拥有约 45 架 He 162 战斗机，部署在莱克机场上。

5 月 2 日，来自 5. /JG 1 的多施下士驾驶着一架编号未知的 He 162 战斗机从新明斯特（Neumünster）转场至莱克。他在天上飞行了 26 分钟，并曾与"6 架雷电"遭遇。

到了 5 月 3 日，莱克已经成为数支尚能作战并且拥有油料的德国空军部队的集结地。除了 JG 1 联队的第一和第二大队外，JG 2 联队的一

小部分成员、JG 3 联队的第二和第三大队以及直属中队、JG 4 联队的第三大队和直属中队、JG 301 联队的第二大队、KG 76 联队的第三大队、KG 3 联队以及 NJG 2 联队统统都移动到此地，并且带来了各种各样的飞机——Bf 109、Fw 190 A 和 D-9 型、Ar 234、He 162、He 111、Ju 88 以及 He 219 夜间战斗机。然而，就如当时 JG 4 联队日志所记录的那样："敌军的战斗轰炸机已经能够在德国最北方的地区作战，我们在白天也要数度趴下寻找掩护。"

JG 4 联队的战时日志为我们描述了 5 月 4 日早上莱克的具体情况："命令在 2 点到达——可以飞行的飞机必须继续飞行，飞往挪威或者丹麦保护国，以免被英军俘虏。起飞应该在 6 点前完成。3 架此前隶属 III. /JG 4 的 Bf 109 战斗机留在了莱克。德国北部的德军部队已经签署了投降协议，向蒙哥马利投降。禁止向任何低空飞行的飞机射击。与此同时，禁止任何飞机起飞。一架孤零零的喷火式战斗机在机场上空盘旋。战争结束了！"

即便是此时，I. /JG 1 的飞行员们仍然坚持到了最后一刻。在 5 月 4 日的 11 时 38 分，德国北部德军部队向蒙哥马利的第 21 集团军群无条件投降的数小时前，施米特少尉驾驶着"白 1"号从莱克起飞攻击皇家空军的台风式战斗机，这场战斗将成为 He 162 简短作战历史中最受争议的焦点。在胡苏姆东南方遭遇敌机后，施米特少尉在他的飞行日志中记录道："11 时 45 分，开火并且毁伤了一架'台风'（1145hrs：Typhoon wirksam beschossen）。"

战争结束后，这一笔记录引起了大量的分析和推测，主要是由于盟军方面的损失记录似乎不符合施米特少尉的说法。迄今为止最仔细的调查是在 1989 年由英国研究员 A. R. "瑞克"·查普曼（A R "Rick" Chapman）领导的，他

正确地指出了施米特少尉在他的飞行日志中所用的术语。1989 年，查普曼在杂志上发表的一篇文章中写道：

> 其中一件让我觉得惊讶的事情是施米特少尉的日志中使用了"wirksam beschossen"一词（开火并且造成毁伤），这个术语通常用于描述成功摧毁地面目标。这会不会是飞行员的个人习惯，用于描述他没有亲眼目睹坠毁的战果？如果真的是这样的话，我们就没有理由去怀疑这位飞行员，因为他相信对手已经受损严重，迟早都会坠毁。

当天没有一个美国陆军航空军的飞机损失记录跟施米特少尉的这个战果吻合。而在英国方面，则有 4 个相对接近的记录。第一个，来自第 183"黄金海岸"中队的新西兰飞行员 J. R. 卡伦（J R Cullen）少校，他当天早上带领一个由 8 架台风 1B 型战斗轰炸机组成的编队从策勒（Celle）起飞，攻击费马恩岛（Fehmarn Island）对开海域的船运目标。卡伦少校的飞机被船只上殉爆的弹药击中，被迫在岛上迫降。他本人成为了战俘，但很快就被释放。

第二个，来自第 245"北罗德西亚"中队的一架"台风"在另一次针对弗伦斯堡峡湾（Flensburger Förde）的船运目标任务中被重创，被迫在吕讷堡附近迫降。第三个，一架来自第 175 中队，由斯韦尔斯准尉（Swales）驾驶的"台风"在攻击豪切特湾（Howachter Bight）外围的船运目标时被高射炮火击中。斯韦尔斯准尉设法驾机返回基地，但是由于起落架放不下来，只好进行机腹迫降。

另外一种可能是施米特少尉击落的是一架"暴风"，而他却误认为是台风式战斗机。当天该区域内唯一损失的暴风式战斗机来自皇家新

西兰空军的第 486 中队，由汤米·奥斯汀（Tomm Austin）上尉驾驶，当时他正在对罗德克-哈德斯莱本区域（Rodecke-Hadersleben）进行武装侦察飞行，但是却遭遇机械故障不得不迫降，奥斯汀上尉被俘。

皇家空军的官方记录中当天在莱克地区损失的战斗轰炸机一共有三架：卡伦少校驾驶的"台风"，奥斯汀上尉驾驶的"暴风"以及第三架身份不明的双引擎飞机。从记录上看来，施米特少尉实际上很有可能并没有击落一架敌机。但这也无法排除 5 月 4 日当天，他可能是对一架在胡苏姆东南方飞行的盟军战斗机或敌军战斗轰炸机开火并"造成毁伤"，最终导致这架伤重的飞机坠毁。

有趣的是，德穆斯中尉记述了一件事："我通过电话得知一架英军飞机在我们驻地外坠毁，于是我们开车去接那位英军飞行员到我们食堂来共进晚餐。由于我们有些人懂得说英语，我们讨论了很多关于航空和这场即将输掉的战争的问题，并且探讨了双方飞机的优缺点。第二天早上，我们伤心地看着他被带往战俘营。"

这名英国飞行员的身份至今未知。

同样是在 5 月 4 日，I. 和 II. /JG 1 受命合并成 I. （Einsatz）/JG 1（Einsatz 意为突击），下属由佐伯少校指挥的第 1 突击中队和由路德维希上尉指挥的第 2 突击中队。然而，不久后第二道命令传来，告知 JG 1 联队准备在英美军队抵达莱克时将飞机全数交给他们。

5 月 5 日的早上，中部航空司令部发出了"停止作战行动"的命令。来自第一大队参谋部的西格弗里德上尉记录道："5 月 5 日的 8 点，我们收到了中部航空司令部的命令，停止作战行动。我们每人都在各自的飞机上装上了 1 至 2 公斤的炸药。当天晚上，我们收到了新的命令，要把飞机完好无损地交给敌军。在当天夜里，我们

1945 年 5 月，莱克机场上，被英军检查人员仔细检查后的"白 20"号，注意其一侧的升降舵舵面已不翼而飞。

移除了炸药。5 月 6 日，英国人抵达了我们的机场，我们被他们带出了机场。我们被送往弗伦斯堡，进入一座位于施默霍尔姆（Schmörholm）的营地。除了军官们的手枪外，其余武器均被收缴。5 月 8 日，盟军控制了我们的机场并且带走了我们的 He 162 战斗机。他们还带走了技术人员，因为需要他们来让飞机保持可飞行状态。5 月 25 日，25 名妇女辅助人员被释放。我在 7 月 13 日被释放。五天后的晚上 8 点，我回到了位于韦瑟明德（Wesermünde）的家。"

在莱克的其他地方，情况也是一样的。根据 JG 4 联队的战时日志记录："在 6 点整，所有军官和士兵都必须参加一名来自 JG 11 联队的中尉的处决仪式，该中尉因犯有叛国罪（充当逃兵）而被军事法庭判处枪决。今天，这座机场已经被皇家空军的分遣队占领，所有西线与敌军战斗的作战行动都结束了。"

1945 年 5 月 6 日，一支车队搭载着四名英军空军受降人员从位于吕讷堡的蒙哥马利元帅第 21 集团军群总部出发，前往石勒苏益格（Schleswig）为由汉斯-于尔根·斯坦普夫（Hans-Jürgen Stumpff）上将指挥的帝国航空军团举行受

降仪式。英方记录写道：

帝国航空军团的指挥部位于米松德（Missunde）那漆黑松树林之中，距离石勒苏益格镇约 10 公里。在这片树林里散落着各种各样的篷车和拖车，它们统统都布上了厚厚的伪装，在这片密林遮盖之下根本看不到。我们被领到一辆非常舒适的大篷车前，发现斯坦普夫上将正在外面迎接我们。他没有想和我们握手，只是敬了一个礼，于是我们也回敬他一个礼。我们被非常礼貌地带进大篷车，在里面介绍了各种各样的高级参谋人员。幸运的是，只有一人主动提出要握手，但是我们成功避开了这个邀请。这位总指挥官称联络出现困难——这是一个很容易理解的事实——并说他希望能够在今后的 48 小时内获知他的所有所属部队的下落信息。我们的印象是，他对如此混乱的组织感到有些羞愧。显然地，他希望能够解决这些困难，并且尽快控制住他的部队。

在莱克，发生了一个戏剧性事件。来自 3./JG 1 的奥斯卡·克勒（Oskar Köhler）见习军

官在最后一次驾驶 He 162 飞行的过程中不幸坠机。克勒是一名拥有丰富经验的飞行教练，从驾驶 Fw 190 战斗机的 JG 105 联队转入 JG 1 联队。但即便是对于克勒这种老手来说，从活塞式战斗机换装至喷气式动力的亨克尔战斗机依然是极具挑战性的。他的飞机以全速着陆在跑道上，最终坠毁在机场边界。事实上，莱克的 1200 米长跑道只是刚好足以让 He 162 战斗机能够安全起降。克勒的腿部受伤，德穆斯中尉和联队的医务官塞巴赫医生（Dr. Seebach）将他从飞机的残骸中救了出来。

当日下午，英军坦克开进了机场。JG 4 联队的作战日志写道：

> 德国人被收拢到军营里，不得不交出所有武器。我们的飞机、车辆和其他装备排成了一列，像是要进行最后一次检阅似的。这是一幅令人印象深刻的景象，一定会让英国人震惊。我们自豪地展示出超过 100 架我军飞机，从超现代的、只飞过几次作战任务的 Me 262 战斗机和 He 162 战斗机，到从上千次空战胜利中归来的 Bf 109 和 Fw 190 战斗机。所有这些飞机都会交给敌军。当天下午，几辆轻型坦克和卡车载着皇家空军的地面人员进入机场。司令部的指挥官诺德曼（Nordmann）上校，走到指挥英军部队的那位中校面前。让我们吃惊的是对方伸手和他握了个手作为问候。然而，我们都是飞行员，我们仍然怀疑在这受到礼遇之后会发生什么，当其他占领部队抵达时会发生什么。第一道命令是整理我们所有库存的清单。除军官随身携带的武器外，所有武器都必须上交。

在战争结束后，有人认为是 JG 1 联队把他们的 He 162 排列整齐地放在机场上，等待英军到来。这显然没有任何事实根据，一位德国历史学家明确地指出，这些 He 162 战斗机以标准的方式分散在莱克机场内，以尽量减少敌人扫射带来的损失。在英国人抵达后，他们才按照要求将飞机排成一列。

据信那些排列在莱克机场上的飞机包括：

工厂编号	机身编号	所属中队
120002	白 1	1. /JG 1
120015	白 21	1. /JG 1
120017	黄 6	3. /JG 1
120028	白 3	1. /JG 1
120067	白 4	1. /JG 1
120072	黄 3	2. /JG 1
120074	黄 11	3. /JG 1
120076	黄 4	3. /JG 1
120077	红 1	2. /JG 1
120086	无	未知
120091	红 5（存疑）	2. /JG 1（存疑）
120095	白 20（存疑）	1. /JG 1（存疑）
120097	白 3（存疑）	1. /JG 1（存疑）
120098	白 2（存疑）	1. /JG 1（存疑）
120221	未知	未知
120222	白/黄 7（存疑）	未知
120223	黄 1	3. /JG 1
120227	红 2	2. /JG 1
120230	白 23	1. /JG 1
120231	白 6	1. /JG 1
120233	未知	未知
120235	黄 6（存疑）	2. /JG 1（存疑）
120???	黄 5	3. /JG 1
310003	红 7	2. /JG 1
310012（存疑）	黄 5	3. /JG 1（存疑）
300018	白 5	1. /JG 1

5 月 7 日凌晨，在位于兰斯(Reims)的艾森豪威尔将军总部内，汉斯·格奥尔格·冯·弗里德堡(Hans-Georg von Friedeburg)上将和约德尔上将代表希特勒的继任者卡尔·邓尼茨元帅，签署了德国无条件投降条约。

根据停战后英国军队的指示，JG 1 联队的联队长官伊勒费尔德上校同意让在莱克投降的 He 162 战斗机接受盟军航空技术情报部门的检查。这些飞机沿着一条滑行道停放，头对着头地排成两排，其中一侧停有 9 架飞机，另一侧则停有 13 架飞机。

根据战后统计，当时德军在场人员对应的最终军衔及职务如下：

赫伯特·伊勒费尔德上校	JG 1 战斗机联队联队长
赖因布雷希特上尉	联队作战官
维尔纳·佐伯少校	I. /JG 1 大队大队长
海因茨·昆内克上尉	1. /JG 1 中队中队长
鲁道夫·施米特少尉	1. /JG 1 中队任务官
沃尔夫冈·路德维希上尉	2. /JG 1 中队中队长
沃尔夫冈·沃伦韦伯中尉	3. /JG 1 中队中队长
卡尔-埃米尔·德穆斯中尉	3. /JG 1 中队任务官
拉赫上尉	II. /JG 1 大队大队长
伯尔尼·加洛维奇少校	4. /JG 1 中队中队长

1945 年 5 月在莱克机场的 He 162 列队。

第五章 凋零的落叶——盟军测试，评估以及后续发展

我们从飞机上卸下了螺旋桨和方向舵，并清空弹药箱。作为一名飞行员，这一幕让我陷入了深深的悲伤。我们的骄傲，我们的武器，我们的世界，统统化为乌有。30至40架He 162型战斗机——世界上最快的战斗机，可以确保我们的胜利，并且把轰炸机编队清扫出天空——在机库前排成了一排，准备向敌人投降。面对相同命运的还有我们的机枪，我们的铁拳火箭筒，甚至还有我们卫兵配备的步枪。

——JG 4联队战争日志记录

我不禁觉得盟军是幸运的，如果再给上一到两个月的时间以及必要的燃油储备，大量的He 162将会冲进轰炸机群之中，这些亡命之徒很有可能会取得令人震惊的战果。

——皇家海军试飞员埃里克·布朗上校（Captain Eric Brown）

1945年5月6日，隶属蒙哥马利第21集团军群的第8军派出坦克和步兵前往位于德国北部的石勒苏益格-荷尔斯泰因地区，并且抵达了莱克。他们发现有大量的德国空军飞机正聚集在此地，包括来自JG 1联队、分散在机场内的

战败投降后，停在莱克机场机库门前的JG 1联队He 162战斗机。

He 162 喷气式战斗机。英国人显然对这款飞机很感兴趣。负责指挥当地空军部队的诺德曼上校，以及 JG 1 联队的指挥官伊勒费尔德上校受命要将飞机列作一队，以便让在数天后抵达的英军技术和情报人员更方便、仔细地检查这款飞机。与此同时，德国军官还被告知，只要愿意合作，他们就可以保留自己的武器。英德双方就此事达成了协定，伊勒费尔德上校根据这项协定开始指挥下属工作。而英军部队则继续开往他们的下一个目的地。

皇家空军迅速派员前来检查战利品。1945 年 5 月 29 日，来自坦米尔(Tangmere)中央战斗机研究所（Central Fighter Establishment，简称 CFE）的技术总监 G·蒙戈·巴克斯顿（G Mungo Buxton）上校与来自范堡罗（Farnborough）皇家飞机研究院（Royal Aircraft Establishment，简称 RAE）的工程总监 R. M. 克拉克内尔（R M Cracknell）少校一同，搭乘飞机从坦米尔飞抵石

战争结束，加上联队的飞机已转交给英国人，无所事事的 JG 1 联队成员们开始在营地里打起扑克牌来，照片中从左往右分别是汉斯·伯杰少尉、卡尔-埃米尔·德穆斯中尉、格哈德·汉夫少尉以及威廉·克雷布斯中尉。留意其身后的帐篷支架上还装饰着三个徽章，这三个徽章分别是 JG 1 联队的队徽、I. /JG 1 大队的队徽以及 3. /JG 1 中队的队徽。

勒苏益格。这里将成为他们在德国的基地，他们将会负责检查和评估缴获的德国飞机以及航空装备。根据巴克斯顿上校的描述，第一阶段的任务是"确定测试飞机的总数，以便系统性地组织后勤工作"。最初的一项工作是在机场上检查两架 Me 262 战斗机，这两架战斗机由一个来自皇家飞机研究院的小组负责。负责指挥这个小组的是埃里克·布朗(Eric Brown)上校，他是一名拥有丰富经验的皇家海军试飞员，能说一口流利的德语。巴克斯顿上校指示让这些飞机经由特温特和希尔泽-赖恩（Gilze-Rijen）加油后飞往英国本土。布朗上校当时已经见过 He 162，他记录下自己的第一印象："一款外观让人兴奋的飞机，虽然并不是很漂亮。它的旁边有很多树木，这使得它看起来像是由一个模型爱好者建造的飞机。它那狭窄的起落架间距很有可能会使它在侧风条件下变得难以操纵。这就是一颗带有轮子的超大号的 V-1 导弹！"

在石勒苏益格，巴克斯顿上校和克拉克内尔少校遇到了第二战术航空军的航空技术情报官惠勒（Wheeler）中校。不久后，巴克斯顿上校亲自驾驶其中一架 Me 262 战斗机前往希尔泽-赖恩。在接下来的几天时间里，一众人在信号情报部门的卡尔弗特（Calvert）上尉的带领下踏上了德国国内的寻宝之旅，他们分别在石勒苏益格、弗伦斯堡、莱克、埃格贝克（Eggebeck）以及丹麦境内的格罗夫（Grove）和卡斯楚普（Kastrup）停留。他们初步挑选 42 架德国飞机送往英国进行"研究和试验"，型号包括 Bf 109、Fw 190、Bf 110、Ju 88、Si 204、Ju 352、Ar 234、Ju 290、Ar 232、

He 219、Ta 152、Ta 189 以及 Me 410。然而，JG 1 联队的 He 162 显然并不在这份名单上，它们此时已经在德国人的安排下整齐地排列在莱克机场上，等待巴克斯顿上校小组的发落。之所以 He 162 战斗机不在这份名单上，是因为英国人认为这款飞机的续航距离应该非常短——虽然他们此时还不知道这款飞机的具体续航性能。

5 月 29 日，来自中央战斗机研究所的敌机试飞小队（Enemy Aircraft Flight）在石勒苏益格、莱克和胡苏姆设立了工作组，以处理"传统飞机以及喷气式飞机"出现的机械和技术故障，并进行回收，供英军检查、评估和试验。在一份由敌机试飞部门负责人 R. T. H. 科利斯上尉（R. T. H. Collis）编写的报告中，他写道："10 架停在

莱克机场的 He 162 战斗机已经可以使用，做好了飞行准备。但在最后一刻的检查中，发现飞机木质的控制面受到了气候的影响，于是这些飞机被停飞，等待英国工程师的进一步检查。（克拉克内尔少校）两台备用发动机和 He 162 的备件与工具送抵了莱克。飞机弹射座椅所使用的 10 个特殊降落伞已经在监督下重新包装和组装，供驾驶 He 162 的飞行员使用。"

直到 6 月 2 日，克拉克内尔少校才驾驶着 He 162 进行了两次评估飞行，这两场飞行的目的是为皇家飞机研究院测试这款飞机的转场飞行航程。克拉克内尔少校记录道："一名德军飞行员和一名工程师提供了 He 162 的相关信息。在起飞前，这名飞行员表示说他想演示一下，

在一个晴朗的夏日，一架编号不明的 He 162 战斗机正准备在莱克机场跑道上着陆，驾驶这架 He 162 的飞行员很有可能是英国试飞员 R. M. 克拉克内尔少校，他于 1945 年 6 月 2 日驾驶 He 162 战斗机两度升空进行试飞。这张照片正是来自克拉克内尔少校提交的那份报告。

以证明这架飞机是符合要求的，这足以让人相信他的诚意。"

前 3. /JG 1 中队的成员，沃伦韦伯中尉回忆道："当盟军飞行员来到莱克接管我们的 He 162 时，伊勒费尔德上校命令我向他们解释如何驾驶这款飞机。为了完成这个任务，我命令技术人员把我的'白 3'号准备好。然而，我的'表演飞行'被取消了，英国试飞员认为我的帮助是不必要的。的确，他的飞行很完美。飞机着陆后，他向我们表示称他对这款飞机很感兴趣。我的 He 162 已经加好油了，但是我永远都不会得到驾驶它的授权。显然，他们对德国飞行员尚存疑心。"在克拉克内尔少校驾机试飞后不久，政策就发生了变化。皇家飞机研究院代替中央战斗机研究所，开始全权负责德国飞机

的回收工作，而中央战斗机研究所旗下的地勤人员和飞行员则会在皇家飞机研究院的指挥下工作。此时，科利斯上尉报告称："在莱克准备好的 He 162 战斗机正等待调遣。相关的备件、工具以及 400 加仑 J2 燃油已收集好，随时可以运走。"

最终，总共有 11 架原属于 JG 1 联队的 He 162 在莱克当地被英国人赋予"AM"（空军部）编号。赋予编号的目的是用于识别那些停放在投降地点让技术人员感兴趣的飞机，并且作为将其与大量终将要报废的飞机区分开来的标记。

由巴克斯顿上校带领的小队，以及其他小队，都会直接向空军部的副部长、空军情报 2（g）部门（Air Intelligence 2（g））以及飞机生产部

战争结束后，美英两国的军事情报人员在前容克斯工厂员工带领下进入塔尔洪矿井考察，对内部存放的 He 162 机身部件进行仔细的研究。

英国皇家飞机研究院实验飞行支队成员的大合照，摄于 1944 年。在这张照片中至少有 4 位接下来会参与 He 162 战斗机试飞计划的飞行员，他们分别是：R. M. 克拉克内尔少校（前排左起第三位），R. J. 罗利·法尔克中校（前排左起第六位），托尼·马丁代尔少校（前排右起第五位）以及埃里克·布朗上校（隶属皇家海军，前排右起第四位）。克拉克内尔少校将会在莱克机场上驾驶 He 162 进行试飞，这是已知的唯一一位在德国境内试飞该款飞机的英国飞行员。

汇报他们的选择。通常情况下，飞机的"机身左侧、尾翼前方会有白色油漆涂上数字编号，并注明'空军部'，这样它们就可以被识别出来"。不过，这个方法是否有在莱克地区使用仍然未知。

在被选中的 He 162 战斗机中，已知的工厂编号有：120221、120076、120074、120072、120086、120095、120097、120227、120091、120098。

1945 年 5 月 15 日，在 1280 公里外的维也纳，所有藏在阿亨湖、延巴赫附近地窖中的亨克尔公司图纸和文件都被转交给盟军委员会，这些资料交到了皇家空军军官宾厄姆（Bingham）上尉和李上尉的手中。

亨克尔教授和弗莱达格在 1945 年 7 月的审问中告诉盟军：

当我们必须离开维也纳的时候，大约有 12 架完工的飞机已经在当地准备好，它们转场到靠近林茨的赫尔兴，然后前往莱希费尔德。但我们听说，并不是所有飞机都抵达了当地。此外，还有大量的机身和尾翼已经准备好在维也纳当地组装。我们试图转移这些部件，但没有成功。而我们在维也纳地区的分包商阿梅-卢瑟公司（Amme-Luther），其工厂内已经有多达 10 到 12 架飞机准备好进行最后的组装工作。这些飞机先是被转移到艾恩灵（Ainring），然后直接被送到位于萨尔茨堡附近的小型工厂。

由于缺乏通信，我们并不知道罗斯托克工厂内飞机的情况。当地至少有 20 到 30 架已经完工的飞机，以及 60 到 80 架没有安装发动机的飞机。

为了避免大量储存的飞机聚集在一处，我们在汉莎航空的帮助下在奥拉宁堡建立了一个用于测试的机场。约有 25 架已经基本完工的飞机留在了那里。容克斯公司在 3 月末交付了 20 架完工的飞机，另有 60 到 80 架飞机已经准备好组装，仅缺发动机。

7月4日，亨克尔教授和弗莱达格在法兰克福(Frankfurt)搭乘一架盟军专机飞往伦敦。在回忆录中，亨克尔教授写道：

起初，我们住在一间由皇家空军接管的公寓里。我们在门口遇到的第一个人是舍普(Schelp)，德国航空部喷气推进项目的检查员。我们在这里呆了一段时间。7月7日，我们转移到位于温布尔登(Wimbledon)的前儿童之家，那里有一个被铁丝网包围的花园。大约在一周后，审问开始了。重点放在了我的喷气发动机和飞机身上。

审问官坦诚地承认，我和我的工人是第一个踏足该领域的，我们已经领先于英国，而惠特尔此时虽然已经被授予骑士爵位，但他也曾遇到困难和阻碍，他与我的经历非常相似。

7月17日，我们开车去范堡罗，以便让我讲解那些被俘获的德国飞机。当我看到8架完好无损地飞抵英国的 He 162 战斗机时，我的心跳加快了。我读了一位英国试飞员的报告，他驾驶其中一架飞机以 740 公里/小时的速度飞行。从起飞到降落的描述里，他都将这架飞机称为世界上最好的飞机。

根据菲尔·巴特勒(Phil Butler)对俘获轴心国战机记录的研究，亨克尔教授说他于 7 月 17 日在范堡罗看到 8 架可以飞行的 He 162 的这段记述是错误的。第一架抵达范堡罗的 He 162 战斗机是 WNr. 120098(AM67)，它在 6 月 11 日运抵。后续运抵的还有：在 6 月 15 日抵达的 WNr120076(AM59)；在 6 月 16 日抵达的 WNr. 120221(AM58)；在 7 月 31 日抵达的 WNr. 120072(AM61)、WNr120097(AM64)、WNr120227(AM65)、WNr120091(AM66)；在 8 月 10 日抵达的 WNr120074(AM60)、WNr120095(AM63)以及一架工厂编号未知，空军部编号为 AM68 的 He 162 战斗机；而在 8 月 22 日抵达的最后一架飞机则是工厂编号为 120086(AM62)的 He 162 战斗机。这些飞机均是通过船运送到英国的。

从 1945 年 6 月 29 日开始，皇家飞机研究院开始了一项相当严格的飞行测试计划。当天，范堡罗皇家飞机研究院的首席试飞员 R.J. 罗利·法尔克(R. J. "Roly" Falk)中校驾驶着工厂编号为 120076(AM59)的 He 162 战斗机从范堡罗起飞。这架飞机在 10 天前被赋予了一个新的序列号：VH532。

法尔克中校在 7 月 5 日再度驾驶着 WNr. 120076 起飞，而托尼·马丁代尔(Tony Martindale)少校则很有可能曾在 6 日驾驶这架飞机进行飞行。7 月 23 日，同一架飞机在克利弗(Cleaver)上尉驾驶下再度进行飞行。这期间，没有一次飞行的时长超过 20 分钟，这架飞机的总飞行时数为 1 小时 30 分钟。

美国贝尔飞机公司的首席试飞员杰克·伍拉姆斯(右一)正在为一群受训中的新手试飞员进行指导，他曾在英国本土短暂驾驶过 He 162 战斗机，他还参与了贝尔公司的 XS-1 型火箭动力截击机的开发工作。

8月2日，来自贝尔飞机制造公司的首席试飞员、曾经驾机完成首次不经停横跨美国飞行，并且在 1943 年夏天创下新的 14508 米飞行高度记录的杰克·伍拉姆斯（Jack Woolams），驾驶着 He 162 战斗机从范堡罗飞往位于牛津郡（Oxfordshire）的布莱兹诺顿皇家空军基地（Brize Norton），这是一座位于伦敦西北方 80 公里外的大型训练基地。伍拉姆斯之所以会在欧洲，是因为贝尔公司希望加深对 Me 163 火箭动力截击机的了解，他们正在设计同样使用火箭动力的 XS-1 型截击机。

当伍拉姆斯将 He 162 战斗机送到布莱兹诺顿基地后，这架飞机被停放在第 6 维修单位（No. 6 Maintenance Unit）的机库中。这支单位的主要职责是装配滑翔机，他们负责装配霍萨式滑翔机，暴躁式通用飞机以及其他几款拖曳机。然而，这个单位同时还要负责储存经过范堡罗测试的德军飞机，或者为这些飞机提供维护以供占领军继续使用。除了储存外，从第 6 维修单位送出的德军飞机还被送到各种展览会上，包括 1945 年 9 月在伦敦海德公园举行的那场展览会。展出的机型包括 Me 163、He 162、Bf 108、Bf 110、Fw 190、Ju 88 和 Fi 156。而在 1945 年 9 月 15 日布莱兹诺顿基地的家庭开放日中，展出的机型包括了 He 162、Ju 52、Ar 234B、Fw 190、Fw 189、Ju 188、Ju 88、Me 262、He 219 和 Si 204 这十款飞机。此外，He 162 和 Me 163 曾在小里辛顿基地（Little Rissington）的开放日期间被借用到当地进行展览。

8月3日，WNr. 120098（AM67）进行了它的首次飞行测试。而在 8 月 10 日，刚刚送抵范堡罗的 WNr. 120074（AM60）在同日通过陆路被送往布莱兹诺顿基地。而工厂编号为 120098（AM67）的 He 162 战斗机也是在 10 日这天进行

了第二次飞行测试。8 月 11 日，WNr. 120074（AM60）也运抵了皇家飞机研究院，然后再度通过陆路被送往布莱兹诺顿基地。同日，编号为 120098（AM67）的 He 162 战斗机再度升空进行第三次飞行测试。与前几天类似，当编号为 120086（AM62）的 He 162 战斗机在 22 日送抵时，它同样经由陆路被送往布莱兹诺顿基地。

1945 年夏天，工厂编号为 120098，空军部编号为 AM67 的 He 162 战斗机正在范堡罗机场上空进行试飞。

9月7日，飞行测试工作继续进行。来自皇家飞机研究院试验飞行支队、负责进行空气动力学特性试飞的试飞员布朗上校，驾驶着由亨克尔罗斯托克工厂生产的 WNr. 120098（AM67）He 162 战斗机升空。此前，布朗上校曾经从一位自德国空军派驻亨克尔工厂的试飞员口中获得关于 He 162 战斗机的性能信息。但是布朗上校担心这些信息不够准确，而这位试飞员的经验也不够充足。为了印证这些消息的准确性，布朗上校决定亲自驾驶 He 162 升空。他回忆道：

于是，在 1945 年 9 月 7 日上午 10 时 25 分，我带着我在审问时所做的笔记，爬进了工厂编号为 120098 的 He 162 战斗机的驾驶舱内。

尽管在温度限制方面 BMW 003 发动机要优

于 Jumo 004 发动机，但是为了避免发动机过热，我在操纵节流阀的时候必须小心谨慎。驾驶舱往外看的视场是完美的，尽管在配备英国制造的降落伞后，机上那不可调节的座椅显得太低了。在跑道入口处，我将襟翼泵至 20 度，直到驾驶舱可以清晰看见为止，机上没有显示襟翼位置的指示器。我将升降舵配平和喷嘴控制设置在"S（开始）"位，此时油量表显示油箱内的油量为 450 升。飞机开始在跑道上加速，慢慢推动节流阀让引擎的转速提升至 9500 转，同时踩住飞机的刹车。注意引擎的温度不得超过 600 度，不过在启动引擎和推动节流阀的时候允许短暂超过 700 度的限制。在保持温度处于限制范围的情况下，推满节流阀所需的时间大约是 15 秒。

起飞所需的时间比我预期的要长得多，在速度低于 118 英里/小时（190 公里/小时）的情况下尝试提前拉起飞机的话会导致飞机的机翼出现下坠倾向。在理想情况下，当速度达到 105 英里/小时（170 公里/小时）时抬起飞机的前轮，飞机就会自己离地。原有的规定中列明的起飞所需距离就是如此之长！

然后我开始爬升至 30000 英尺（9144 米）高度。当我爬升越过 26000 英尺（7925 米）时，我需要把喷嘴控制改为"H"位。在爬升过程中，油量表开始下降，表明机翼两侧油箱内的燃油已经被完全吸进机身的主油箱中。在 30000 英尺操纵飞机时，飞机仍然表现出良好的稳定性和控制特性。不过它的方向舵非常灵敏，在使用时必须谨慎。我将机头压下来开始进行动力俯冲，俯冲的同时还要把喷嘴控制调至"S"位。飞机没有出现抖动或者震动等情况，我在速度达到 400 英里/小时（644 公里/小时）的时候测试了滚转速度，这是我测试过的没有液压助力副翼的飞机中，滚转速度最高的一款。而且只要

在操纵杆上施加非常轻的力度就能达到令人如此兴奋的滚转率。

在 12000 英尺（3658 米）高度改平飞机，并且再次改变喷嘴档位（这次改为"F"位）以便在 4000 米下进行高速飞行。我再度沉浸在这架可爱的小飞机那惊人的滚转速度所带来的喜悦之中。但我很小心，没有让飞机处在负 G 力状态超过 3 秒。我可不想让引擎熄火并且把 He 162 当做一架滑翔机来驾驶。当速度达到 350 英里/小时（563 公里/小时）时，我操纵飞机做了一个筋斗动作。它完成了筋斗动作，但是我感觉飞机是在接近最低极限速度的情况下完成了这个动作。最后，我在着陆前数度尝试进入失速状态，以获得实际的感受。当接近失速的时候，飞机出现轻微的侧倾并伴随着升降舵出现轻微的抖动，紧随其后的是飞机出现轻微的海豚跳运动。当机头向下掉时，就证明你已经进入了失速状态。于是我驾机返回基地。

实际上，由于出现技术性问题（而不是空气动力学方面的原因），着陆的过程变得困难重重。首先，我花了整整一分钟的时间来把襟翼泵到位，相比起来，起落架只要拨动一个红色的开关就能够在弹簧的作用下放下到位。其次，当确定飞机能够飞到跑道上降落时，需要将节流阀收到慢车位（每分钟 3000 转），从而减少推力。进场速度必须保持在 200 公里/小时，直到跑道入口处为止。当节流阀收至慢车位后，飞机就不可能执行复飞动作。因此不可避免地会出现着陆时超速的现象。这导致飞机需要良好的刹车，但是我所飞过的德国飞机的刹车都没有达到英国的标准。然而，按照德国的标准来说，He 162 的刹车是很好的，在滑行时它已经给我留下了良好的印象。但是事实证明，这套刹车对于这种速度来说还是太弱了，我在着陆时用了很长一段跑道才停下来。

着陆速度是170公里/小时，驾驶 He 162 飞行了两到三次之后，我掌握了将节流阀收到慢车位的合适时机。有了这个经验，再加上强悍的飞机升降舵能够使前轮长时间抬起，直至飞机降至非常慢的速度为止。这样一来，就大幅度减少了着陆的滑跑距离。关闭引擎的方式仅仅只是将节流阀拉到最后，关闭输油阀门，关闭燃料泵而已。一切都非常简单，但是一不小心就会落入陷阱。输油阀门控制杆和起落架收放控制杆并排放置，需要把它拉下来才能关闭输油阀门，或者收起起落架，这简直就是自找麻烦！

驾驶，从罗斯托克-曼瑞纳亨转场至莱克的那架飞机，它最终在靠近吕贝克附近的高速公路上迫降。除此之外，工厂编号为 120095（AM63）的 He 162 战斗机还被用于在英格兰中部地区举行的巡回展览，在诸如伯明翰（Birmingham）等城市展出。

而在美军这一边，自 1944 年 6 月的霸王行动开始后，美国人越来越清楚地意识到，他们情报部门的主要目标是转化和利用德国航空工程师所取得的进展。因此，在 1945 年 4 月 22 日，当代号为"精力行动（Operation Lusty）"的情报行动开始后，一个专门的收集团队正式成立，这个行动的代号源自"德国空军秘密技术"一词，

1945 年 9 月，展示在伦敦市中心海德公园内的 WNr. 120086 号 He 162 战斗机，该机的 JG 1 联队红色箭头与机徽显然是重新刷上去的，因为在莱克机场上拍摄的照片中该机并没有这样的箭头。

9 月中旬，伦敦市中心的海德公园举行了一场缴获德军飞机的公开展览，以迎接将要到来的"感恩节周"。其中一架展示的飞机是工厂编号为 120086（AM62）的 He 162 战斗机。这是 4 月 30 日当天，由来自 II. /JG 1 大队的杜尔少尉

主要目标是收集最新型的德国飞机和设备实物，进行检视并且最终运往美国。行动中最优先考虑的是德国空军旗下的三款机型：Me 262、Ar 234 和 He 162。在 1945 年夏末，至少有 3 架 He 162 搭乘商船，从欧洲出发穿越大西洋被运

哈罗德·E. 沃森上校受命要组建一支部队，寻找包括 He 162 战斗机在内的最先进的德国航空技术样品，并将这些样品送往英国，最终运送到美国本土。在这幅拍摄于石勒苏益格机场上的照片中，可以看到沃森上校和一群飞行员站在一辆吉普车的发动机盖前进行讨论，其中，穿着便服趴在吉普发动机盖上的人正是前德国试飞员路德维希·霍夫曼，他们的身后是一架正在接受检查的 Me 262 B-1a 喷气式战斗机。

往美国。战后不久，美军集结起了大约 50 架缴获的德国飞机，包括亨克尔 He 162 战斗机。

为了将这些飞机运回美国，美军还专门成立了一支中队。美军情报部门的负责人乔治·C. 麦克唐纳（George C. McDonald）将军，任命来自空军技术情报部门、年轻但又富有经验的哈罗德·E. 沃森（Harold E. Watson）上校负责指挥这支中队。沃森上校是一位拥有罕见魅力和组织能力的指挥官，他在 1945 年春抵达梅泽堡，同行的还有负责寻找活塞式战机的弗雷德·麦金托什（Fred McIntosh）上尉。在 5 月份，沃森上校为他的团队招揽了 9 名美国飞行员，他们全都来自第九航空军，其中不少人拥有工程学背景或是被评为教官。沃森上校回忆道："为了抢在对方之前抵达，我们和皇家飞机研究院之间进行了一场世界上最激烈的竞争。我和埃里克·布朗上校很熟，他拥有一支团队，我也拥有一支团队。我们得以最快的速度超过他们。他们要把飞机开回英国，而我得把飞机飞到瑟

堡去。我必须挑选出我看来最好、最新开发的飞机，比如 Ar 234、He 162、Me 163 和 Me 262，以及 Ju 388。这便是我们在找的飞机，同时也是我们最终得到的飞机。"

有 41 架回收的德军飞机搭乘英国皇家海军的"收割者"号（HMS Reaper）护航航母从瑟堡港运往美国纽约，但 He 162 并不在此列，它们在不久之后搭乘其他船只抵达美国。有一架 He 162 A-2 型，工厂编号 120077，也就是由汉夫少尉驾驶的"红 1"号在莱克被美军接管。虽然其余几架飞机的来源并不确定，但是有一些资料说，这些飞机都是在哈雷地区发现的，可能还处在未完工的状态下。不管怎么样，沃森上校设法在 1945 年将一些 He 162 战斗机送回美国，但是直到次年它们才为人所知。

在范堡罗的测试工作继续进行，使用的是工厂编号为 120098（AM67）的 He 162 战斗机，它在整个九月一共飞行了 4 次。而在 10 月份，这架飞机则有 11 天的时间进行过飞行活动，有些时候甚至一天内进行多次飞行。这架飞机增加了油箱的容量，使得滞空时间延长至 40 分钟。许多飞行员都驾驶过这架飞机，包括布朗上校，马丁代尔少校（布朗上校描述他是一位"强壮的一米八高的汉子"，他创造了活塞式发动机飞机的最高飞行速度记录）、福斯特（Foster）上尉以及 R. A. 马克斯（R. A. Marks）上尉。其中，绰号为鲍勃（Bob）的马克斯上尉刚从德国回来，因为他曾被德军俘虏，布朗上校形容他"是一名新人"。

一张英国试飞员的合照，这其中，站立在最左边的托尼·马丁代尔少校和右起第二位埃里克·布朗上校均参与了皇家飞机研究院针对 He 162 战斗机的试飞工作，其余两位在合照中出现的飞行员分别是吉米·尼尔森少校和道格·威特曼少校。

另一位在皇家飞机研究院驾驶过 He 162 的盟军飞行员是威廉·本森（William Benson）中校。他记录下了自己的首次飞行体验：

当我坐进驾驶舱内整整 30 分钟后，我的地勤组长以皇家空军特有的幽默方式微笑着向我敬礼，他显然认为我不可能完好无损地再度出现在他的面前。更甚者，他认真地对我说道："长官，如果你真的疯到想要驾驶这个木匠制造的噩梦上天，我觉得我应该要指出，你是被吊在这个该死的破喷灯的下面，负责连接的只有两个破螺栓。"当然，为了保持风度，我迅速冷静地回应道："好吧军士，如果那该死的喷灯脱落了，我就得把这破玩意滑翔回家，对吗？"

我这趟向西的行程从范堡罗出发，经过位于贝辛斯托克（Basingstoke）的拉芬平原（Laffens Plain），然后朝向荒凉的索尔兹伯里平原

（Salisbury Plain），计划的终点是博斯科比顿（Boscombe Down）或原路返回。测试将会在荒芜的地区进行。优良的副翼让我获得了良好的滚转率，但是在做了三个动作后，我感觉这架头重脚轻的喷气式飞机正在出现一种"摇摆效应"。因此，在围绕选定参考点飞行时的轨迹更像是椭圆形，而不是圆形。接下来，轻轻地做一个筋斗动作，没有过多的 G 力，消耗了大约3000 英尺（900 米）高度。接下来，我在筋斗的顶端做了一个半滚转动作。再度回到 28000 英尺（8534）米高度。我开始享受飞行的乐趣。对于 16 岁的希特勒青年团飞行员来说，接受过滑翔机训练的他们是有可能直接驾驶这架飞机的。检查了下我的油量表，是时候返航了（为了安全起见，规章严格要求在机载油量低于 30 分钟飞行损耗的时候降落）。朝着基地下降时，我放慢了飞机的速度。这架飞机的问题开始暴露出来，飞机的横向控制性变得非常差，她总想上下颠倒过来。检查飞机的襟翼和放下起落架后，我决定将 110英里/小时（177 公里/小时）的进近速度增加 15英里/小时（24 公里/小时）。我做了一次很长而又很稳定的进近，保持额外的速度直到飞机接地为止。在 1000 英尺（305 米）高度，我在表速为 130 英里/小时（209 公里/小时）的情况下将襟翼降至 30 度，然后放下起落架。这是一个相当令人吃惊的经历，你能够听到那些弹簧在发出砰砰声。我准备扣下扳机，但是在看了一眼地板之后，我就想起来之前做过了什么事情。He 162 飞行员可以通过座舱地板上的透明护盖确认前起落架是否已经放下。现在我轻轻地将她降落在跑道上，视野所及的地方全是从范堡罗村

停放在范堡罗皇家飞机研究院内的前 JG 1 联队的"黄3"号，工厂编号120072，该机曾先后由京特·基什内尔见习军官和格哈德·施蒂默少尉驾驶飞行。尽管重新刷了油漆，但是依稀能看出位于驾驶舱后方的战术编号"3"的痕迹，英国空军部赋予这架飞机的编号为 AM61 号，但是它却在 1945 年 11 月 9 日的一场展示飞行中坠毁了，驾驶它升空的试飞员 R. A. 马克斯上尉身亡。

来的那些耐心的村民们。

接下来的两周时间里，我研究了 He 162 的性能表现，结果如下：低速时，非常棘手；横向和纵向稳定性如此差的原因出在机身上方安装的涡轮喷气式发动机上。操纵动作一定要平稳并且小心，不能突然做出动作。最高飞行高度为 41200 英尺（12557 米），最高飞行速度为 562 英里/小时（904 公里/小时），在 18400 英尺（5608 米）高度达成。在俯冲中，当飞机以 585 英里/小时（941 公里/小时）的速度下降至 25000 英尺（7620）米高度时，副翼和方向舵的抖动会变得越来越严重，我会非常小心地减速并且改平飞机。过大的攻角会导致飞机陷入一个几乎致命的螺旋（我仍然不知道我是如何死里逃生的），所以这个教训是"不要失速（至少不要在 10668 米以下）"！经过适当和平滑的操纵，He 162 是一架非常好的飞机。速度是它的武器，而不是狗斗。你不可能用操纵"喷火"式或者是

Fw 190 那样的方式来驾驶这架飞机。它需要一位训练有素的飞行员，飞行时间至少需要有 2500 小时才能确保绝对安全。让 16 岁的希特勒青年团团员参与滑翔机训练，然后让他们直接驾驶这架计划月产量为 4000 架的飞机上天的这种想法，在我看来只是黄粱一梦。那些可怜的孩子们根本做不到。

前方和两侧的视野都很好，但是后向视野几乎等于零，这绝对不是一个受战斗机飞行员欢迎的设计。我感觉这个设计的意思是："你速度太快了，不用管你身后有什么东西。"我不会买这种说法的账。与此相比，Me 262 和格罗斯特流星式战斗机的视野要比它好得多。不过"火蜥蜴"还算是一架相当不错的飞机，如果正确操纵的话，对于盟军来说可能会是一个非常严重的威胁。

1945 年 10 月 27 日，轮到工厂编号为

120072（AM61）的 He 162 战斗机进行试飞了。这架战斗机曾在 4 月 10 日由来自 I. /JG 1 的基什内尔见习军官驾驶，从曼瑞纳亨转场至路德维希卢斯特。福斯特上尉驾驶着它从范堡罗起飞。福斯特上尉在 29 日再度驾驶这架飞机进行飞行，当天正是在范堡罗举行的"德国飞行展览"开幕日，这场展览是展示英国和德国战时飞机、装备和武器的大型展览的一部分。这场活动吸引了来自航空业、军队、公务员等行业的数千名来访者。在 11 月，当这场展览将要结束的时候，就连普通大众都可以入场参观。上至空军元帅，下至学校的学生都可以看到 WNr. 120097（AM64）和 WNr. 120091（AM66，这架飞机已被皇家空军赋予新的序列号 VN153）这两架在 A 机棚作静态展示的 He 162 战斗机。

除了让缴获的飞机进行大规模的静态展示外，皇家空军的流星式和吸血鬼式战斗机也做了飞行表演。但真正的高潮则是 29 日由福斯特驾驶 He 162 进行的飞行展示，以及后续的 Me 262 飞行展示。然而，当 11 月 9 日的悲剧发生时，原本愉悦的气氛被砸了个粉碎。当天，马克斯上尉选择驾驶工厂编号为 120072（AM61）的 He 162 战斗机，为来自陆军参谋大学的成员进行飞行展示。这是马克斯上尉第四次驾驶 He 162 战斗机飞行（他在 4 日那天也曾驾驶过这架飞机飞行）。当飞机升空并且在皇家飞机研究院上空飞行了 50 分钟后，这架战斗机突然开始偏航，陷入失速状态并且开始垂直下坠。正如布朗上校在他的回忆录中描述的那样：

我警告过他，它拥有一个非常敏感的方向舵并且拥有很高的滚转率，他应该小心地使用方向舵来协助滚转动作。

我在展览最初开始的 3 天曾驾驶着过这架飞机，但鲍勃想在最后一天试一试。他一定是头脑发热忘记了我的忠告，蹬了太多的舵，把整一侧的水平尾翼和垂直尾翼都弄塌了。这架飞机一头朝下地从天上栽了下来，这是我唯一一次看到这种情况发生。它一头撞上了奥尔德肖特兵营（Aldershot Barrackks），地上的一名士兵和驾机的飞行员死亡。

在随后的事故调查中，将事故的原因归咎于飞机在上升滚转时失速控制。在滚转的过程中，过度地使用方向舵使飞机偏航，导致飞机在低空失速并且无法改出。同时机翼也解体了。

工厂编号为 120098（AM67）的 He 162 战斗机在 9 月 18 日重回蓝天，随后又在 11 月 29 日和 30 日再度进行飞行。这架飞机在英国的总飞行时数为 11 小时 40 分钟。

1946 年

1945 年 12 月 21 日，在德国的巴特艾尔森举行的一次高层会议上，与会人员讨论将前德国战争物资转交给法国的事宜。在会议上决定，就行政和后勤方面而言，"只需要一支法国后勤小队部署在莱克。出于行政方面的目的，这支小队将会附属在第 8302 联队旗下"。在 1946 年 1 月上旬，一位来自法国航空部的官员加入英国占领军空军（British Air Forces of Occupation），与他手下的人员一同起草了一份所谓的"法国增补"名单，基本上就是法国人想要获得的飞机以及装备的数量，前提是英国人认为有多余飞机的情况下。在飞机方面，法国人在 2 月底做出了回应，他们只对"Ju 52、Ju 88、Me 108、Ar 96 以及一些喷气式飞机"感兴趣。

最终，经过英、美、法三国在军事和外交层面上的一番"讨价还价"之后，最初的"官方"协议中将为法国人提供的 He 162 战斗机数量从

两架被拆解的 He 162 战斗机被捆在平板火车上，从莱克送往法国境内，位于照片左边的是由贝恩堡工厂生产的 He 162 A-1 型"黄 5"号，工厂编号 WNr. 310003。该机机首上有 3 个色彩鲜艳的徽章，分别是 I. /JG 1 大队的队徽，3. /JG 1 的"但泽之狮"队徽以及 JG 1 联队的队徽。位于后方的另一架飞机是"红 7"号，工厂编号 WNr. 310005。留意平板火车上涂有"FRANCE"（法国）字样，但是它们要等到 1946 年 3 月才能回到法国本土。

7 架降为 5 架，这其中包括了由贝恩堡工厂生产的 He 162 A-1 WNr. 310003/310005 以及由罗斯托克工厂生产的 He 162 A-2 WNr. 120015/120093（隶属 1. /JG 1 中队的"白 21"号）以及 WNr. 120223（隶属 3. /JG 1 联队的"黄 1"号，由沃伦韦伯中尉驾驶）。

这些飞机被交给驻扎在莱克的法军单位，隶属这支单位的军官有布瓦雷（Bouvarre）少校、赫绍尔（Hirschauer）少校以及佩蒂特（Petit）上尉、博泰莱（Boitelet）上尉和一位机械专家沙尔（Schall）少尉。他们决定让这些飞机通过铁路从莱克运往法国，并且要在英国人的保护下，以此震慑"试图偷窃具有吸引力的物资及武器的人"。由于跨过莱茵河的桥梁在早前的战争中已经被炸毁了，所以在 1946 年 2 月试图跨过莱茵河进入法国是不现实的。因此，他们最初将飞机运到位于科布伦茨（Koblenz）附近，位于新维德（Neuwied）车站内的法国空军仓库内。不幸的是，当地的铁路设施非常差。最终，载着 He 162 的火车成功跨越莱茵河，在 1946 年 3 月抵达法国一侧的安德纳赫（Andernach）车站。

随后，这些亨克尔战斗机被转移到位于布洛涅-比扬古（Boulogne-Billancourt）的法国国家航空工业中心（Societé Nationale de Construction Aéronautique du Centre，简称 SNCAC）进行进一步的评估。他们决定保留前面所提到的 3 架 A-2 型飞机，将其恢复至可飞行状态。而另外 2 架 A-1 型飞机都配备了 MK 108 型航炮，它们的机翼将被拆下来进行研究，而航炮则会转交给武器研究和生产理事会（Direction des Etudes et Fabrications d'Armement，也就是今日鼎鼎大名的"德发"）。这三架 A-2 型飞机通过公路运送到图苏斯勒诺布尔（Toussus-le-Noble）机场，法国人用了整整一年的时间将这三架飞机恢复至可飞行状态。这不得不说是一项了不起的成就，因为这些技术人员根本没有获得任何关于这架飞机的手册。在通过铁路从德国转移到法国之前，这些飞机上的 BMW 003 发动机已经先行拆下。这些发动机被送往位于巴黎的法国电力机械公司（Compagnie électro-mécanique）进行大修。

1946 年 9 月，一名来自蒙德马桑（Mont-de-Marsan）军用航空测试中心（Centre d'expériences aériennes militaires）的试飞员与四名机械师一同被送往位于巴黎的法国电力机械公司，接受关于 BMW 003 发动机的短期培训。军用航空测试中心的指挥官科斯蒂亚·罗扎诺夫（Kostia Rozanoff）上校认为，法国应该尽可能地了解关于德国喷气式飞机的技术情况，以便在接收本国生产的喷气式飞机前做好准备。

在 3 月 21 日，工厂编号为 120086（AM62）的 He 162 战斗机被交给驻扎在布莱兹诺顿基地里的第 6 维修单位储存。而在 6 月 29 日，第 6 维修单位将工厂编号为 120076（AM59）的 He 162 战斗机转交给驻扎在西兰（Sealand）的第 47 维修部队，准备通过海运送往加拿大。

8 月 26 日，一艘名为"曼彻斯特商业"号的货轮驶离曼彻斯特港的码头，开往加拿大的蒙特利尔。这艘货轮上装有 2 架 He 162 战斗机和 3 架 Me 163 火箭动力截击机，它们将会被转交给加拿大政府。其中，转让的两架 He 162 战斗机工厂编号分别为 120076（AM59）以及 120086（AM62）。9 月 9 日，曼彻斯特商业号抵达蒙特利尔，这些亨克尔战斗机最终被存放在位于渥太华（Ottawa）的加拿大国家航空收藏馆内。

出现在漫画中的 He 162 战斗机：1946 年 2 月，展示在伦敦科学博物馆的 He 162 "红 5"号（工厂编号 120091）被画进了《飞机》杂志的附属漫画中。

回到英国这边，在 1946 年 2 月中旬，工厂编号为 120091（AM66）的 He 162 战斗机被送往位于伦敦南肯辛顿（South Kensington）的科学博物馆进行展示。这架飞机在这家博物馆内一直展示到次年的 5 月中旬，后续的下落不明。

留在英国的 He 162 战斗机分别为 WNr. 120221（AM58）、WNr. 120097（AM64）以及 WNr. 120098（AM67——注意该机已经被标记为"残骸状态"），这几架飞机都在 1946 年 12 月 15 日被标记为堆放在范堡罗皇家飞机研究院的废弃区内。

1945 年，在苏军的控制下，位于罗斯托克的亨克尔工厂组装了两架 He 162 A-2 型战斗机，并转交给苏军用于测试，图中展示的是"02"号机，该机全身涂有银灰色油漆，并涂上了苏军的机徽标志。

同样地，工厂编号为 120227（AM65 此前曾被赋予 VN679 这个皇家空军飞机编号）的飞机也被标记为停放在同一片废弃区内。这架飞机随后被抢救出来，并且成为展览用飞机，在 1947 年 7 月的布莱克浦（Blackpool）航展上展出。

虽然一些飞机被转交给第 47 维修部队、第 76 维修部队以及其他皇家空军基地，但大多数飞机仍然保存在布莱兹诺顿基地。大多数飞机都进行了公开展示，直到 1946 年和 1947 年间那个惨烈的冬天为止。在这个可怕的冬季，许多飞机被大风掀翻，还有一些飞机甚至被倒下的大树砸到。不久之后，大规模报废开始了。这些飞机被拖带到机场的南侧，第 6 维修单位早前已经在这里拆解过喷火式战斗机、海火式战斗机以及解放者式轰炸机。当有用的残片和大块的金属废料被移走后，剩下的残片被埋在一个 6 米深的土坑里，时至今日这些残片依旧被埋在坑内。

而在遥远的东方，一架被苏军缴获、机身写有"02"编号的 He 162 战斗机，在来自航空工业人民委员会航空研究所的试飞员格奥尔基·M. 希亚诺夫（Georgi M Shiyanov）的操纵下，于 1946 年 5 月 8 日首次升空进行试飞。苏联的空气动力学家们非常谨慎地看待这架亨克尔战斗机。在首次试飞之前，一个技术委员会已经确定了关于飞行速度、过载和飞行重量等项目的

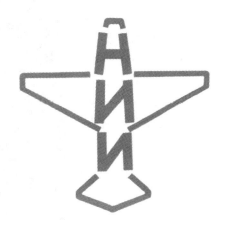

苏联航空工业人民委员会航空研究所使用的机徽。

限制。希亚诺夫在 5 天后又进行了两次飞行，并且于 7 月 11 日在苏联航空工业的高层人士面前进行飞行演示。另一名试飞员 A. G. 科切特科夫（A G Kochetkov）也驾机进行了试飞。

航空工业人民委员会航空研究所和陆军航空兵科学试验研究所都对 He 162 战斗机进行了试飞测试。1945 年春，当苏军攻入奥地利之后，第 212 战斗机航空团在维也纳的亨克尔工厂内发现了数架 He 162 战斗机。在这片地区转交给美军之前，苏联人似乎并没有找到一架处于可用状态的 He 162 战斗机。总的来说，苏联人找到了 7 架处在不同状态下的 He 162 战斗机，其中至少有 2 架是 A-2 型。这 2 架飞机分别被赋予编号"01"和"02"，其中一架飞机显然是工厂编号为 120020 的 He 162 战斗机，这架飞机由被苏军占领后的罗斯托克工厂组装。这些飞机随后被转移至苏联境内进行实际飞行测试，以及被送进位于莫斯科中央流体动力研究院的 T101 风洞中进行风洞测试。在航空工业人民委员会航空研究所编写的报告中，He 162 战斗机被描述为："根据试飞员评价，这架飞机的纵向稳定性很差，横向稳定性勉强及格。由于稳定性差加上方向舵的额外作用，这架飞机飞起来令人很不舒服。从 1350 米长的起飞滑跑距离（飞机的起飞重量比正常起飞重量轻 9.6% 的情况下）可以看出，飞机的起飞升力系数非常低。进一步的测试已经终止，因为起飞滑跑距离太长。"

鉴于大多数苏联机场的跑道长度，这样子的起飞滑跑距离被认为是不可接受的。尽管缴获的德国手册规定最大的起

飞速度为 190 公里/小时，但是苏联试飞员发现，他们无法在速度低于 230 公里/小时的情况下起飞。4000 米高度的最高飞行速度不超过 700 公里/小时，过载系数不超过 2.5G，在最大速度下的最大滚转角为 5 度。他们将这款飞机的性能与拉沃契金的 La-7 战斗机进行了比较。

苏联人并不看好向上打开的发动机罩，也不喜欢在发动机罩打开后发动机无法启动和运行的设计，尽管飞机的生产方法非常简单。然而，这款飞机采用的弹射座椅技术确实有吸引力。航空工业人民委员会航空研究所的建议是，尽可能将这款飞机的特点融入苏联现有和未来的飞机设计中去。

随后，至少有一架 He 162 战斗机以部分解体的状态展示在中央流体动力研究院内。与此同时，研究所的技术人员还根据手中的样品绘制了详细的图纸。但在这之后，其他的测试工作似乎都停止了。

曾由汉夫少尉驾驶、工厂编号为 120077 的 He 162 战斗机"红 1"号在被转交给美国陆军航空军后，于 1946 年通过船运送到美国本土，并

展示在中央流体动力研究院内的 He 162 战斗机，处于部分拆解状态，注意其身后还停有一架 Me 262 战斗机。

且在印第安纳州弗里曼机场(Freeman Field)的美国陆军航空军实验设施和测试中进行大修。在1946年5月14日，隶属T-2情报处分析部门技术小组的约翰·R.拜尔斯(John R. Byers)中尉起草了一份关于He 162战斗机的初步报告："He 162战斗机建造中使用了尽可能少的战略资源，其最显著的设计特点是低长宽比，飞机的喷气式发动机安装在机身上方，采用可收放的前三点式起落架，以及明显上反角的水平尾翼。"

这份报告继续深入描述机身的特点以及机翼、飞行控制系统、机腹、液压、刹车系统、电气系统、燃油系统和节流阀控制。报告最后总结道："我们认为，对德国喷气式战斗机在射击和建造方面的许多新特征应该要进行进一步的研究，以便将其最好的部分与未来美国的同类型飞机结合。"

7月24日，这架飞机被转移到位于加利福利亚的穆罗克干湖陆军机场，试飞员鲍勃·胡佛(Bob Hoover)驾机升空进行了一次试飞。可能是由于在美国组装时出现的失误，飞机在着陆时的速度大幅度增加。

8月1日，工厂编号为120017(处于储存状态中)和120230("白23"号，它机尾的工厂编号被涂改为120222，交给展示部门进行展览)的两架He 162战斗机仍然留在弗里曼机场内。而第三架飞机——可能是工厂编号为120067的He 162战斗机——则从弗里曼机场转移至位于帕克里奇(Park Ridge)的第803特别仓库。

1947年

作为法国国家航空工业中心进行的测试的一部分，法国人自1947年5月开始在奥尔良-布里西(Orléans-Bricy)机场那2150米长的跑道上对他们的He 162战斗机进行了试飞。这几架飞机被重新赋予了法国的识别编号：WNr. 120223成了No. 1号，WNr. 120015成了No. 2号，而WNr. 120093则成了No. 3号。这三架飞机都涂有法国三色旗和法国国家航空工业中心的徽章。由飞行员亚伯·尼科尔(Abel Nicolle)和路易斯·伯特兰(Louis Bertand)操纵这几架飞机进行测试飞行。

在驾驶No. 1号进行首飞后，

曾由格哈德·汉夫少尉驾驶的"红1"号，工厂编号120077，被送往美国本土，该机先是被送往位于西摩的美国陆军航空军实验与测试中心进行初步测试，并且生成了一份详细的技术情报报告，随后该机被赋予序列号T2-489，并且转移至位于加利福利亚的穆罗克干湖飞行测试基地。

1946 年 3 月，运抵法国国家航空工业中心的"红 7"号，工厂编号为 310005，该机的机头部分已被拆解，以便进行技术分析和评估，留意机首上涂有 2. /JG 1 中队的机徽。

尼科尔为法国国家航空工业中心编写了一份评估报告，他在报告中写道：

起飞滑跑距离相当长，约 2000 米，起飞时表速为 190 公里至 200 公里/小时，飞机没有摇摆趋势。尽快收起起落架，将节流阀保持在低挡位直到三个起落架锁定位置（显然要减速以避免产生颤动）。

至于着陆，一旦飞行员认为他处在最佳的着陆姿态后，应该将发动机转速减至低于 6000 转，将飞机减速至 250 公里/小时，并且设置襟翼处于最大"放下"位（这些步骤必须在安全的高

度上完成，因为飞机会在这种设置下快速下降）。如有必要，请小心地增加节流阀，避免任何粗暴的运转。飞机的姿态应保持直线水平，进近速度在 200 至 210 公里/小时之间。着陆很容易，使飞机尽可能长时间地保持机头抬起姿态，并且轻踩刹车。如果着陆滑跑距离过长，切断燃油手柄并且将节流阀收至"慢车"位。

飞行时间（包括起飞和降落）不要超过 30 分钟。如果发动机出现故障，并且飞行员在认为飞机绝对无法抵达跑道的情况下，他应该收起起落架作机腹迫降。因为在发动机停车的情况下，飞机无法收起起落架（因为起落架的液压系统需要发动机提供压力）。因此，飞行员不应该放下起落架，除非他确定飞机绝对能迫降在跑道上。

5 月 8 日的另一份工程报告总结道：

德国手册上的性能图表似乎过于乐观，尤其是起飞滑跑距离。这架飞机似乎并不能很好地稳定航向，特别是在着陆时，起落架和襟翼放下之后。这架飞机因为缺乏横向和纵向稳定性，导致其很难着陆。

根据这些初步结果，来自技术与工业理事会（Direction technique et industrielle，简称 DTI）的一个团队，包括一名来自第 329（法国）中队的前战斗机飞行员拉斐尔·隆巴特（Lt. Raphael Lombaert）中尉，代表空军总参谋部对 He 162 战

1946年3月，在法国国家航空工业中心接受分析的"白2"号，工厂编号120093，留意该机机尾的尾椎已被移除，但是飞机的起落架仍未拆卸。

斗机进行了测试。隆巴特中尉指出：

我要强调的是加速太慢了，在飞机以190公里/小时的速度离地前需要滑跑900至1000米。在以350公里/小时的速度爬升时飞机给人的感觉非常愉悦，没有任何震动，噪音很轻微。在巡航高度改平飞机，将速度控制为900公里/小时，爬升时的愉悦感并没有消失。不幸的是，一旦人们开始认真感受控制杆的反应，尤其是最轻微的移动都会有难以置信的敏感性，先前的愉悦感就会荡然无存。由于俯仰或滚转动作会导致飞机下降，它会在转眼之间陷入尾旋状态中。

飞行员在关键的区域没有视野，也就是飞机的后方和上方。此外，非常短的航程和稀少的仪表，导致其在多云或者恶劣气候下飞行时会出现问题。

进一步的测试被一些令人担忧的事故所困扰，比如由于跑道的长度不足导致飞机差点在起飞过程中坠毁。还有一次，当一架亨克尔战斗机经历多次起降后，它的起落架舱门被扯掉了。

在1947年的夏天，三架He 162经由铁路从奥尔良-布里西运到位于蒙德马桑的军用航空测试中心工厂。来自军用航空测试中心的机械师和喷气式飞机技术人员、来自法国国家航空工业中心的民间技术人员以及前宝马公司的工程师对这几架飞机进行了彻底的检修和维护。到了9月，这些飞机已经准备好进行进一步飞行

1947 年，停放在法国军用航空测试中心的"黄 1"号，工厂编号 120223，此时该机已披上新的涂装，并被赋予新的法国编号 No.1 号，该机仍然装有 MG 151 航炮，留意方向舵上涂上了法国的三色旗。

测试了。而在 10 月 25 日，至少有 11 名飞行员驾驶过亨克尔战斗机进行时长为 20 分钟的高速训练飞行。尽管出现与里德尔式启动机相关的发动机启动问题，但截至 10 月底，总共有 13 次飞行被记录了下来，总飞行时间为 4 小时 35 分钟。在接下来的 11 月里，又进行了 6 次飞行，总时间为 2 小时 7 分钟。而在 12 月，总共进行了 7 次飞行，总飞行时间为 2 小时 15 分钟。在 12 月 12 日的最后一次飞行中，驾驶飞机升空的是来自军用航空测试中心，经验丰富的试飞员吕西安（Lucien）中尉。此前，他曾驾驶缴获的 Ju 88 轰炸机进行了 150 小时的试飞。这是他第一次驾驶喷气式飞机飞行，他回忆道："亨克尔战斗机刚一送到，机械师们便接管了飞机，开始学习它们的工作原理。这花费了几天的时间，学习主要是通过试错来进行的，因为我们没有拿到任何技术手册。我清楚地记得那狭窄的驾驶舱，里面只有最基本的设备。节流阀的操纵杆是一根简单的铁棒。末端系上木头的绳子是襟翼和起落架的把手。"

其他驾驶过国民战斗机的法国飞行员包括皮埃尔·"蒂托"·莫兰迪（Pierre "Tito" Maulandi），他发现飞机的加速和起飞滑跑过程

非常缓慢，但是前向和侧向的视场以及滑行的表现很好；曾在第 314（法国）中队驾驶喷火式战斗机的飞行员约翰·布尔吉尼亚特（Jean Bourguignat），他驾驶的 He 162 战斗机启动时出现问题，弹射座椅也无法工作。但是他感觉飞机的滑行、起飞以及降落时给人的总体印象还算不错。

而在英国这一边，在 1947 年 8 月 14 日，工厂编号为 120074（AM60）和 120095（AM63）的两架 He 162 战斗机已经被移出第 6 维修单位的编制，这意味着它们已经不再是隶属英国皇家空军的飞机。

在美国，工厂编号为 120077 的 He 162 战斗机"红 1"号被送往位于堪萨斯州劳伦斯市的堪萨斯州大学。

1948 年

战争结束后的几年时间里，法国人一直在测试他们拿到的 3 架 He 162 战斗机。在 1948 年 4 月，埃尔维·朗格（Hervé Longuet）中校试图驾驶 He 162 No. 2 号从蒙德马桑起飞，但是它的一侧起落架在滑行的过程中坍塌了。

5 月，一位来自诺曼底-涅曼飞行团、经验丰富的飞行员皮埃尔·杜阿尔（Pierre Douard）上尉在蒙德马桑驾驶 He 162 战斗机飞行了约 15 分钟。在着陆时，由于飞机的刹车失灵，杜阿尔上尉使尽浑身解数才将飞机停在距离跑道末端不到几米的地方。他随后便被法国政府任命为驻波兰使馆的空军武官。他在担任武官的时候掌握了一些情报，显示苏联人正试图制造国产版本的 He 162 战斗机。

7 月 14 日，朗格中校再次驾驶国民战斗机进行飞行，这一次他驾驶 No. 1 号执行了一个通场动作。在 200 米的高度上，朗格中校陷入了一个朝着跑道的俯冲动作。他设法在最后一刻拉起机头，但是尽管他拉起了机头，这架亨克尔战斗机依然在不断地下降。

He 162 战斗机最后一场有记录的飞行发生在 9 天后的 7 月 23 日，飞行员施林格（Schlienger）上尉在能见度良好，刮着轻微东南风的气象条件下驾驶着由罗斯托克工厂生产的 120223／No. 1 号 He 162 战斗机起飞，为军官学校的学生进行演示飞行。机场的管制塔留意到施林格上尉的起飞速度略慢，起飞后距离地面只有数米高，并且没有收回起落架。塔台立刻通知位于跑道末端的公路保持禁止交通通行状态。但 1 分钟后，就在机场周围的松树林之上，这架亨克尔战斗机开始向左偏转，起落架仍然处于放下位。它陷入了失速状态，一头撞上地面并且爆炸起火。飞机的宝马引擎被抛到距离残骸 60 米外的地方。

这架飞机自大修后仅仅飞行了 7 小时 45 分钟，而发动机也仅运行了 7 小时 55 分钟。事后

1947 年 12 月，法国军用航空测试中心，飞行员皮埃尔·莫兰迪（Pierre Maulandi）正在机械师的配合下对 No. 2 号机进行起飞前检查。

的坠机调查报告指出，施林格上尉可能是在起飞时遭遇电力系统故障。报告进一步总结称，He 162 战斗机"没有任何军事价值，也没有实际作用"。剩下的两台飞机将会被注销。

1949 年至 1952 年

1949 年，曾隶属 2. ／JG 1 中队，工厂编号为 120227（AM65）的 He 162 战斗机"红 2"号被存放在位于约克郡的勒康菲尔德（Leconfield, Yorkshire）中央炮兵学校内。

在法国，这些 He 162 战斗机已经进行了约 40 次飞行，总飞行时间为 23 小时。剩余的 No. 2 和 No. 3 被封存起来。但正如研究员菲利普·库德雄（Philippe Couderchon）指出的那样，这几架飞机实际上完成了一项很有价值的任务，让大约 30 名军用航空测试中心飞行员为接下来驾驶吸血鬼式战斗机做准备。

在 1949 年 1 月，No. 2 被分配到一所位于罗什福尔（Rochefort-sur-Mer）的机械学校作为教学

用飞机，它一直留在这座学校内直至 1952 年 7 月。这期间，它曾一度被涂成红色，在附近的一条村庄内参与游行，以庆祝当地的纪念日。

No. 3 仅仅进行过几次飞行，它被送往位于普罗旺斯地区萨隆（Salon-de-Provence）的空军机械师与军官学院当做教学用具。这架飞机被漆成蓝色，它的宝马发动机曾多次启动。最终，这台引擎完全损坏了。这架飞机后来变成了普罗旺斯地区萨隆消防队的训练用机身，它的机翼被拆除，而机身则在 1950 年代中期的某个时候消失得无影无踪。

然而，仍然有数架 He 162 幸存至 21 世纪，并且在英国、法国、加拿大和美国等国家展出。

第六章 尾 声

英国试飞员埃里克·布朗上校曾经说过："国民战斗机是一款体积小巧、航程有限的战斗机，它是一款不切实际的设计。但如果有更多的时间来让它进行适当的研发，一台更强大的喷气式发动机外加后掠式机翼可能会令它成为一架非凡的飞机。"

然而，即便第三帝国能够逆转历史，为亨克尔公司争取"更多时间"，He 162 的未来也只是一个"可能"而已——该机背驮式布局的根本缺陷使机身上方的喷气式发动机影响飞行员视野和逃生、加重地勤维护难度。第二次世界大战结束后，这个奇葩的设计迅速被历史淘汰，没有应用在任何一款主力战斗机之上。

在"国民战斗机"项目伊始，梅塞施密特教授曾经就生产型和实用性提出过强烈的反对意见，弗莱达格在战争结束后向盟军情报人员提出自己的回击：统计证明，相对于制造 Me 262 来说，制造 He 162 所需的工时要少 40%，而所需的金属物料比 Me 262 要少 20%。弗莱达格补充道："Me 262 的生产工作正因为缺乏金属材料而受到影响，这是一个不可争辩的事实。"

梅塞施密特教授曾经抱怨称，他的公司当时受到了两个"令人难堪的"打击，一是抢走了他们公司那宝贵的生产空间，二是竞争设计的出现加剧了获取生产夹具的难度。而弗莱达格则回应道，用于生产 He 162 的地下工厂空间太狭窄，不适合拿来生产 Me 262。此外，梅塞施密特公司的夹具短缺危机实际上开始于 1943 年 12 月，这距离"国民战斗机"项目诞生还有整整 7 个月的时间。1944 年 9 月，当 He 162 项目进入细化设计阶段时，梅塞施密特公司所面临的困难不仅仅是缺乏夹具，他们还要面对"国内组织供应"困难以及日渐恶化的交通运输状况。弗莱达格向审问他的情报人员强调，在他看来，没有一架 Me 262 会因为 He 162 的诞生而取消建造，因为 He 162 的主要生产材料是木材。第三帝国内有人"敢于实行 162 计划"是幸运的，因为由梅塞施密特控制的维斯特吉尔斯多夫（Wistegiersdorf）工厂——唯一一家为梅塞施密特公司制造 Me 262 金属主翼梁的制造商——已经在 1945 年 1 月被苏军占领。

由于战争还在继续进行，损失了重要制造商的 Me 262 项目已然成为一场灾难。在 1945 年 1 月 29 日，战斗机部队总监格洛布上校召开了一场会议，会议记录中写道："约有 60% 的 Me 262 主翼梁已经损失在西里西亚。"同样是在这场会议上，会议记录还写下了如下内容："截至 1944 年 12 月，工厂一共生产了 681 架 Me 262。但是德国空军却只接收了其中的 499 架，近 200 架飞机的差距是由于飞机的不同部件储存在不同的地方，没有完成总装，因此 681 架飞机的总数只停留在理论上。在为新部队准备的 499 架飞机中，只有 186 架 Me 262 完成交付，其他飞机部分在轰炸中损失，部分在转场飞行中损失，而还有一部分则在铁路运输中损失。"

与战争前启动的 Me 262 不同，He 162 立项之时第三帝国已经摇摇欲坠，亨克尔公司必须克服重重困难，规划原材料加工、零部件制造、机身总装、运输测试等一系列生产流程。从 1944 年 9 月底竞标成功到 1945 年 4 月初生产线停止，短短的半年时间内一共有 171 架 He 162 完工。就亨克尔公司生产速度而言，这是一个令人刮目相看的成就。

也许，对"国民战斗机"项目的效率提出最恰当评价的，是昔日德国的敌人。1945 年 6 月 7 日，在皇家飞机研究院的负责人威廉·S. 法伦（William S Farren）的带领下，由一众英国航空工业核心骨干组成的调查小组展开了针对德国战时航空工业开展调查的"法伦任务"。在其中一份名为"He 162——一款以破纪录速度开发和生产的飞机"的报告中，调查小组认为"无论从哪个方面上看，He 162 的建造工作都是一项杰出的成就。这一非凡成就之所以能够达成，主要是因为当总体方案通过后，帝国航空部对于总体技术和其他方面的控制被消除了（尽管如此，他们还是给了亨克尔公司所需的支持以及优先级）。然后要让尽可能多的人工作尽可能多的时间，同时还要让每个人承担正常情况下绝不允许承担的大量风险"。

He 162 设计在生产性上的优势无可置疑，然而其性能表现则收到"冰火两重天"的对立评价。

站在亨克尔公司的立场，这款国民战斗机的设计并没有不符合标准的地方。战争结束后，亨克尔公司总经理弗莱达格向盟军情报人员极力强调"国民战斗机"的长处，他表示，He 162

相对于 Me 262 的最大优势在于，它在所有空速下的机动性远超后者，这可以完全抵消 He 162 比 Me 262 武备更少所带来的劣势。

而根据高级工程师西格弗里德·冈特的说法，几名从教练机改装至 He 162 的德国空军飞行员发现操纵 He 162 着陆"很轻松"，而拥有其他机型飞行经验的老飞行员则认为它比起 Bf 109 来说更好操纵。

这些对 He 162 作出过正面评价的飞行员姓甚名谁，冈特没有透露。不过，我们知道的是，有更多的德国空军飞行员对 He 162 提出过尖锐的批评。

3./JG 1 的汉斯·伯杰少尉说过："在飞行中，你必须以一种难以置信的力度来驾驶它，因为飞机会对任何从操纵杆输入的细微操作作出反应，它就是那么灵敏。特别是在低速的时候，飞机会变得非常危险，非常容易失控。"

8./JG 1 的康拉德·奥格纳下士表示："这架飞机有着致命的缺陷：在时速低于 300 公里的条件下，你在执行急转向动作的时候必须非常小心。这时候，副翼会扰乱发动机区域的空气流动，飞机会失速并且会像叶子一样坠落，没有任何办法能改出这种动作。"

德国空军雷希林测试中心的报告直接指出："飞行品质差，特别是在滚转的时候。"

德国空军最高统帅部的总参谋埃克哈德·克里斯蒂安少将对亨克尔公司抱怨称"He 162 很难被驾驭"。弗兰克仅草草地回应道："我会给克里斯蒂安少将一个答复！"实际上，直到战争结束，这个"答复"也没有给出。

其原因可见德国航空研究所的风洞测试结果：He 162 的机翼"异常危险"的不稳定、横向稳定性存在很大的缺陷。

德国空军一度对 He 162 寄以厚望，希望这款"无的放矢"的急就之作能够迅速投产，武装大批狂热的希特勒青年团团员，一举击溃盟国空军。为此，亨克尔公司几乎是孤注一掷地展开了飞机的研制和生产工作。然而，这一把豪赌完全赌错了方向：He 162 的稳定性存在严重缺陷，频频导致机毁人亡的事故。

纵观 He 162 血淋淋的服役生涯，该型号总共有 116 架出厂、56 架入役。然而，从 1945 年 2 月初到 5 月初，战争结束前短短的 3 个月的时间里竟然有 41 架 He 162 因各种原因损失，其比例远高于绝大部分的其他型号战机。

根据统计，这 41 架损失中有 6 架为战损/自毁，仅占极小部分；剩余的 35 架基本上为事故损失，其中 15 架损失原因不详，例如多架 He 162 在转场过程中机毁人亡或者神秘失踪，没有留下更多线索。在 20 架损失原因明确的飞机中，有 4 架因为迷航/油料耗尽导致，3 架由于飞行员操作失误引发，而足足有 13 架 He 162 的损失原因是自身的机械故障——比例高达 65%！

可以想象，如果强行命令缺乏经验的年轻飞行员驾驶 He 162 升空作战，那对德国空军而言将是一场毫无意义的悲剧。

回顾梅塞施密特公司的 Me 262 项目，该型号的设计风格相对稳健，然而从设计启动、原型机制造、测试飞行、设计调整、批量投产、部队测试到投入实战，消耗了整整四年的时间。

与之相比，He 162 的设计明显先天不足，这款国民战斗机需要多长时间方能打磨成熟，已经是 1945 年 4 月德国空军无法想象的问题了。

于是，He 162 的生产在战争的最后一个月戛然而止，让位给自己的对手 Me 262。这也许是亨克尔公司在战争年代的最后一次挫败，然而对于德国空军之中大量稚气未脱的飞行员而言，这是他们的伟大胜利：战争结束，和平到来了。

NSFK 宣传画，不少年轻的德国飞行员幸运地熬过了第二次世界大战。